AF551273

WAFFENEDITION

NORBERT KLUPS

BAND 4

DIE FLINTE

HEEL

Impressum

HEEL Verlag GmbH
Gut Pottscheidt
53639 Königswinter
Tel.: 02223 9230-0
Fax: 02223 9230-13
E-Mail: info@heel-verlag.de
www.heel-verlag.de

Autor: Norbert Klups
Satz: gb-s Mediendesign, Königswinter
Coverdesign: Axel Mertens, Königswinter
Projektleitung: Helge Wittkopp
Lektorat: Peter Diekmann

Printed in Slovakia
ISBN: 978-3-95843-633-6

Fotos: Archiv des Autors
Mit Ausnahme von:

© Fa. Arrieta: (S. 62), (S. 93–96)
© Fa. Aguirre Y Aranzabal (Aya): (S. 97–101)
© Fa. Benelli: (S. 105), (S. 106), (S. 107 go), (S. 109)
© Fa. Beretta: (S. 110), (S. 112–125)
© Fa. Blaser: (S. 17), (S. 126), (S. 127 o), (S. 128), (S. 129), (S. 223)
© Fa. Browning: (S. 83 u), (S. 130–132), (S. 133 o/u), (S. 134–137)
© Fa. Chapuis: (S. 138–140)
© Fa. E.J. Churchill: (S. 65 r)
© Fa. Chiappa: (S. 76 o)
© Fa. Cosmi: (S. 84 r)
© Fa CZ, Ceska Zbrojovka a.s.: (S. 141)
© DWJ (Deutsches Waffen Journal): (S. 28), (S. 34 o), (S. 91 o), (S. 92 M/u)
© Fa. Evans: (S. 7 u)
© Fa. Fabarm: (S. 146–149), (S. 150 o), (S. 151–153), (S. 224)
© Fa. Fanzoj: (S. 65 o)
© Fa. Fausti: (S. 154–156), (S. 157 o/r)
© Fa. Franchi: (S. 158–160)
© Fa. Grulla Armas: (S. 162)
© Hermann Historica OHG: (S. 10), (S. 11), (S. 14), (S. 22), (S. 23 o), (S. 30), (S. 46), (S. 56), (S. 75), (S. 91 u), (S. 92 o), (S. 188 o)
© Fa. Izhevsky Mekhanichesky Zavod: (S. 102), (S. 103), (S. 104 o)
© Fa. Knappworst GmbH: (S. 145 o/r)
© Fa. Krieghoff: S. (163–165)
© Michael Kühn: (S. 72 o)
© Fa. Merkel Jagd- und Sportwaffen: (S. 166–169)
© Fa. Miroku: (S. 170)
© Fa. Mossberg: (S. 74 o), (S. 171–174)
© Fa. Perazzi: (S. 176), (S. 177)
© Fa. Piotti: (S.7 M)
© Fa. Remington Arms: (S. 70 o), (S. 73 r), (S. 178–183)
© Fa. John Rigby & Co: (S. 63)
© Fa. Ruger Firearms: (S. 184), (S. 185)
© Fa. Sabatti S.P.A.: (S. 186), (S. 187)
© Fa. Sauer, J.P. & Sohn GmbH: (S. 25 or), (S. 188 u), (S. 189), (S. 190 o), (S. 191)
© Fa. Tweed-Media: (S. 13 r), (S. 15), (S. 25), (S. 27), (S. 41)
© Fa. Verney Carron: (S. 196), (S. 197 o)
© Fa. Weatherby inc.: (S. 198–200)
© Fa. Winchester Repeating Arms: (S. 201), (S. 203 o), (S. 204 o), (S. 205–209)
© Roland Zeitler: (S. 24 o), (S. 25 r), (S. 57 ro)
© Fa. Antonio Zoli: (S. 210 o), (S. 212)

Hintergründe: Archiv des Verlags
Mit Ausnahme von:
© Stock.Adobe.com:

Morphat: (S. 7), (S. 11), (S. 13), (S. 15), (S. 37), (S. 48/49), (S. 51), (S. 56), (S. 59), (S. 67), (S. 73), (S. 75), (S. 77), (S. 81), (S. 82), (S. 94), (S. 101), (S.107), (S. 110), (S. 118), (S. 120), (S. 130), (S. 134), (S. 141), (S. 157), (S. 158), (S. 163), (S. 164), (S. 167), (S. 172), (S. 180/181), (S. 194), (S. 199), (S. 208/209), (S. 210), (S. 214/215), (S. 217), (S. 223), (S. 225), (S. 228/229), (S. 233), (S. 239)
acrogame: (S. 123), (S. 236/237)
antiqueimages: (S. 4/5), (S. 132), (S. 160)

WAFFENEDITION

NORBERT KLUPS

BAND 4

DIE FLINTE

HEEL

INHALT

EINLEITUNG

Die Flinte, sei es mit übereinander oder nebeneinander liegenden Läufen oder als einläufige Konstruktion, ist die weltweit meist gebrauchte Jagdwaffe. Sie findet sich wohl im Waffenschrank eines jeden Jägers und ist fast immer die erste Waffe, die nach bestandener Jägerprüfung erworben wird. Gleichzeitig ist sie aber auch Sportgerät. Das Wurfscheibenschießen ist eine weit verbreitete Sportart und olympische Disziplin. Auch bei Militär und Polizei sind Flinten im Einsatz, denn auf kurze Distanz ist die Flinte eine äußerst wirkungsvolle Waffe und erlaubt durch das große Kaliber zudem den Gebrauch vielfältiger Sondermunition, wie etwa Tränengasgeschosse, barrikadebrechende Munition oder auch nichttödliche Patronen mit Gummigeschossen.

Das Angebot an Flinten jeder Art ist heute fast unüberschaubar geworden. Es drängen zudem immer neue Anbieter mit einer Vielzahl von Modellen auf den heiß umkämpften Markt. Die Preisspanne ist entsprechend groß. Bereits für unter 500 Euro ist eine robuste Flinte zu haben. Nach oben hin gibt es besonders bei Jagdflinten kaum Grenzen. Für eine Luxusflinte aus englischer oder belgischer Produktion lässt sich leicht der Kaufpreis eines Mittelklassewagens ausgeben. Die Wahl wird hier also nicht nur durch die jagdlichen Möglichkeiten und den Geschmack, sondern auch durch den eigenen Geldbeutel bestimmt. Trotzdem sind Flinten auch interessante sowie durchaus erschwingliche Sammlerstücke, denn eine alte Hahnflinte in gutem Zustand ist für wenig Geld zu haben. Wenn nach Systemen, Herstellern oder Epochen gesammelt wird, ist schnell eine kleine, interessante Flintensammlung zusammengetragen. In erster Linie ist die Flinte heute jedoch Sportgerät und Jagdwaffe.

Bei kaum einer anderen Waffe hat der Käufer so viele Optionen wie bei der Flinte. Alleine von der Bauart her stehen neben den Kipplaufwaffen auch noch Selbstladeflinten sowie Repetierflinten zur Verfügung – auch wenn diese Spielarten der Schrotwaffen bei deutschen Jägern lange nicht eine so große Rolle spielen wie im Ausland. Schaut man zum Beispiel über den großen Teich in die USA, so ist dort die Selbstladeflinte dominierend, Kipplaufwaffen sind dagegen eher die Ausnahme. Bei Polizei und Behörden spielen Kipplaufflinten überhaupt keine Rolle. Die Auswahl einer für die eigenen Belange idealen Flinte ist also nicht einfach und muss gut überlegt werden.

Dieses Buch informiert nach dem geschichtlichen Rückblick, wobei die wichtigsten Meilensteine der Entwicklung von Schrotwaffen eingehend behandelt werden, über die heutigen Schloss- und Verschluss-Techniken der Kipplaufflinten bis hin zu den verschiedenen Systemen moderner Repetier- und Selbstladeflinten. Dazu einige spezielle Konstruktionen, wie etwa die französische Darne-Flinte mit Gleitschienen-Verschluss. Einige richtungsweisende Modelle und besonders interessante Konstruktionen schauen wir uns näher an.

Die Flinte ist eine Waffe für den schnellen Schuss auf bewegliche Ziele in der Luft und auf dem Boden. Bei einer Waffe für das Bewegtschießen spielt der genau passende Schaft eine wichtige Rolle. Im Kapitel Schaftmaße und Maßschäfte wird genau erklärt, wie der Schütze zu einem zu seiner Statur und seinen Anschlagsgewohnheiten passenden Flintenschaft kommt. Wie jede Schusswaffe muss auch die Flinte nach Gebrauch wieder gereinigt werden. Im Abschnitt über die Waffenpflege werden effektive sowie wirkungsvolle Methoden der Reinigung von Flintenläufen

Der Verfasser bei einer der selten gewordenen Niederwildjagden

dargelegt. Der Munition für Flinten ist ein eigenes Kapitel gewidmet. Zunächst der Schrotmunition mit der speziellen Ballistik und Wirkungsweise des Schrotschusses und dann den Flintenlaufgeschossen, durch die eine Flinte auch zur Jagd auf Schalenwild eingesetzt werden kann.

Das letzte Kapitel widmet sich dem Kauf einer gebrauchten Flinte und erklärt, worauf beim Kauf zu achten ist und wie bei der Fehlersuche vorgegangen wird.

Dieses Buch ist zum einen für Liebhaber und Sammler edler Flinten gedacht, zum anderen hilft es dem Jäger bei der Auswahl einer geeigneten Flinte. Die Kapitel über Schrotpatronen und Flintenlaufgeschosse bieten Hilfe bei der Auswahl der geeigneten Munition für die verschiedenen jagdlichen und jagdsportlichen Zwecke und zeigen, welche Möglichkeiten heute zur Verfügung stehen.

Norbert Klups

Aufwendig gravierte Seitenschlossflinte des italienischen Herstellers Piotti

Seitenschlossflinte des englischen Herstellers William Evans, London

MAK – TRADITION UND TECHNIK

ie Firma MAK, heute ansässig in Schwebheim, ist bekannt für universelle Zieloptik-Montagesysteme. Hier finden sich nicht nur Montagen für Kugelwaffen, sondern auch für Flinten. Außerdem sind passende Mini-Rotpunktvisiere im Programm. Neben diesen hochtechnischen Produkten hat MAK aber auch noch mehr zu bieten, besonders für den Liebhaber edler Flinten.

Bereits 1990 begann MAK in Schweinfurt mit dem Handel von Schafthölzern. Der Schaftholzhandel ist bis heute ein wesentliches Standbein der innovativen Firma und heute gilt MAK als erste Adresse für edle Schafthölzer. Schaut man sich das große Schaftholzlager bei MAK an, kommen Freunde edler Hölzer schnell ins Schwärmen. Firmeninhaber Michael Ali Kilic kauft in der Türkei ganze Nussbaumwälder, um passende Hölzer zu finden. Nur der untere Teil des Stammes und die Wurzelknollen sind für Schafthölzer geeignet und man sieht dem Baum von außen nicht an, wie sein Holz beschaffen ist. Ein risikoreiches Geschäft, denn oft sind in einem ganzen Wald nur wenige Bäume wirklich gut und liefern erstklassiges Schaftholz. Top-Hölzer sind in der Regel sehr selten und schwer zu finden. Nach dem Fällen und Verarbeiten bleiben dann meist nur eine größere Anzahl brauchbarer Mittelklassehölzer, einige gute Schaftholzkantel und wenn man Glück hat auch noch einige echte Wurzelmaserhölzer. Der ganze Rest des Holzes wird an die Möbelindustrie als Furnierholz weiterverkauft. Danach müssen die Rohlinge erst einmal mehrere Jahre bei konstanten Temperaturen getrocknet werden, bevor sie in den Verkauf gelangen. Dafür unterhält MAK im Firmengebäude ein klimatisiertes Schaftholzlager. Für die hochwertigen Schaftholzrohlinge wurde auch ein extra Showroom eingerichtet, wo die Hölzer entsprechend präsentiert werden. Wer nach Schwebheim reist, um sich ein Schaftholz auszusuchen, sollte entsprechend Zeit mitbringen, denn die Auswahl ist groß und die Entscheidung bei dieser Anzahl von Top-Hölzern nicht einfach.

MAKnetic-Montage für Flinten

Die MAKnetic ist eine abnehmbare Montage für Flinten ohne jegliche Veränderung an der Waffe. Die Flinte ist eine Waffe für den schnellen, instinktiven Schuss. Als Zielhilfe reichen hier die Laufschiene und das Korn eigentlich völlig. Manchmal wäre es aber ganz hilfreich, eine etwas bessere Zielhilfe zu haben, wie ein Zielfernrohr oder ein Rotpunktvisier, etwa wenn Flintenlaufgeschosse präzise verschossen werden sollen. Sicher lässt sich auch auf eine Flinte eine Zieloptik montieren, aber das ist entsprechend aufwendig und hinterlässt Spuren an der Waffe. Abhilfe schafft hier die Maknetic-Montage, die es erlaubt, ein Rotpunktvisier zu montieren, ohne an der Waffe Veränderungen vornehmen zu müssen.

Die Maknetic-Montage ist für Mini-Rotpunktvisiere wie das hauseigene MAK-Dot oder alle anderen Visiere eingerichtet, die eine dem Docter Sight entsprechende Grundplatte haben. Davon gibt es eine ganze Menge. Als Aufnahme wird die Laufschiene der Flinte benutzt. Die Flinte muss also eine erhöhte Schiene haben, wie bei Bockflinten und Selbstladeflinten üblich. Bei Querflinten mit flachen Hohlschienen funktioniert die Sache nicht.

MAK fertigt die Montage für 6, 8 und 10 Millimeter breite Schienen. Die Oberseite ist flach und mit zwei Gewindebohrungen für die Befestigung des Mini-Visieres ausgestattet. Die Grundplatte ist genauso groß wie die kleinen Visiere, nichts steht über. Die Unterseite verfügt über zwei magnetische Klemmbacken, die über einen rechtsseitigen Hebel bedient werden. Wird die Montage auf die Schiene gesetzt, hält sie schon allein durch die Kraft der beiden starken Magneten und richtet sich so aus. Um Tole-

Rechts: Der Showroom für das Schaftholz

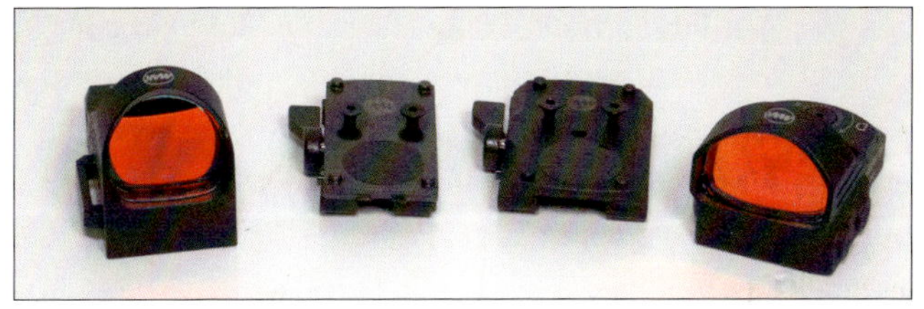

Oben: Montage für Flinten und Rotpunktvisiere

Rechts: Die Montagen halten magnetisch an der Laufschiene und werden zusätzlich geklemmt

ranzen an den Laufschienen auszugleichen, lässt sich der Klemmhebel justieren. Der Hebel wird durch eine kleine, gefederte Stahlkugel gesichert und kann so nicht unbeabsichtigt gelöst werden. Das Einrichten der Montage ist recht einfach und dauert nur wenige Minuten. Die Unterseite der Montage und die beiden Klemmbacken sind mit einem stumpfen Filz überzogen, der die Laufschiene vor Kratzern schützt und gleichzeitig die Klemmwirkung erhöht. Nach der Montage muss nur noch das Visier eingeschossen werden. Das kleine Visier lässt sich künftig nur durch Lösen des Klemmhebels abnehmen und mit einem Handgriff auch wieder aufsetzen. Visier und Montage lassen sich in der Jackentasche unterbringen und sind immer dabei. Eine ideale Montage, um beim Schuss mit der Brenneke die Treffgenauigkeit zu erhöhen oder aber auch für den angehenden Jungjäger, der mit einem montierten Rotpunktvisier auf der Flinte den korrekten Anschlag üben kann. Montiert man das Mini-Visier weiter entfernt vom Auge des Schützen, ist der rote Zielpunkt nur sichtbar, wenn der Schütze genau gerade über die Schiene blickt. So lässt sich der richtige Flintenanschlag einfach und sehr effektiv üben.

Das MAKdot

Dieses Mini-Rotpunktvisier ist extrem robust gebaut. Das Gehäuse ist aus einem Stück Aluminium herausgearbeitet. Die Anpassung des roten Leuchtpunktes geschieht dabei nicht über eine Fotodiode, die sich an der Umgebungshelligkeit orientiert, sondern das MAKdot kann wie die großen Rotpunktvisiere manuell über seitliche Tasten eingestellt werden. Es stehen 12 Helligkeitsstufen zur Verfügung. Das Gerät ist mikroprozessorgesteuert und speichert die zuletzt gewählte Helligkeitsstufe. Wird das Visier drei Stunden nicht bewegt, schaltet es sich automatisch ab. Geschieht das wieder, sorgt ein Bewegungssensor dafür, dass die Zeit erneut vom Anfang startet. Das MAKdot lässt sich über eine komfortable Klickrastung wie bei einem Zielfernrohr einschießen. Die Batterie ist an der rechten Gehäuseseite in einem praktischen Schubfach untergebracht. Es hat einen kleinen Bügel und lässt sich ohne Werkzeug herausziehen.

Das MAKdot hat mit einem Sichtfenster, das 26 Millimeter breit und 22 Millimeter hoch ist, gegenüber vielen anderen Mini-Rotpunktvisieren einen deutlich größeren Durchblick. Ein robustes Visier für den harten Einsatz.

MAKdot SH

Das SH ist die günstigere und kleinere Version des MAKdot. Es hat mit 17x27 Millimeter ein etwas kleineres Sichtfenster und lediglich 7 Helligkeitsstufen. Auch hier wurde das Gehäuse aus dem vollen Alublock gearbeitet und das Visier ist wasserdicht, eine Memoryfunktion mit Abschaltautomatik ist vorhanden und die Batterie lässt sich ebenso komfortabel über ein Schubfach wechseln. Mit 30 Gramm ist es nur halb so schwer wie das größere MAKdot.

I. DIE ENTWICKLUNGS-GESCHICHTE DER FLINTE

Der ursprüngliche Begriff „Flinte" stammt vom Flintenschloss der Büchsen mit Steinschlosszündung und ist vom althochdeutschen Begriff „Flins" für Steinsplitter hergeleitet. Steinschlosse wurden etwa zwischen 1620 und 1630 in Frankreich entwickelt und nutzten einen an einem Hahn befestigten Feuerstein zur Erzeugung von Funken. Der abschlagende Stein öffnete den Pfannendeckel der Batterie und entzündete das sich darin befindliche Zündkraut, welches dann über eine Bohrung im Lauf die Treibladung entzündete.

Im Grunde genommen waren alle frühen Waffen Flinten, wenn man als Definition für eine Flinte den glatten Waffenlauf heranzieht. Gezogene Läufe kamen erst viel später. Mitte des 19. Jahrhunderts unterschied man zwischen den schweren Infanterieflinten mit glattem Lauf der Linieninfanterie, die den Feind aus großen, geschlossenen Verbänden heraus mit Salvenfeuer bekämpften, sowie den leichten, zivil verwendeten Jagdflinten. Als dann gezogene Läufe aufkamen, wurden damit fast ausschließlich die Scharfschützen der leichten Infanterie ausgestattet, welche den Feind auf große Distanz bekämpften.

Jagdlich werden Flinten für die Jagd auf Niederwild eingesetzt. In einigen Ländern auch auf Rehwild. Sie dienen dem Schuss auf sich bewegende, relativ kleine Ziele. Der Schrotschuss wirkt bei einer Mindestanzahl von auftreffenden Schrotkörnern durch den Schock, den viele, nahezu gleichzeitig auftreffende Körner auslösen, sofort tödlich, da das Kreislaufsystem zusammenbricht. Durch den Durchmesser der Schrotgarbe, der je nach Distanz bis zu einem Meter beträgt, ist es viel leichter, ein kleines, bewegliches Ziel zu treffen als mit einem Einzelprojektil. Die maximale

Mit der Erfindung der Perkussionsschlosse wurden die Flinten wetterunabhängiger

Oben: Die ersten jagdlich brauchbaren Flinten waren mit Steinschlossen ausgestattet

Unten: Hahndoppelflinte von Miller & Greiss mit Lefaucheux-Verschluss und langem Schlüssel. Jetzt begann die Ära der Hinterladerflinten für Patronen mit Zentralfeuerzündung.

Oben: Der nächste Entwicklungsschritt waren die Stiftfeuerflinten. Hier war die Nachladezeit wesentlich kürzer als bei den Perkussionswaffen.

Unten: Die Hinterladerflinten nach Lefaucheux kamen 1832 heraus

Schussentfernung liegt allerdings bei höchstens 45 Meter, was die Flinte als Kriegswaffe wenig brauchbar machte. Das Militär lud daher kalibergroße Rundkugeln. Lediglich für Kurzdistanz wurden sogenannte Postenladungen, bestehend aus einem Dutzend kleinerer Kugeln geladen. Der Begriff „Posten" leitet sich von den Wachposten ab, die diese Ladungen meist verwendeten. Bei Jägern wurden daraus später „Sau-Posten", weil solche Vorlagen gern zur Jagd auf Schwarzwild im dichten Busch eingesetzt wurden.

Bis zum Anfang des 19. Jahrhunderts, als noch Schwarzpulver benutzt wurde, waren Flintenläufe mehr als 75 Zentimeter lang, um die notwendige Mündungsgeschwindigkeit zu erzielen. Die Zündung der Ladung wurde im 18. Jahrhundert von Steinschloss- auf Perkussionszündung umgestellt. Damit wurden Flinten „wetterfester", da die Zündhütchen auch mal Regen abkonnten, was bei einer Steinschlossbüchse regelmäßig zu Versagern führte. Der zweite große Vorteil der Perkussionszündung war, dass sich Steinschlosswaffen mit verhältnismäßig geringem Aufwand auf die neue Perkussionszündung umbauen ließen. Anstelle des Zündloches wurde ein hohlgebohrter Nippel, Piston genannt, eingeschraubt und der alte Steinschlosshahn durch einen neuen Hammer mit flacher Schlagfläche ersetzt.

Es wurde relativ früh damit begonnen, doppelläufige Flinten herzustellen, um einen zweiten Schuss zur Verfügung zu haben, denn das Nachladen der Vorderladerflinten war eine zeitraubende Angelegenheit. Um die Mitte des 19. Jahrhunderts hatte die Entwicklung der Vorderladerflinten ihren Höhepunkt erreicht. Besonders englische

Die Lefaucheux-Verschlüsse wurden 1865 vom Scott-Oberhebel auf der Scheibe abgelöst. Hier eine Hahnflinte von Webley & Scott.

Büchsenmacher bauten Jagdflinten, die kaum noch Wünsche offen ließen. Sie waren perfekt ausbalanciert und so gut, dass sich die nächste Entwicklungsstufe verzögerte.

Bereits am 29. September 1812 war dem in Paris ansässigen Schweizer Erfinder Samuel Johannes Pauly das Patent für die Konstruktion eines Hinterladers mit Metallpatrone erteilt worden. Es handelte sich um einen Block-Verschluss, der nach oben schwenkbar war. Die Hähne sind seitlich neben dem Block-Verschluss angeordnet und dienen zum Spannen der Schlösser. Auf Jagdflinten hatte diese Erfindung zunächst keinen großen Einfluss. 1832 wurde es dann interessanter, als der Pariser Büchsenmacher Casimir Lefaucheux die erste Einheitspatrone mit Selbstabdichtung und Zentralzündung konstruierte. Gedacht für seine doppelläufige Schrotflinte mit kippbarem Lauf. Die Patronenhülse war aus Pappe gefertigt und wurde durch einen gepressten Hülsenboden aus Messing gestützt. Im Inneren des Hülsenbodens lag das Zündhütchen. Seitlich aus der Patrone ragte der Zündstift. Schlug der Hahn auf den Zündstift, schlug dieser auf das Zündhütchen und zündete die Ladung. Im Grunde eine bahnbrechende Entwicklung, aber ausgerechnet im Flintenland England nahm man zunächst wenig Notiz davon.

Als die Hinterlader mit Stiftfeuer-Patronen 1851 auf der Weltausstellung in London gezeigt wurden, wurden jedoch auch die englischen Büchsenmacher auf sie aufmerksam. Joseph Lang baute eine Stiftfeuerflinte, woraufhin es gar nicht mehr lange dauerte, bis die besten englischen Büchsenmacher darum wetteiferten, wer die beste Hinterladerflinte baut. Die Saat ging auf, denn England war der größte und aufnahmefähigste Markt für hochwertige Flinten. Im bereits stark industrialisierten England gab es genügend

Oben: In Europa verlief die Entwicklung ähnlich. Hier eine typische Suhler Querflinte.

Rechts: In England begann jetzt die große Zeit der Flinten. Hier eine Holland & Holland Royal im Kaliber 10.

„Sportsmänner", die sich das leisten konnten. Flinten für Lefaucheux-Patronen fanden eine weite Verbreitung, auch wenn sie natürlich wesentlich teurer waren als doppelläufige Perkussionsflinten. Besonders beim Adel dienten sie als Statussymbol und es gab viele prunkvoll aufgemachte Flinten, von denen noch eine Menge bis heute erhalten sind und sich in Museen sowie Sammlungen befinden. Nun begann langsam die Wende hin zu den Hinterlader-Systemen und weg vom Vorderlader, auch wenn diese Waffen anfangs noch verteufelt wurden. Eine Flinte, dessen hinteres Laufende offen war, wurde als suspekt und gefährlich betrachtet. Einem Jäger, der an die solide Festigkeit einer Vorderaderflinte mit fest verschraubter Schwanzschraube gewöhnt war, ein Gewehr schmackhaft zu machen, das sich in geöffnetem Zustand recht wackelig anfühlte, war nicht einfach. Es dauerte einige Zeit, bis sich das änderte. Verschließen konnte man sich dieser Entwicklung aber nicht, dazu waren die Vorteile der Hinterladerflinten zu groß.

Im Jahre 1861 entwickelte Georg Daw eine Patrone, die im Wesentlichen bereits den heutigen modernen Zentralfeuerpatronen entsprach und auf das Patent von Pottet zurückgeht. Diese Zentralfeuerpatrone verdrängte sehr schnell den Vorderlader sowie die Zündstiftgewehre, denn sie war wesentlich handhabungssicherer und leistungsfähiger. Sie wurde durch einen Schlagbolzen gezündet, der das Zündhütchen durch eine Öffnung der Stoßplatte in der Basküle traf. Um 1865 näherte sich dann die kurze, aber bedeutsame Ära der Stiftfeuerflinten dem Ende. Es tauchten viele Patente auf, um Stiftfeuerflinten für Zentralfeuerpatronen abzuändern. Zudem wurden nun zügig neue Systeme entwickelt. Bald standen zahlreiche, gut funktionierende Kipplauf-Verschlüsse mit unten- oder obenliegendem Hebel zur Verfügung. Anfangs herrschte der Langschlüssel-Verschluss nach Lefaucheux mit großem Öffnungshebel unter dem Vorderschaft vor, aber der war zu unbequem bei der Jagd. Indem man den Hebel um 180 Grad drehte und über den Abzugsbügel legte, entstand schließlich eines der stärksten und langlebigsten Verschluss-Systeme. Der Birminghamer Büchsenmacher Henry Jones ließ ihn sich 1859 patentieren. In Europa wurde er unter dem Namen

„englischer Doppel-T-Verschluss“ oder „Exzenter-Verschluss“ übernommen. Es gab auch zahlreiche kuriose Systeme mit zur Seite schwenkbaren oder drehbaren Läufen, durchgesetzt haben sich jedoch fast ausschließlich die Kipplauf-Systeme. Wesentlich sicherer und einfacher zu handhaben wurden die Hahnwaffen durch das 1866 entwickelte Rückspringschloss, bei dem der Hammer nach dem Schuss zurücksprang und es so dem unter Federdruck stehenden Schlagbolzen ermöglichte, hinter die Stoßplatte zurückzuweichen. Das Öffnen und Schließen der Waffen wurde damit wesentlich erleichtert.

Erfindungen und Verbesserungen kamen jetzt von allen Seiten. Bei den Stiftfeuerpatronen war es kein Problem, die leeren Hülsen auszuziehen, der Stift stand ja nach oben heraus. Bei den Zentralfeuer-Schrotpatronen ging das nicht, weswegen Auszieher-Systeme entwickelt werden mussten, um die abgefeuerten Hülsen aus den Patronenlagern zu ziehen. Aus praktischen Gesichtspunkten begann nun auch die Entwicklung automatischer Patronenauswerfer. Zunächst, indem beide Läufe einfach geleert wurden. Dies wurde aber bald dahingehend verbessert, dass lediglich abgefeuerte Hülsen ausgeworfen wurden. Wer sucht schon gerne im Gras nach seinen funktionsfähigen Schrotpatronen?

Um die Nachladezeit zu verkürzen, erfand man die selbstspannenden Hahnflinten. Beim Öffnen wurden beide Hähne automatisch gespannt. Diese Waffen hielten sich aber nicht lange, denn als die hahnlosen Selbstspannerflinten aufkamen, waren sie veraltet. 1863 erschien mit dem Purdey-Verschluss eine bequeme und elegante Alternative zum T-Verschluss. In Verbindung mit dem Scott-Hebel auf der Scheibe, der 1865 folgte, hatte man jetzt eine Art

Ganz oben: In den USA verlief die Entwicklung anders. Doppelläufige Kipplaufflinten waren eher selten. Günstige einläufige Flinten wie diese Mossberg-Repetierflinte waren dagegen gefragt.

Oben: Pumpflinten traten in den USA bald den Siegeszug an. Hier eine frühe Savage.

Rechts: Bockflinten wurden immer populärer. Hier ein Pärchen von Boss (1925).

Als die Nachfrage nach Flinten stieg, kamen jede Menge günstige Bockflinten aus Spanien und Italien auf den Markt

„Schnapp-Verschluss", der beim Schließen der Waffe selbst verriegelte und keine mechanische Drehbewegung von Hand mehr benötigte, wie es beim alten T-Verschluss der Fall war. Um die Waffen sicherer zu machen, kam die automatische Sicherung hinzu, die beim Öffnen der Waffe in Funktion trat. Ganz zufrieden war man aber immer noch nicht, denn die zwei Schlosse der Flinten benötigten auch zwei Abzüge. Man musste beim Schießen den Abzugsfinger vom vorderen zum hinteren Abzug bewegen. Dieses „Problem" wurde durch den Einabzug gelöst. Dazu wurden einige Dutzend Patente angemeldet. Es war eine Menge Erfindergeist zu beobachten, um das Flintenschießen bequemer und schneller zu machen. So gab es Flinten, die beim Abkippen der Läufe ein Schloss spannten und beim Schließen dann das zweite Schloss. So wurde der dazu nötige Kraftaufwand geteilt. Es erschienen sogar selbstöffnende Gewehre, bei denen eine Federkonstruktion die Läufe nach Betätigung des Verschlusshebels abkippen ließ. Holland & Holland sowie Purdey bauten so etwas. Das Purdey-Selbstöffner-Seitenschloss war legendär und hatte ein kompliziertes Federwerk. Der Mechanismus wurde von Beesley, einem Angestellten von Purdey, 1880 erfunden und dann an Purdey verkauft. Beesley machte sich danach selbstständig und fertigte selbst hochwertige Flinten. Purdey baut bis heute Flinten mit *Self-Opener*-Schlossen. Beim Purdey-System wurden auch die Ejektorfedern erst beim Schließen der Flinte gespannt. Bei anderen Firmen war das nicht so, daher spricht man hier von einem *Assistent Opening* und nicht von einem echten *Self-Opener*.

Solche Systeme gab es auch in Europa, allerdings wesentlich einfacher. Flinten nach dem Eckoldtschen Patent spannen ebenfalls erst beim Schließen der Waffe. Somit kippt das Laufbündel beim Betätigen des Verschlusshe-

Heute lassen moderne Flinten keine Wünsche mehr offen und haben dank CNC-Technik auch ein gutes Preis-Leistungs-Verhältnis

bels selbsttätig durch die Schwerkraft ab, vergleichbar mit *Self-Openern*, aber ohne zusätzliche Federn.

In den 1870er-Jahren war die Blütezeit der Kipplaufflinten in England, besonders in London. Zahlreiche Büchsenmacher, wie Purdey, Asprey, Boss, Holland & Holland, Joseph Lang, Rigby, Atcin, Grant, Lancaster oder Webley & Scott, fertigten vorzügliche Jagdflinten. Sie entwickelten einen ganz bestimmten Stil und stellten nur Flinten höchster Qualität her. In Bezug darauf wurde der Ausdruck *London Best Gun* geprägt. Konkurrenz zu London gab es in Birmingham. Dort finden sich Namen wie W.W. Greener, William Westley Richards, William Powel oder Philip Webley, den späteren Mitbegründer der Firma Webley & Scott. Von den Birminghamer Büchsenmachern kamen zahlreiche Patente, die auf die Entwicklung der Jagdwaffen großen Einfluss hatten, etwa der Greener-Querriegel oder der Westley-Richards-Verschluss. Nicht zu vergessen das Selbstspannerschloss von Anson & Deeley, zwei Büchsenmacher von Westley Richards. Auch Schottland mischte kräftig mit. Die Büchsenmacher in Edingburgh, wie etwa John Dickson, der das berühmte *Round-Action*-System erfand, oder Mortimer, Harkom, Alex und Dan Fraser, brauchten sich vor den Londoner und Birminghamer Künstlern nicht zu verstecken. Auch sie fertigten Jagdflinten höchster Qualität.

Auch in Deutschland, Frankreich und Belgien wurden hochwertige Flinten hergestellt, besonders in Suhl und Lüttich. Anders verlief die Entwicklung der Doppelflinten in den USA, wo der Flintenmarkt hauptsächlich von Importflinten aus Europa geprägt wurde. Es gab zwar Hersteller wie Parker, Fox oder Miller und auch Colt und Remington stellten Querflinten her, aber eine sehr große Rolle spielten sie nicht. Doppelläufige Flinten waren teuer und für die Siedler unerschwinglich. Es gab jedoch jede Menge günstige einläufige Flinten, die etwa aus Remington-Rolling-Block-Systemen alter Bürgerkriegswaffen gefertigt wurden. Im Prinzip hat sich der Flintenmarkt in den USA bis heute nicht groß geändert. Hochwertige, doppelläufige Schrotflinten aus heimischer Produktion sind eher die Ausnahme, Selbstlade- und Repetierflinten werden weitaus häufiger benutzt.

Ein wesentlicher Schritt in der Entwicklung leistungsfähiger und vor allem handlicherer Flinten war die Erfindung des rauchschwachen und wenig später des rauchlosen Pulvers zwischen 1870 und 1880. Nun war es möglich, die Lauflänge zu reduzieren. 71 oder 76 Zentimeter lange Läufe führten zu leichten sowie handlichen Flinten. Dazu passend wurden viele verschiedene Schrotkaliber entwickelt. Beim Blick in alte Munitionskataloge von Uttendorfer, Gustav Genschow oder Schönebeck findet sich eine riesige Kaliberauswahl. Viele kleine Firmen hatten sogar eigene Hauskaliber.

Zunächst wurden in Deutschland, Österreich, Frankreich und Belgien ausschließlich Doppelflinten mit nebeneinander liegenden Läufen gefertigt, anfangs mit Hahnschlossen, dann hahnlos. Im Gegensatz zu England tauchten jedoch auch Bockwaffen auf, die technische Vorteile besaßen. Besonders Sportschützen griffen zu den Flinten mit übereinander liegenden Läufen, da sie stabiler waren und ihr Rückstoßverhalten geradliniger ausfiel. Die Bockflinte wurde schnell populär, denn die großen Waffenhersteller nahmen sie in ihr Programm auf und bauten sie als Serienwaffe. Als Verschluss diente hier der Kersten-Verschluss mit doppelter Laufhakenverriegelung. Die Schlosse waren als Anson- oder Blitzschlosse ausgeführt. Die Luxusmodelle hatten Seitenschlosse nach Holland & Holland, wobei die Konstrukteure jedoch bald dazu übergingen, anstatt der Blattfedern moderne sowie unzerbrechliche Schraubenfedern einzusetzen. Durch die Serienfertigung waren diese Waffen erheblich preiswerter als Einzelstücke und der Kunde konnte sich die Modelle bei seinem Büchsenmacher direkt oder in den Katalogen der großen Waffenversender vorher ansehen sowie miteinander vergleichen. Bei den großen Treibjagden tauchten diese Flinten in den Händen des normalen Jägers auf, denn sie waren nicht mehr so unerschwinglich wie eine Purdey, Holland & Holland oder Labeau Corally. Mit dem Aufkommen der CNC-Fertigung, durch die es möglich war, die Produktionskosten der Waffen erheblich zu senken, erfreuten sich Bockflinten dann noch größerer Beliebtheit.

Um den ständig steigenden Bedarf an preislich erschwinglichen Flinten zu decken, wurde aber auch nach Möglichkeiten der günstigen, fabrikmäßigen Herstellung gesucht. Dabei kamen jede Menge billiger Flinten aus Italien oder Spanien auf den Markt, die durch die großen Importeure per Katalog verkauft wurden und sich schnell locker schossen. Die Treffpunktlage der Läufe lag oft abenteuerlich weit auseinander und die Abzüge waren viel zu hart, um mit diesen Waffen vernünftig zu schießen. Durch diese Waffen hat der Ruf der italienischen und spanischen Flinten zeitweise stark gelitten. Das ist zum Glück heute nicht mehr so. Aus den südlichen Ländern kommen hochwertige sowie gut schießende Flinten. Firmen wie Beretta, Franchi, Sabatti oder Fausti haben einen hervorragenden Ruf. Hinzu kommen kleine Manufakturen wie Piotti, Gamba, Grulla oder Abbiattico & Salvinelli, die ausgesprochene Luxusflinten bauen.

Im Laufe der vergangenen 40 Jahre schritt die technische Entwicklung der Flinten rasant voran. Die Schloss- und Verschlusstechnik wurde verbessert. Viele Hersteller experimentierten mit verschiedenen Laufprofilen, um die Deckung der Schrotgarbe zu verbessern oder Randschrote zu minimieren. Besonders bei den Sportflinten kamen neue Schaftformen mit Verstelleinrichtungen oder austauschbaren/verstellbaren Laufschienen auf den Markt. Moderne Sportflinten haben heute eine ausgefeilte

Auch handwerklich gefertigte Flinten wie diese Ziegenhahn finden heute noch Käufer

Technik, sie bieten eine Menge Möglichkeiten der individuellen Anpassung.

Andererseits werden aber auch heute noch Jagdflinten fast ausschließlich in Handarbeit nach traditionellen Fertigungstechniken und genau nach Vorgabe des Käufers gefertigt. Firmen wie Holland & Holland, Boss oder Purdey bauen im Jahr eine Handvoll Flinten – genauso, wie sie das schon vor 100 Jahren gemacht haben. Dass solche Waffen dann einen hohen fünfstelligen Eurobetrag kosten, ist nur verständlich. Die Tatsache, dass solche Hersteller mehrjährige Lieferzeiten haben, zeigt, dass dafür ein Markt vorhanden ist. Solche Waffen sind regelrechte Wertanlagen, die von ihren Käufern häufig aus ebendiesem Grund gekauft werden. Das gilt auch für alte Flinten von Nobelherstellern, wenn sie in einem sehr guten Zustand sind. Hier ist durchaus mit steigendem Wert zu rechnen. Etwas, was man nicht von vielen Dingen heutzutage behaupten kann.

II. QUER- ODER BOCKFLINTE?

or dem Kauf einer Kipplaufflinte muss zunächst einmal die Frage geklärt werden, ob es eine Quer- oder Bockflinte sein soll. Beide Versionen haben ihre Vor- und Nachteile. Während die Bockflinte durch die übereinander liegenden Läufe weniger vom Ziel verdeckt, einen handfüllenden Vorderschaft besitzt und meist robuster ist, bietet die Querflinte den Vorteil des geringeren Öffnungswinkels und wird im Allgemeinen als führiger angesehen. Die Querflinte hat in der Regel auch das geringere Gewicht, obwohl es heute ebenfalls erstaunlich leichte Bockflinten gibt. Im Allgemeinen ist es jedoch einfacher, eine leichte Querflinte zu bauen als eine leichte Bockflinte. Während sich die Bockflinte auf den Schießständen in den vergangenen Jahren durchgesetzt hat, ist bei den reinen Jagdwaffen eher ein Comeback der Querflinte zu beobachten. Das mag auch an den sinkenden Niederwildbesätzen liegen, bei denen eine Flinte heute mehr geführt als geschossen wird. Eine leichte Querflinte ist eine angenehmere Begleiterin als die schwere Bockflinte.

Um sich zu entscheiden, sollte der Waffenkäufer mit beiden Typen geschossen haben und dann denjenigen wählen, mit dem er besser zurechtkommt. Das Schussverhalten der beiden Bauarten ist unterschiedlich. Anfänger kommen meist besser mit der Bockflinte zurecht, da das Rückstoßverhalten durch das höhere Gewicht und den geradlinigen Rückstoß angenehmer ausfällt. Die Bockflinte ist zudem meist die modernere Waffe. Querflinten mit Wechselchokes etwa sind immer noch selten zu finden, obwohl es sie durchaus gibt, etwa das Modell 686 Parallelo von Beretta. Es ist sicher ratsam, sich für einen Flintentyp zu entscheiden und entweder Bock- oder Querflinten zu führen.

Die erste Entscheidung vor dem Kauf einer Flinte ist, wie die Läufe angeordnet sein sollen

III. DIE SCHLOSSE

ie ersten Jagdflinten entstanden zur Vorderladerzeit und hatten Hahnschlosse für Steinschloss- oder später Perkussionszündung. Hahnschlosse waren lange Zeit im Gebrauch und auch nachdem Hinterladerflinten und moderne Schrotpatronen, die Vorlage, Zwischenmittel, Pulver und Zündhütchen in einer Papphülse vereinten, in Gebrauch kamen, wurde an den bewährten Hahnschlossen festgehalten. Sie waren robust, sicher sowie relativ einfach in der Fertigung. Auch heute noch werden Doppelflinten mit Hahnschlossen neu gebaut.

Je nach Anordnung der Feder des Schlosses unterschied sich die Bezeichnung. Lag die Feder vor dem Hahn, wurde vom „vorliegenden Schloss“ gesprochen, lag sie hingegen hinten, so hieß es „rückliegendes Schloss“. Letztere werden noch unterteilt in Ausführungen mit ganzem oder halbem Schlossblech. Der Nachteil des vorliegenden Schlosses liegt darin, dass durch die Ausnehmung für die Schlagfeder die Basküle geschwächt wird. Dafür ist der Sitz des Schlosses sehr stabil. Beim rückliegenden Schloss wird das Baskül nicht geschwächt, dafür aber muss der Kolbenhals entspre-

Das Steinschloss war wetterempfindlich. Bei Regen kam es oft zu Funktionsstörungen.

Das Perkussionsschloss war ein Meilenstein der Schlossentwicklung

chend ausgestochen werden. Das rückliegende Schloss baut sehr kurz und auch bei der Variante mit ganzem Schlossblech muss nur das Schlossblech in das Basküil eingelassen werden, was kaum eine wirkliche Schwächung bedeutet. Beim kurzen Schlossblech ist nur noch ein Auge zur Aufnahme der Befestigungsschraube zum Basküil nötig.

Alte Hahndoppelflinten großer Hersteller, besonders aus England, überraschen häufig mit ihren gut stehenden Abzügen, die besser sind als bei manch einer modernen Sportflinte. Hier wurden die physikalischen Gegebenheiten der Hahnschlosse optimal ausgenutzt. Nach den Hebelgesetzen hängt die aufzubringende Kraft, in diesem Fall der Abzugswiderstand, bekanntlich von der Länge der beiden Hebelarme ab (Kraftarm und Lastarm). Durch die Positionierung des Abzuges am längeren Ende der Abzugsstange wird die zur Betätigung des Abzuges aufzubringende Kraft entsprechend dieser Längenproportion vermindert. Sie lässt sich noch weiter herabsetzen, wenn am Schlagstück der Abstand der Schlagstückrast zum Drehpunkt so groß wie möglich gestaltet wird. Bei alten Hahnschlossen sind diese physikalischen Gesetze oft vorbildlich angewandt worden.

Nachteil der Hahnschlosse war, dass die Schlosse nach dem Laden der Läufe manuell von Hand gespannt werden mussten. Bei einer Jagdflinte für den schnellen Schuss ist das nicht optimal. Entweder wird die Flinte mit gespannten Hähnen geführt, was ein erhebliches Sicherheitsrisiko darstellt, wenn man sich bei einer Treibjagd damit durchs Gelände bewegt, oder aber sie wird erst unmittelbar vorm Schuss gespannt, was bei der beschränkten Reichweite einer Schrotflinte und sich schnell bewegendem Wild oft zu viel Zeit kostet.

Vereinzelt wurde versucht, Hahnflinten mit zusätzlicher Sicherung auszustatten, was das gefahrlose Führen erlaubte, aber solche Waffen sind sehr selten und waren aufwendig in

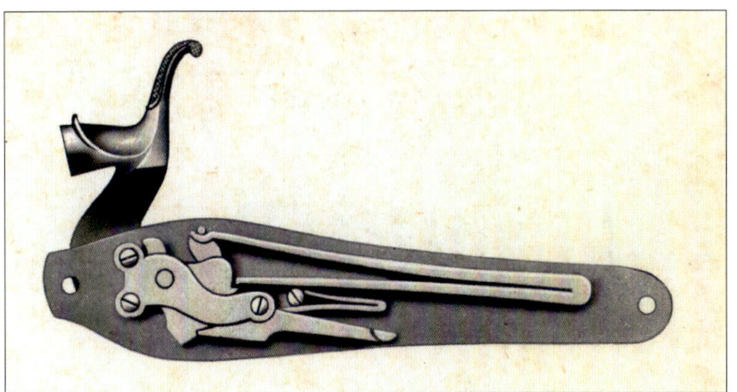

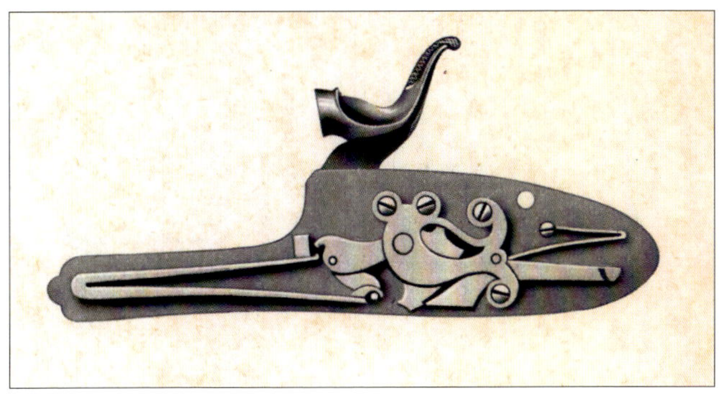

Mitte: Hahnschloss mit rückliegender Feder

Unten: Hahnschloss mit vorliegender Feder

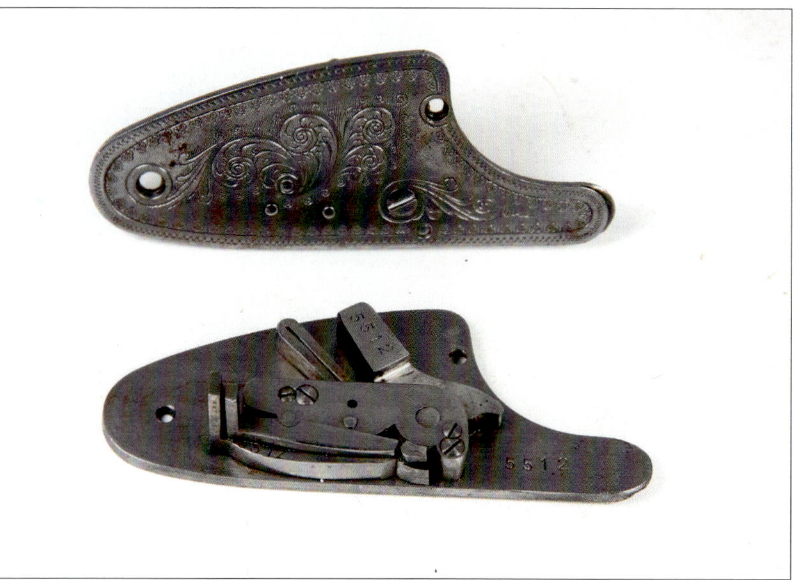

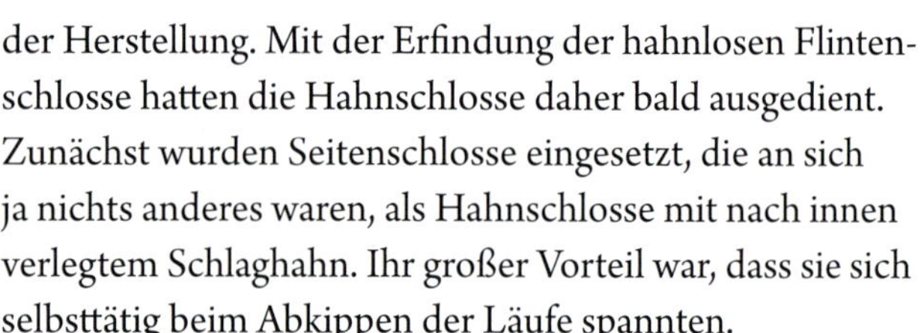

der Herstellung. Mit der Erfindung der hahnlosen Flintenschlosse hatten die Hahnschlosse daher bald ausgedient. Zunächst wurden Seitenschlosse eingesetzt, die an sich ja nichts anderes waren, als Hahnschlosse mit nach innen verlegtem Schlaghahn. Ihr großer Vorteil war, dass sie sich selbsttätig beim Abkippen der Läufe spannten.

Oben links: Seitenschlosse waren eigentlich nichts anderes als Hahnschlosse mit innenliegender Technik

Oben: Das Nimrod-Seitenschloss ist eines der besten Seitenschlosse

SEITENSCHLOSSE

Das bekannteste Seitenschloss ist die Konstruktion nach Holland & Holland, die auch heute noch unverändert gebaut und von vielen Herstellern eingesetzt wird.

Dieses relativ lang bauende Schloss mit vorliegender Feder ist allerdings alles andere als optimal konstruiert. Die sehr ungünstigen Hebelverhältnisse erfordern eine sehr präzise sowie aufwendige Einstellung, wenn niedrige Abzugswiderstände erreicht werden sollen. Aufgrund dieser ungünstigen physikalischen Verhältnisse wird dazu noch eine Krücke in Form einer zusätzlichen Fangstange benötigt, damit dieses Seitenschloss auch sicher ist. Die Fangstange fängt bei nicht durchgezogenem Abzug das ungewollt abschlagende Schlagstück ab und blockiert das Schloss.

Dennoch besitzen die heute gebauten Exklusiv-Doppelflinten sehr oft Seitenschlosse von Holland & Holland. Um dieses Schloss wird ein regelrechter Kult getrieben. Dabei gibt es erheblich bessere Seitenschloss-Konstruktionen, die früher bei Doppelflinten auch eingesetzt wurden. Ein gutes Beispiel ist das Suhler Seitenschloss. Es hat weitaus bessere Hebelverhältnisse und lässt Abzugswiderstände von deutlich unter zwei Kilogramm zu, und das ohne Fangstange. Technisch nochmals besser war das Seitenschloss von Sauer & Sohn, das bereits um die Jahrhundertwende entwickelt wurde und durchaus als die Krönung der Seitenschlossentwicklung bezeichnet werden kann. Die Abzugsstange ist hier als zweiseitiger Hebel ausgebildet und die Rast liegt außen an der Peripherie des Schlagstückes. Dazu ist ihre Anordnung in Bezug auf die Druckrichtung so günstig, dass sich sehr weiche und auch trockene Abzüge verwirklichen lassen. Dieses Schloss wird von Sauer & Sohn heute wieder bei den Meisterwerk-Flinten eingesetzt, die von Marko Frühauf für Sauer & Sohn gebaut werden.

Eine weitere Variante baute F. W. Keßler aus Suhl. Durch eine doppelte Stangenfeder ist hier noch sicherer gewährleistet, dass die Fangstangen bei ungewollter Auslösung in die Fangraste eingreifen. Darüber hinaus ist das Nimrod-Seitenschloss ein technisch hervorragend konstruiertes

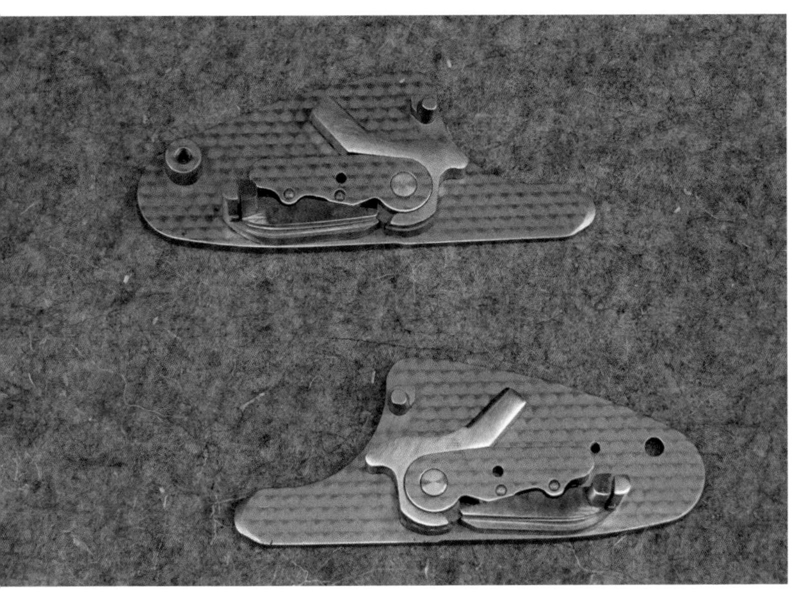

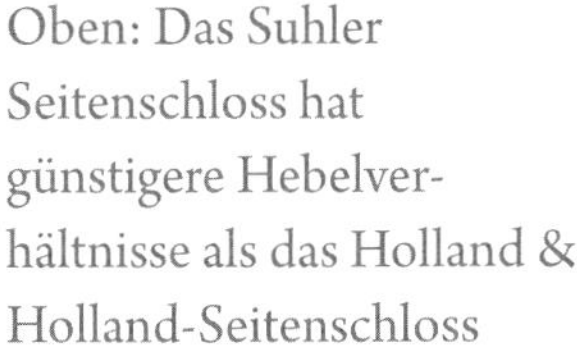

Oben: Das Suhler Seitenschloss hat günstigere Hebelverhältnisse als das Holland & Holland-Seitenschloss

Oben rechts: Das Sauer & Sohn-Seitenschloss wird heute wieder für die Meisterwerkflinten von Sauer & Sohn gebaut

Seitenschloss, das von der Suhler Firma Thieme & Schlegelmilch entwickelt wurde. Der Aufbau entspricht zwar grundsätzlich einem normalen Seitenschloss mit zweiarmiger Abzugsstange, die halbrückliegende Schenkelfeder wirkt dabei jedoch so günstig über eine Stemmkette auf das Schlagstück, dass der Schlagfederdruck im gespannten Zustand auf die Raste fast völlig aufgehoben wird. Das Nimrod-Seitenschloss besitzt eine abgewinkelte Abzugsstange und die Schlagstückraste ist sehr weit nach außen verlegt. Nach der klassischen Schlosswerkslehre soll der Winkel, der sich aus Schlagstücklager, Raste und Stangenlager ergibt, möglichst genau 90 Grad betragen. Dann lassen sich bei sehr hoher Sicherheit niedrige sowie leichte Abzüge einstellen. Dies wurde beim Nimrod-Seitenschloss verwirklicht. Von der Suhler Firma Ziegenhahn sind heute wieder Doppelflinten mit Nimrod-Seitenschlossen zu bekommen.

FÜCKERTSCHES KRONENSCHLOSS

Diese Schlossart wird auch als halbhahnloses Schloss bezeichnet. Aus einer halbmondförmigen Rundung der Schlossbleche ragen quasi kleine Hähne hervor, die Kronen genannt werden. Sie reichen nicht über den Schafthals oder die Scheibe hinaus, wie echte Hähne, lassen sich aber über breite Fingermulden, wie bei einem Hahnschloss üblich, durch Zurückziehen spannen. Eine Abdeckplatte über den Rundungen der Seitenplatten verdeckt den Schlitz über die ganze Fläche und verhindert das Eindringen von Schmutz in das Schlosswerk. Der Vorteil dieser Bauart gegenüber einem normalen Hahnschloss ist, dass der Schütze nicht mit den weit vorstehenden Hähnen hängen bleiben kann. Doppelflinten mit Fückertschen Kronenschlossen sind sehr selten zu finden.

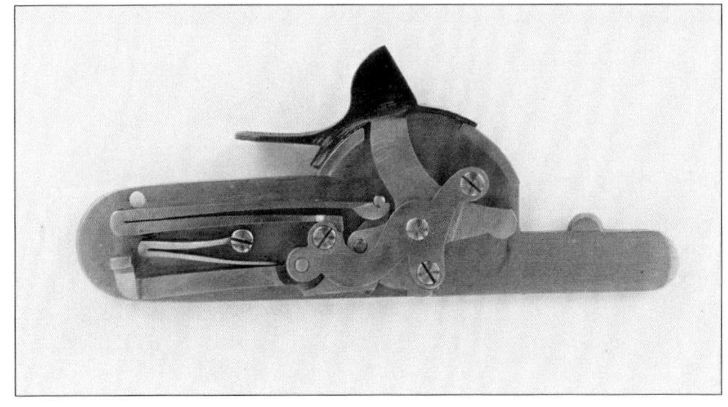

Rechts: Fückertsches Kronenschloss

Modernes Kastenschloss
mit Schraubenfedern

KASTENSCHLOSSE

Im Jahre 1875 wurde in England ein Kastenschloss für Doppelflinten entwickelt, bei dem alle Teile im Verschlussgehäuse untergebracht sind. Dazu müssen die Kastenbanden innen ausgeräumt werden, um Spannhebel und Schlaghahn unterzubringen. Über dem Spannende des Hahns sitzt eine geschmiedete Schenkelfeder und auch die Abzugsstangen sind im Kasten gelagert. Dieses nach den Entwicklern Anson & Deeley benannte Kastenschloss wurde schnell zum Standardschloss bei Flinten. Das originale Ansonschloss hat untenliegende Stangen und etwas bessere Hebelverhältnisse als das Blitzschloss. Der Abstand vom Stangendrehpunkt zum Aushebepunkt des Abzuges ist hier größer, wodurch sich ein längerer Kraftarm ergibt. Die Abzugsstange tritt mit ihrer Nase nach unten in die Hahnrast ein. Dadurch ergibt sich zwischen Drehpunkt Hahn und Drehpunkt Stange ein stumpfer Winkel von mehr als 90 Grad.

Mechanisch gesehen wird die Stange also an ihrer Nase in die Rast hereingezogen. Im umgekehrten Fall, also bei einem kleineren Winkel als 90 Grad, würde eine Kraft auftreten, die ein Herausdrücken der Nase bewirkt. Anson & Deeley-Schlosse sind aufgrund ihrer Auslegung daher sehr sicher, wodurch sie keine zusätzlichen Sicherungseinrichtungen benötigen.

Ansonschlosse lassen sich weicher einstellen als Blitzschlosse, doch das erfordert das ganze Können des Büchsenmachers, denn der Abstand der Raste zum Schlagstückdrehpunkt ist auch hier sehr gering. Je kleiner der Abstand zwischen Hahndrehpunkt und Rast, desto größer der Druck, der auf die Stangennase wirkt. Hinzu kommt, dass der Ein- und Ausbau der Schlossteile sehr aufwendig ist, da ja nicht die gesamte Mechanik wie beim Blitzschloss auf dem Abzugsblech angebracht ist und einfach herausgenommen werden kann.

Die Schlossmechanik ist unzugänglich und auch die Pflege und Wartung eines Ansonschlosses ist nicht einfach. Der Laie sollte ein Kastenschloss besser nicht zerlegen. Das Schloss von Anson & Deeley ist technisch nicht ganz optimal konstruiert. Durch den geringen Abstand zwischen Raste und Drehpunkt, verbunden mit dem geringen Platz im Kasten, ist es sehr schwierig, die lediglich knapp einen Millimeter tiefe Rast im exakt richtigen Winkel einzuarbeiten. Wird dabei nicht außerordentlich präzise gearbeitet, kann die Waffe entweder zum Doppeln neigen oder die Abzüge stehen zu hart. Das originale Anson & Deeley-Schloss ist damit zwar technisch besser als ein Blitzschloss, hat jedoch noch Verbesserungs-Potenzial.

Beim Westley-Richards-*Drop-Lock*-Schloss können die Schlosse durch die aufklappbare Bodenplatte entnommen werden

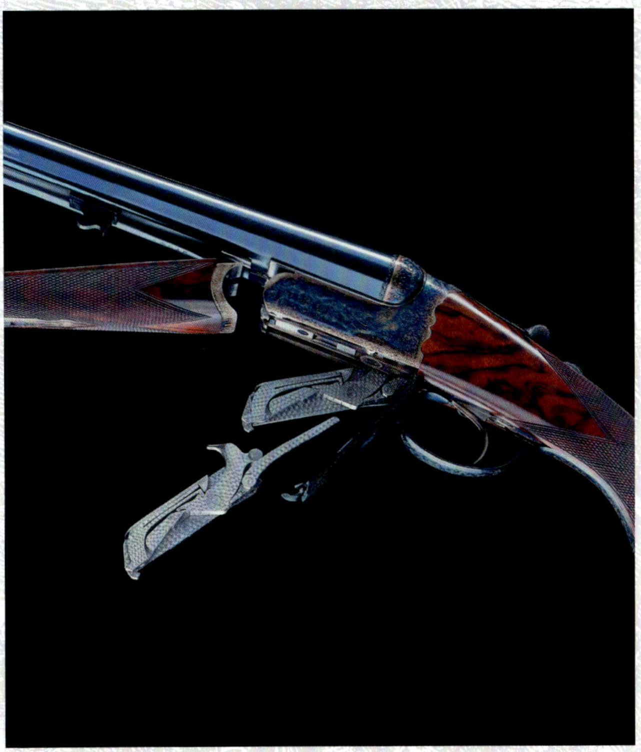

KERNERSCHES ANSONSCHLOSS

Das tat der Suhler Büchsenmacher Ernst Kerner, der die Schlagstückraste so weit wie möglich vom Drehpunkt des Schlagstückes weg verlegte, und zwar bis an seine Außenkante. Dazu war es notwendig, die Abzugsstange mit ihrem Drehpunkt nach oben zu verlegen. Aus dem ursprünglich doppelseitigen Hebel wurde dadurch ein einseitiger Hebel. Bei optimaler Konzeption beträgt der Winkel an der Rast genau 90 Grad und die Stangennase steht neutral in der Rast. Es wirken dann weder hereinziehende noch herausdrückende Kräfte. Ein guter Büchsenmacher kann die Abzüge eines Anson-Systems auf etwa zwei Kilogramm justieren, ohne dass hierbei die Gefahr des Doppelns besteht.

Blitzschlosse besitzen gut das Doppelte an Abzugsgewicht. Neben den erheblich besseren Abzügen ist der zweite große Vorteil des Kernerschen Ansonschlosses die kurze Bauart der Schlosse. Der Drehpunkt der Schlagstücke liegt etwa unter dem Greener-Stift, der vordere Abzug liegt etwa fünf Zentimeter hinter dem Stoßboden. Blitzschlosse bauen erheblich länger.

Dieses Kernersche Anson-System, auch verbessertes Anson-System oder Anson-System mit obenliegenden Stangen genannt, war eine echte Verbesserung und wird heute noch so gefertigt.

Das Kernersche Ansonschloss hat jedoch auch einen Nachteil, der hier nicht verschwiegen werden soll. Die Abzugsstange hat in physikalischer Hinsicht eine Änderung erfahren, denn sie ist zum einseitigen Hebel geworden, da der Drehpunkt an einem Ende des Hebels liegt. Das hat den Nachteil, dass der Abzugsweg bis zum Ausheben des Stangenschnabels aus der Rast etwas größer sein muss als bei einem zweiseitigen Hebel. Ein wirklich trocken stehender Abzug ist daher beim Kernerschen Ansonschloss kaum möglich. Dafür aber wunderbar weich stehende Abzüge, die sich jedoch etwas „ziehen". Pflegeleicht wie ein Seitenschloss war aber auch das Kernersche Ansonschloss nicht.

DROP-LOCK-SCHLOSSE

Doch auch ein Schloss, dessen gesamte Mechanik im Kasten untergebracht ist, lässt sich so bauen, dass es leicht gewartet und repariert werden kann. Die Lösung dieses Problems stammt aus dem Jahre 1888 von F. Courally, der die Schlosse leicht zugänglich machte. Bekannteste Bauart ist das Westley-Richards-Schloss, bei dem das Verschlussgehäuse mit einer aufklappbaren Bodenplatte versehen ist. Nach dem Abklappen der Deckplatte können die beiden Schlosse einzeln herausgenommen werden. Für Doppelflinten eine der besten Schlosskonstruktionen überhaupt, die sich auch sehr einfach pflegen lässt. Oft wurden die Westley-Richards-Flinten gleich mit einem Paar Ersatzschlosse geordert, sodass bei einem Defekt ganz einfach ein neues Schloss eingesetzt wurde.

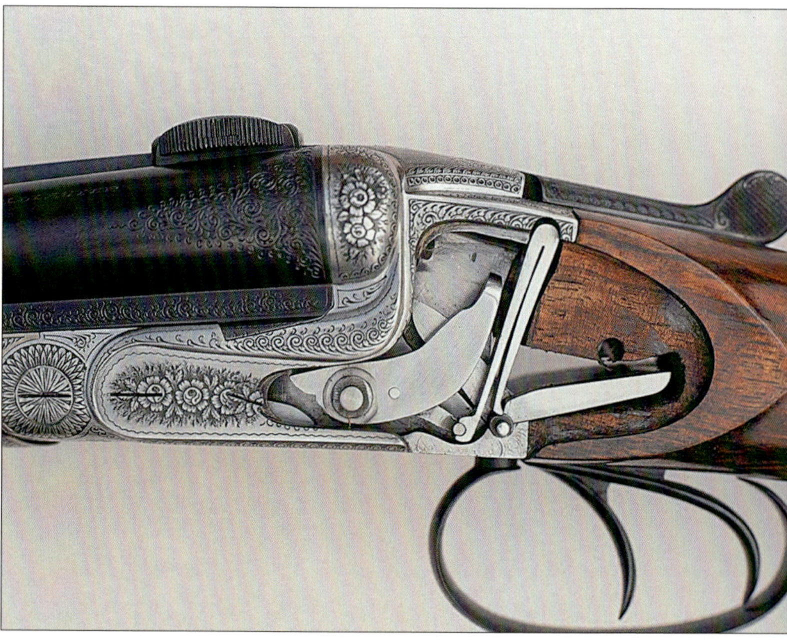

Nimrod-Kastenschloss

STEIGLEDER SELBSTSPANNERSCHLOSS MIT INNENHAHN

Auch beim Steigleder-Schloss liegt zwischen Schlagstückraste und Drehpunkt wie beim Kernerschen Ansonschloss ein vorteilhaft großer Abstand. Ernst Steigleder konstruierte dieses Schloss im Jahre 1903. Schlagstück, Feder sowie Abzugsstange sind hier gemeinsam auf einem Spannhebel angeordnet, der im Kasten drehbar gelagert ist. Wird das Laufbündel abgekippt, bewegt sich der Spannhebel nach unten und das abgeschlagene, nun an der Stoßbodenhinterwand anliegende Schlagstück wird zurückgedrückt, bis die Abzugsstange wieder in die Raste des Schlagstückes eintritt. Wird das Laufbündel angehoben und die Waffe geschlossen, senkt sich der hintere Teil des Spannhebels wieder in die Ausgangslage, wodurch die Abzugsstange über dem Abzug liegt.

NIMROD-KASTENSCHLOSS

Auch das von Thieme & Schlegelmilch entwickelte Nimrod-Hammerless-Schloss stellte eine wesentliche Verbesserung des Anson & Deeley-Kastenschlosses dar. Es kommt dabei ebenfalls eine untenliegende Stange zum Einsatz, die aber ab dem Drehpunkt nach oben hin fast im rechten Winkel abgebogen ist. Dadurch tritt sie sehr weit vom Drehpunkt des Schlagstückes entfernt in die fast an der Peripherie angebrachte Raste ein. Der Last- und Kraftarm ist hierbei fast gleich lang und der Abzug lässt sich kurz und trocken einstellen. Um den Schlagfederdruck auf die Raste im gespannten Zustand zu verringern, ist die Schlagfeder hochstehend eingebaut und drückt über eine Stemmkette auf das Schlagstück sowie mit ihrem Gegenschenkel auf die Stange. Die Stemmkette erzeugt dabei eine Kniehebelwirkung, die den Schlagfederdruck auf die Rast fast völlig aufhebt. Die Stellung ist nahe am toten Punkt. Schnellt der Hammer vor, verstärkt sich jedoch ständig die Schlagwirkung durch die Kniehebelverhältnisse, und zwar bis zum Auftreffen auf den Schlagbolzen.

Bei dieser Ausführung des zweiarmigen Hebels sind die Hebelverhältnisse fast genau 1:1. Der Abzug lässt sich bei diesem Schloss sehr fein einstellen. Abzugswiderstände unter 1,5 Kilogramm lassen sich realisieren, ohne dabei die Sicherheit aufs Spiel zu setzen. Durch das sehr günstige Übersetzungsverhältnis steht der Abzug äußerst trocken, da er praktisch nur einen etwas größeren Weg zurücklegen muss, als zum Stangenaustritt notwendig. Das Schlagstück ist im Kastenboden gelagert. Ganz genau genommen ist das Nimrod-Schloss eigentlich kein echtes Kastenschloss mehr, denn Schlagstück und Stange sind nur einseitig im Kasten gelagert und zusätzlich an den Abzugsblechen befestigt. Ein tolles Schloss, das lange Jahre im Verborgenen ruhte, bis es von der Firma Kuchenreuther in Cham wieder in Fertigung genommen wurde. So sind heute wieder Waffen mit diesem Schloss zu bekommen.

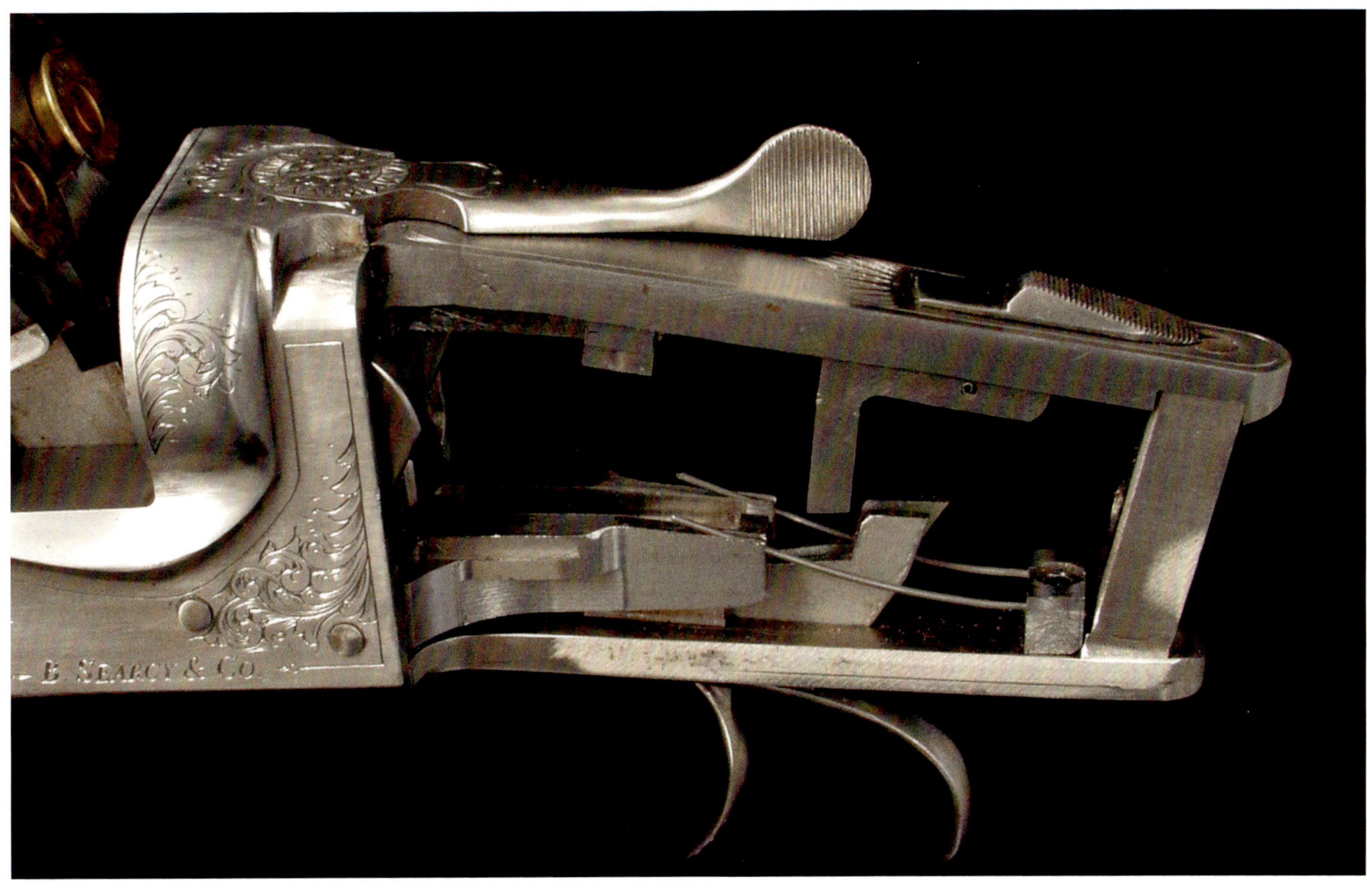

Blitzschloss

BLITZSCHLOSSE

Kurze Zeit nach Einführung des Kastenschlosses erfand im Jahre 1880 John Dickson aus Edingburgh das Abzugsblechschloss. Es gab allerdings auch ein deutsches Patent von Robert Scheer aus Sommerfeld und ein belgisches Patent von J. Marechal aus Lüttich, die sich auf eine solche Schlosskonstruktion bezogen. Eine wirklich genaue Ergründung des Ursprungs ist heute wohl nicht mehr möglich.

Beim Blitzschloss ist die gesamte Schlossmechanik der beiden Schlosse (Schlagstücke, Schlagfedern und Abzugsstangen) auf dem Abzugsblech montiert. Der Spannhebel arbeitet wie beim Anson & Deeley-System, nur muss er hier länger sein, da die Schlagstücke hinter dem Verschlusskasten sitzen.

Der eigentliche Schwachpunkt des Blitzschlosses ist der ungünstig kurze Abstand zwischen Raste und Schlagstückdrehpunkt auf der einen sowie Raste und Stangendrehpunkt auf der anderen Seite. Dadurch entstehen unverhältnismäßig hohe Kräfte auf den Rasteneintritt.

Die Gefahr des Doppelns ist bei diesem Schloss-System sehr hoch. Um dem zu entgegnen, sind sehr hohe Abzugswiderstände erforderlich. Für die Jagdpraxis sind hart stehende Abzüge natürlich von Nachteil und sauberes Schießen ist mit einer Blitzschlossflinte sehr schwer.

Der einzige Grund, warum es auch heute noch Flinten mit Blitzschlossen gibt, liegt in der einfachen und damit preiswerten Herstellung dieses Schloss-Systems. Technisch ist das Blitzschloss die schlechteste Schlosskonstruktion für eine Flinte. Blitzschlosse finden sich daher häufig bei Flinten der unteren Preisklasse. Die Schloss-Systeme der Selbstladeflinten, Repetierflinten und Unterhebel-Repetierflinten werden in den jeweiligen Kapiteln über diese Waffenarten erklärt.

IV. DIE VERSCHLUSS-SYSTEME

Mit dem Umstieg von Vorderladerflinten zu Kipplaufflinten war es notwendig, Einrichtungen zur sicheren Verbindung der beiden Hauptteile einer Flinte, einerseits Laufbündel und Vorderschaft, andererseits System sowie Hinterschaft, zu konstruieren. Diese Verbindung musste sich aber zum Laden der Läufe schnell lösen und wieder schließen lassen.

Findige Büchsenmacher haben im Laufe der Zeit unzählige Verschluss-Systeme entwickelt, von denen aber nur einige wenige wirkliche Verbreitung fanden.

LEFAUCHEUX-VERSCHLUSS

Eine Vielzahl von Verschlüssen für Kipplaufflinten gehen auf den Lefaucheux-Verschluss des Pariser Büchsenmachers Casimir Lefaucheux zurück, der bereits im Jahre 1832 entstand. Er war für alle weiteren Entwicklungen wegweisend.

Der Lefaucheux-Verschluss, auch als Verschluss mit langem Schlüssel bekannt, besteht im Wesentlichen aus der Basküle samt Gesenk und Scharnierbolzen, dem am Basķül angelenkten Vorderschaft sowie dem Laufbündel mit den Laufhaken. Lauf, Vorderschaft und Basķül bilden eine Einheit. Der Vorderschaft ist im Scharnierbolzen eingehängt und wird über den Haft mit einem Schuber befestigt, wodurch sich ein Scharnier bildet. Im Gesenk der Basküle ist eine Nuss von oben eingesetzt, die unten mit einem Zapfen in den Schlüssel eingreift. Der Schlüssel ist unterhalb des Vorderschaftes angebracht. Im verriegelten Zustand greift die Nuss in den Laufhaken ein und verriegelt ihn so. Wird der Schlüssel nach außen geschwenkt, hebt das die Verriegelung auf und das Laufbündel kippt ab.

Der Lefaucheux-Verschluss war der erste gut funktionierende Kipplaufwaffen-Verschluss und fand große Verbreitung. Die ersten europäischen Hinterladerflinten besaßen fast ausschließlich einen Lefaucheux-Verschluss.

T-VERSCHLUSS

Beim englischen T-Verschluss handelt es sich um einen direkten Nachfolger des Lefaucheux-Verschlusses. Er wird in der waffentechnischen Literatur auch Excenter-Verschluss, Doppelgriff-Verschluss, Lancaster-Verschluss, Reib-Verschluss, Nuss-Verschluss oder Verschluss mit kurzem Schlüssel genannt. Im Jahre 1859 wurde er in England ent-

Linke Seite: Lefaucheux-Verschluss mit langem Schlüssel

Rechts: Der untere, lange Hebel diente zum Öffnen des Verschlusses, der darüber angeordnete kurze Hebel zum Entfernen des Laufbündels

wickelt und dort *Double Grip Action* genannt. Gegenüber dem Lefaucheux-Verschluss ist der Lancaster-Verschluss wesentlich stabiler und langlebiger.

Beim Ausschwenken des Verschlusshebels wird das Laufbündel so weit nach vorn geschoben, bis es abkippt. Die Abkippkräfte werden durch eine unten am Laufbündel vorstehende Nase aufgefangen. Beim Verriegeln wird diese Nase unter den Stoßboden in die Basküle eingeschoben. Durch den Verschlusshebel wird nur das Laufbündel nach vorn oder hinten bewegt. In der Basküle ist in Längsrichtung das Gesenk herausgearbeitet. Dort greifen die Laufhaken ein, die über eine T-förmige Ausfräsung verfügen. Beim Schließen tritt dort der Excenter ein, der mit dem Verschlusshebel verbunden ist oder direkt aus dem Verschlusshebel herausgearbeitet sein kann.

Der T-Verschluss ist sehr sicher und stabil. Viele alte Doppelflinten haben diesen Verschluss und sind immer noch dicht.

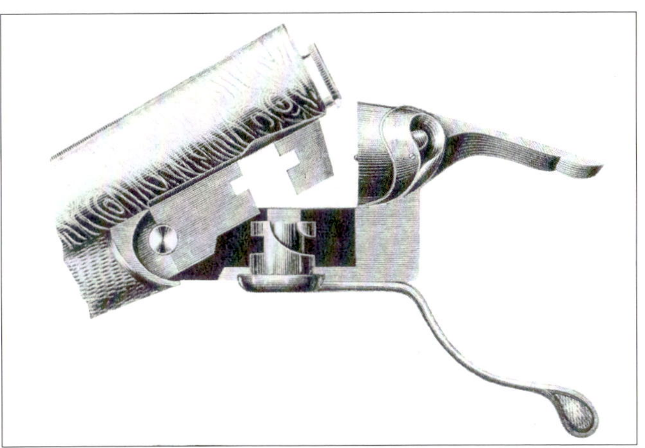

Mitte: Der T-Verschluss war extrem stabil

Unten: Keil-Verschluss mit doppelten Laufhaken

RIEGEL-VERSCHLÜSSE

Bei dieser Verschlussart, auch Keil- oder Schieber-Verschluss genannt, erfolgt die Verriegelung direkt über den oder die Laufhaken. Im Baskül sitzt ein unter Federdruck stehender Riegel, der von hinten in die Laufhaken eingreift. Bei den ersten Bauarten war nur ein Laufhaken vorhanden, später wurden dann zwei Laufhaken zum Standard, um eine höhere Stabilität und Lebensdauer zu erreichen. Um den Riegel zu steuern, wurden verschiedene Systeme entwickelt, die sich durch die Position des Öffnungshebels unterscheiden. Beim Roux-Verschluss liegt ein Bügel als Drücker vor dem Abzugsbügel, beim Seitenhebel-Verschluss wurde der Öffnungshebel rechts oder links am System angebracht

Der Purdey-Verschluss hatte zusätzlich noch die Purdey-Nase zwischen den Läufen, die in den Stoßboden des Kastens eintrat

oder ein Oberhebel, auch Scott-Hebel oder Top-Lever genannt, liegt auf der Scheibe.

Heute haben Flinten fast ausschließlich einen Oberhebel zum Öffnen des Verschlusses. Die Wirkungsweise der eigentlichen Verriegelungen ist bei allen Systemen gleich, nur die Bedienung ist unterschiedlich. Der Riegel-Verschluss dürfte auf den Lütticher Waffenfabrikanten Roux zurückgehen, der schon sehr früh einen Verschluss mit Riegelbolzen baute, der beim Einklappen der Läufe durch schräge Flächen nach hinten gedrückt wurde, um dann selbstständig einzugreifen. Der Prager Büchsenmacher Lebeda verbesserte den Roux-Verschluss, indem er als Riegel einen flachen Keil und zwei Laufhaken verwendete. Bei diesem auch als Prager System bekannten Verschluss ist der Riegel breiter als die Laufhaken und wird in entsprechenden Ausfräsungen im Gesenk geführt. Für den hinteren Laufhaken war ein Durchbruch vorhanden. So war ein doppelter Eingriff des Riegels in den vorderen und hinteren Laufhaken möglich. Damit sind wir schon beim sogenannten zweifachen Verschluss, der auch heute noch verwendet wird.

Der Schwachpunkt war eindeutig das Scharnier, da dort beim Schuss zweierlei Kräfte auf das Baskül wirken. Zunächst der Druck nach hinten auf den Stoßboden und dann die Kraft des Abkippens, da ja der Scharnierdrehpunkt deutlich unter der Laufmitte liegt.

Von Purdey in London wurde ein Doppel-Radial-Riegel-Verschluss entwickelt, bei dem das Gesenk und die Ausnehmungen für die Laufhaken so im Radius zum Scharnierbolzen geformt sind, dass der vordere Laufhaken mit seiner hinteren und der hintere Laufhaken mit seiner vorderen sowie hinteren Fläche saugend anliegen. Somit wirken bei diesem Verschluss der Scharnierbolzen und beide vorderen Flächen der Laufhaken gegen den Abziehwiderstand. Die Gebrüder Rempt aus Suhl entwickelten daraus später den Purdey-Doppel-Riegel-Verschluss für Bockflinten.

GREENER-VERSCHLUSS

Im September 1873 erhielt W.W. Greener ein Patent für einen Dreifach-Verschluss, bei dem die Schiene zwischen den Läufen nach hinten verlängert war. Diese Schienenverlängerung besaß eine horizontale Bohrung und trat in eine entsprechende Ausnehmung des Basküls ein. Ein ebenfalls horizontaler Schwenkriegel, der bei geschlossener Waffe durch die Bohrung hindurchging, stützte das Laufbündel zusätzlich gegen die Abziehkräfte ab. Gesteuert wird dieser Querriegel, der auch Greener-Riegel genannt wird, wie die Verriegelungsschieber der Laufhaken durch den Verschlusshebel.

Diese Verschlusseinrichtung ist aber nicht zwangsläufig an einen Oberhebel gebunden, denn Greener ließ sich auch ein Patent für den englischen T-Verschluss erteilen. Die Schienenverlängerung an sich ist aber noch um einiges älter, denn bereits 1859 gab es in England den Linsen-Verschluss, auch *Doll´s Head* genannt, bei der eine kegelförmige Schienenverlängerung in das Baskül eingreift und dort arretiert wird. Viele alte englische Doppelflinten haben einen *Doll´s-Head*-Verschluss.

Neben dem Greener-Verschluss gab es auch noch eine ganze Menge weiterer Verschlüsse, die sich einer Schienenverlängerung bedienten. Beim Webley-Querriegel-Verschluss greift der Verschlusshebel zusätzlich noch in die

Schienenverlängerung ein. Der Kopfschienen-Querriegel-Verschluss ist hingegen eine Kombination von Greener- und Linsen-Verschluss. Der Westley-Richards-Verschluss besitzt eine Schienenverlängerung mit schrägem Ansatz und hinterem Eingriff, der Webley & Scott-Verschluss bedient sich einer Schienenverlängerung mit zusätzlichem Übergriff.

NIMROD-NASEN-VERSCHLUSS

Das laufseitige Verschlussteil besteht aus einer Halbschale mit zwei Laufhaken, an der die beiden Läufe mit Hartlot angelötet sind. Am Hakenstück ist die Nase für den Kasteneintritt angefräst, die kennzeichnend für den Nimrod-Nasen-Verschluss ist. Der Nimrod-Verschluss hat keine glatt durchlaufenden Laufbanden, sondern besitzt im hinteren Teil eine nasenartige Verstärkung, die beim Schließen der Waffe in eine entsprechende Ausnehmung des Kastens eintritt. Das bewirkt nicht nur eine Abstützung gegen das Abziehbestreben des Laufbündels, sondern auch gegen die seitlich auftretenden Kräfte. Nimrod-Verschlüsse sind äußerst stabil und verkraften auch hohe Schusszahlen problemlos.

Zusätzlich zu den beiden Laufhaken und der Nimrod-Nase wurde oft auch noch ein Greener-Querriegel eingebaut, sodass ein extrem haltbarer und langlebiger Verschluss entstand. Die Firma Ziegenhahn fertigt heute wieder Waffen mit diesem Verschluss.

Bei den Bockwaffen war die Verschluss-Entwicklung oft sehr ähnlich und unterscheidet sich manchmal nur in Details von den Querwaffen. Es gab aber auch Verschlüsse, die so bei Waffen mit nebeneinander liegenden Läufen nicht möglich waren, wie etwa den hakenlosen Flanken-Verschluss.

Oben links: Greener-Verschluss einer Suhler Querflinte

Oben: *Doll's-Head*-Verschluss

KERSTEN-VERSCHLUSS

Beim Verschluss des Straßburger Büchsenmachers Kersten befinden sich rechts und links am Laufbündel herausragende Lappen, die in entsprechende Ausnehmungen des Verschlusskastens eingreifen und dort mittels zweier Querbolzen verriegelt werden. Er bietet gegen das Abkippen und Abziehen des Laufbündels vom Verschlusskasten eine noch bessere Sicherheit als der Greener-Dreifach-Verschluss. Dieser Vierfach-Verschluss wird auch heute noch bei Bockflinten eingesetzt.

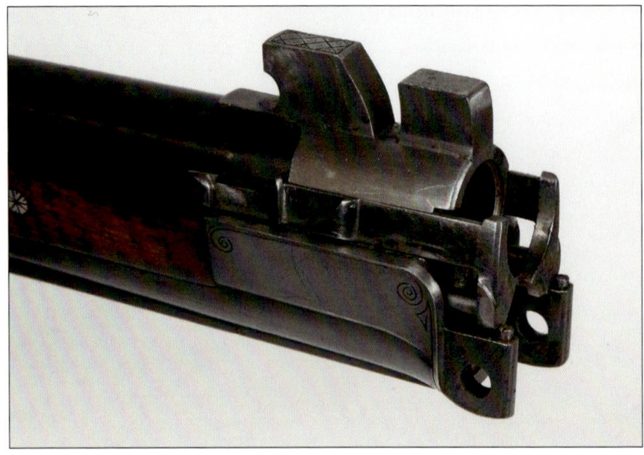

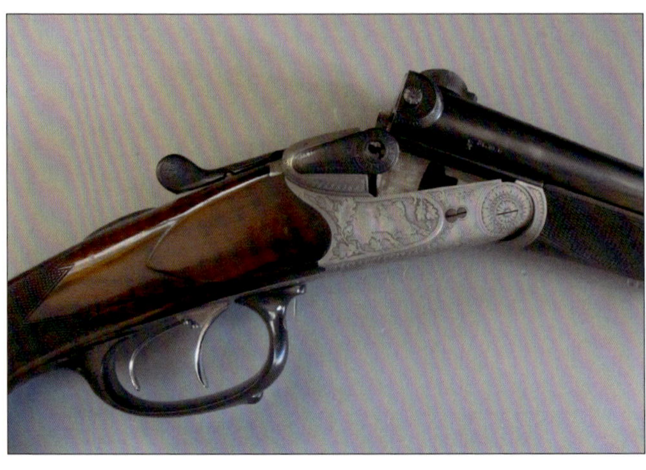

Oben links: Kersten-Verschluss

Oben: Herkules-Verschluss

SCHÜLER HERKULES-VERSCHLUSS

August Schüler entwickelte eine im Wirkungsgrad dem Kersten-Verschluss sehr ähnliche Verschlusseinrichtung für Kipplaufwaffen. Beim Herkules-Verschluss greifen zwei Riegelstücke links und rechts auf am Laufbündel angefräste Zapfen ein. Wird die Waffe geöffnet, drücken sich diese Riegel nach außen und die Verriegelungszapfen werden freigegeben. Dieser Verschluss hat sich auch bei stärksten Ladungen bewährt. Der große Vorteil dieses Verschlusses ist aber, dass am Laufende keinerlei Teile vorstehen, die beim Laden und Entladen stören. Der Herkules-Verschluss bedingt jedoch einen sehr breit bauenden Verschlusskasten, der das gesamte Erscheinungsbild der Waffe negativ beeinflusst.

FLANKEN-VERSCHLUSS

In dem Bestreben, auch preiswerte Bockflinten zu bauen, wurde nach neuen, einfacheren und vor allem maschinengerechten Verschlüssen gesucht. Einer der besten Verschlüsse für Bockwaffen, der von den herkömmlichen Konzeptionen abweicht, ist der hakenlose Flanken-Verschluss. Auf einen durchgehenden Scharnierstift wird hier verzichtet und der Scharnierdrehpunkt sehr nahe an die Längsachse des unteren Laufes gelegt. Dadurch reduziert sich das Kippmoment bei der Schussabgabe erheblich. Die Läufe werden in einen massiven Monoblock eingeschoben, der aber keine Laufhaken hat. An diesen Block sind seitlich die Scharnierzapfen angearbeitet. Diese drehen sich in entsprechend geformte Lagerschalen im Scharnierbereich des Kastens. Links und rechts des oberen Laufes ragen aus dem Monoblock rückwärts zwei Purdey-Nasen hervor, die in entsprechende Ausnehmungen des Stoßbodens eintreten. Die Verriegelung übernimmt ein normaler Greener-Querriegel. Genau genommen handelt es sich bei einem so aufgebauten Verschluss um einen modifizierten Purdey-Verschluss mit hochgelegtem Scharnierdrehpunkt. Die Abziehbestrebung des Laufbündels vom Stoßboden wird von den beiden Scharnierzapfen aufgefangen, die auftretenden Kippmomente von den beiden Purdey-Nasen.

Beretta benutzt bei den Bockflinten eine abgewandelte Form, bei der zwei Verriegelungsbolzen aus dem Stoßboden in entsprechende Bohrungen des Monoblockes eintreten. Auch dieser Verschluss kommt ohne Laufhaken aus.

Neben den vorab beschriebenen Verschluss-Systemen gab es noch eine Vielzahl von Entwicklungen in der Geschichte der Flinten, wie etwa der Exzenter-Verschluss der Firma Teschner/Collath aus Frankfurt/Oder. Bei diesem Verschluss ist kein Scharnier vorhanden, wie es sonst bei Kipplaufwaffen üblich ist, sondern das Laufbett ist Bestandteil des Basküls und nimmt den Holzvorderschaft auf. Die Verbindung von Laufbündel und Baskül erfolgt durch den im vorderen Teil des Laufbettes eingesetzten Bolzen, der durch einen am Laufbündel angebrachten Haft mit Langloch führt. Zusätzlich steht am Laufbündel ein Stollen, der bei geschlossener Waffe in den Stoßboden des Basküls eingreift. Der große Vorteil dieses Verschlusses ist, dass kaum Kippmomente auftreten, da hier nicht der übliche Vorderschaft vorhanden ist, sondern das Basküls verlängert wurde, um der Laufhalterung zu dienen. Der unter dem Lauf angebrachte Lappen mit Stollen reicht völlig aus. Gegen das Abziehmoment wirkt der Exzenter, der in die Ausfräsung des Lauflappens eingreift.

Beim Breton-Verschluss des französischen Büchsenmachers Atamec C. Fourneyron bewegt sich der gesamte Hinterschaft auf zwei Schienen nach hinten, wodurch sich die Patronenlager zum Laden öffnen. Auf den Schienen sind auch die Patronenauszieher angeordnet, von denen die leeren Hülsen aus den Lagern gezogen werden. Gesteuert wird das System durch einen seitlich am Verschluss angebrachten Drehhebel. Verriegelt wird über zwei Verschlusswarzen.

Auch der französische Darne-Verschluss hat eine besondere Konstruktion und wird heute noch gefertigt. Er wird im Kapitel über Darne-Flinten ausführlich erklärt. Die meisten der alten Verschluss-Systeme sind mehr oder minder in Vergessenheit geraten, denn sie waren entweder von der Bedienbarkeit, der optischen Gestaltung oder der Haltbarkeit her heute gebräuchlichen Konstruktionen unterlegen.

Die vielen, oft gut erhaltenen Flinten mit solchen Verschlüssen zeigen jedoch die hohe Büchsenmacher-Kunst damaliger Zeit. Die Meister ihres Faches haben es damals verstanden, mit den im Vergleich zu heute längst nicht so hochwertigen Stahlsorten Flinten zu bauen, die bei guter Pflege immer noch zur Jagd eingesetzt werden können und von vielen Liebhabern alter, feiner Jagdwaffen auch heute noch geführt werden.

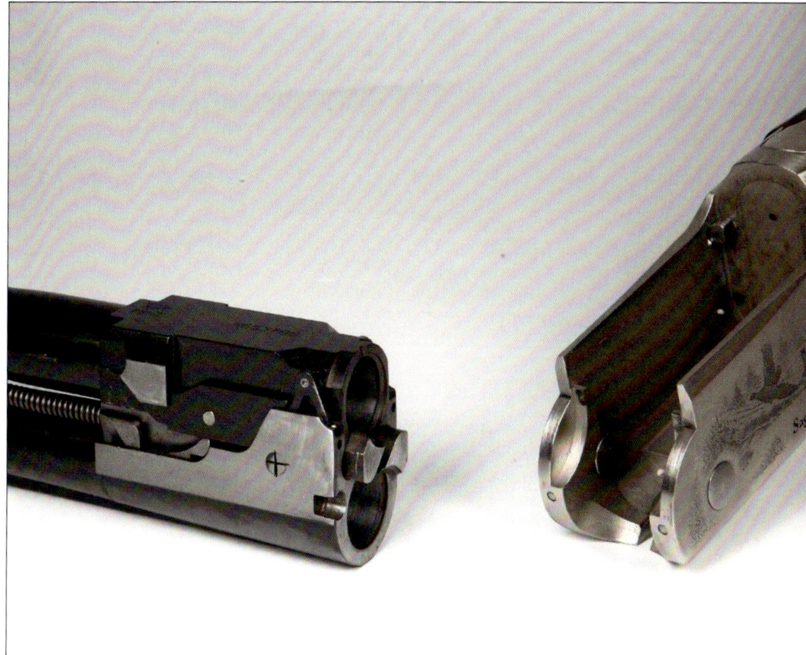

Oben: Flanken-Verschluss

Unten: Bei diesem Breton-Verschluss wird das System samt Hinterschaft auf zwei Schienen nach hinten gezogen

V. DER EJEKTOR

Der Ejektor, auch automatischer Patronenauswerfer genannt, befördert die abgeschossenen Hülsen der Schrotpatronen aus den Patronenlagern. Selbstladeflinten und Pumpflinten haben grundsätzlich einen automatischen Auswurf, der durch die Repetierbewegung des Verschlusses gegeben ist. Würde die leere Hülse nicht aus dem Patronenlager gezogen, könnte keine aus dem Magazin nachgeladen werden. Ejektoren im klassischen Sinne finden sich daher nur bei Kipplaufflinten.

Beim Abkippen des Laufbündels die leeren Hülsen ohne Zeitverzögerung und weitere Handgriffe aus den Patronenlagern zu befördern und so die Läufe sofort wieder zum Nachladen frei zu machen, ist sehr sinnvoll, wenn mit schnellen Folgeschüssen zu rechnen ist. Die Nachladezeit wird so erheblich verkürzt und die Waffe ist schneller wieder schussbereit.

In der großen Zeit der Niederwildjagden war eine Doppelflinte ohne Ejektor kaum zu finden. Auch heute noch wird fast jedes Modell damit ausgestattet, obwohl es bei den stetig schwindenden Niederwildbesätzen kaum noch Jagden gibt, wo der Schütze durch blitzschnelles Nachladen einen jagdlichen Vorteil hat. Bei einer Sportflinte für Trap, Skeet oder Parcours ist ein Ejektor sogar eher störend, denn auf kaum einem Schießstand kann man die leeren Hülsen einfach in die Landschaft katapultieren, sondern sie werden in dafür vorgesehenen Behältern entsorgt. Beim Nachladen

Der Holland & Holland-Ejektor ist ein komplettes Schloss mit Schlaghähnen, die auf die Auszieher schlagen

muss der Schütze daher immer darauf achten, eine Hand über die Patronenlager zu halten, damit die Hülsen nicht herausfliegen, er sie dann entnehmen und in den Sammelbehälter werfen kann. Viele Sportschützen legen daher die Ejektoren ihrer Flinten still. Es gibt aber auch Flinten, wo sich die Ejektoren abschalten lassen und so nur bei Bedarf zur Verfügung stehen. Sicher die sinnvollste Lösung.

Der Ejektor wirft die abgeschossenen Hülsen beim Abkippen des Laufbündels automatisch aus

DIE VERSCHIEDENEN BAUARTEN

Ein automatischer Hülsenauswerfer hat prinzipiell immer die gleiche Arbeitsweise. Der geteilte Patronenauszieher wird durch Federkraft ein Stück herauskatapultiert, wodurch die Patronenhülsen beschleunigt und beim Abstoppen der Auszieher mit Schwung aus den Patronenlagern befördert werden. Bei günstigen Flinten wurden früher oft Auswerfer-Vorrichtungen nach Iver Johnson verbaut, bei denen der Auswerfer bei jedem Öffnen der Waffe automatisch auswirft, ganz gleich, ob die Patrone abgeschossen ist oder nicht. Dieses System wird heute nicht mehr angewandt. Bei allen heute verwendeten Systemen werden nur die abgeschossenen Hülsen ausgeworfen.

Ejektoren hielten schon sehr früh Einzug in den Flintenbau. Bereits 1891 konstruierte der Wiener Nicolaus Szailer einen Ejektor und ließ seine Erfindung in Deutschland patentieren. Das Patent wurde später vom renommierten Flintenhersteller Thieme & Schlegelmilch aus Suhl gekauft. Dieser halbautomatische Auswerfer besteht aus einem zweiflügeligen Schnapper sowie einem Auszieher mit Zugstange. Der Schnapper ist im Vorderschaft installiert und auf einen Flügel wirkt eine Feder, die mit der Zugstange des Ausziehers verbunden ist. Die am Ende des zweiten Flügels angebrachte Klaue greift beim Zuklappen der Flinte die Zugstange am Schnapper und spannt die Feder. Nach dem Öffnen des Verschlusses passiert bei diesem System gar nichts. Erst wenn der Schütze den Schnapper drückt, wird der Patronenauszieher frei und wirft durch Federdruck die Hülse aus. Daher auch der Name „halbautomatischer Ejektor". Dieses System ist heute nicht mehr gebräuchlich.

Die meisten automatischen Auswerfer-Systeme beruhen auf der Erfindung des Londoner Büchsenmachers Deeley. Auf dieser Grundlage konstruierten Lefever, Greener, Brenneke, Gatterfield und Parsons verschiedene Ejektor-Systeme, die an neuen Modellen jedoch nicht mehr zu finden sind.

Die beiden Schlaghähne der Ejektorschlosse schlagen auf die Patronenauszieher und katapultieren die leeren Hülsen aus den Patronenlagern

Durchgesetzt haben sich zwei Bauweisen des Ejektors: Der Schlagfeder-Ejektor nach dem System Holland & Holland sowie der Schraubenfeder-Ejektor.

DER HOLLAND & HOLLAND-EJEKTOR

Der Ejektor nach dem Holland & Holland-Prinzip ist relativ aufwendig konstruiert und im Grunde genommen ein kleines Gewehrschloss mit zwei Schlaghähnen, die beim Auslösen auf den Patronenauszieher schlagen und ihn mit den Hülsen beschleunigen. Für jeden Lauf ist ein eigenes Ejektorschloss vorhanden. Dieses System ist im Vorderschaft untergebracht und wird beim Schließen der Waffe automatisch gespannt und in der Endstellung arretiert. Stangen an den Patronenausziehern drücken die beiden Schlaghähne

Moderner Schraubenfeder-Ejektor

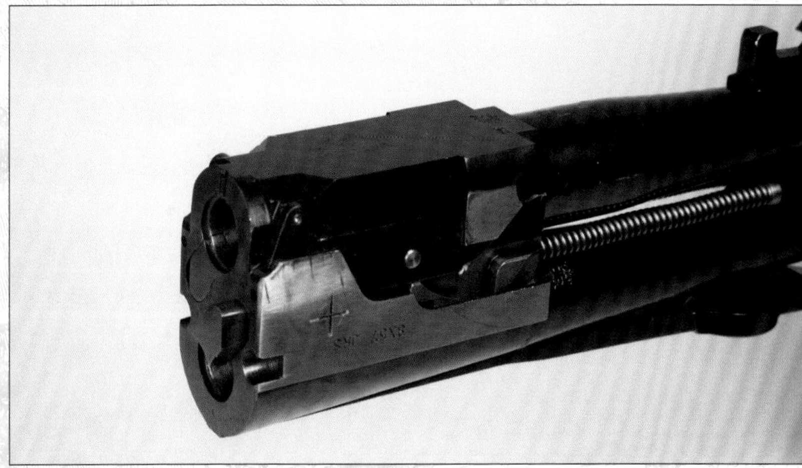

in Schlagstellung, gleichzeitig werden die Federn durch den Federspanner und den Spannzahn gespannt. Bei geschlossener Waffe sind die Ejektorfedern daher stets gespannt.

Zum Auslösen der Ejektoren gibt es beim Holland & Holland-System zwei Möglichkeiten. Entweder wird nach dem Schuss über ein mit dem Gewehrschloss verbundenes Gelenksystem, das sich die Bewegung des Schlagstückes zunutze macht, der Schlaghahn des Ejektorschlosses freigegeben oder an den beiden Spannarmen sind besondere Ausformungen, die den Ejektor beim Öffnen der Waffe auslösen.

Wenn beim Öffnen der Waffe das Laufbündel eine bestimmte Stellung erreicht hat, löst das Ejektorschloss des abgefeuerten Laufes aus und katapultiert die leere Hülse aus dem Patronenlager. Ein narrensicheres System, bei dem es kaum zu Fehlfunktionen kommen kann. Allerdings nur dann, wenn es richtig justiert ist.

Das Ejektorschloss darf erst dann auslösen, wenn die Waffe vollständig geöffnet ist und die Hülsen frei ausgeworfen werden können. Löst der Ejektor zu früh aus, knallt die Hülse gegen den Rand der Basküle und fällt zurück ins Patronenlager.

Auch muss das Gewehrschloss bereits gespannt sein, bevor der Ejektor auslöst, denn sonst besteht die Gefahr, dass das Laufbündel nicht weit genug abgekippt wird und der Schütze nach dem Nachladen mit ungespannten Schlossen dasteht. Aus diesem Grund besitzen viele Flinten, besonders aus Suhler oder Ferlacher Fertigung, Signalstifte, die dem Schützen anzeigen, ob die Schlosse wirklich gespannt sind.

Viele Holland & Holland-Ejektoren arbeiten auch heute noch mit Blattfedern. Es sind aber auch abgewandelte Systeme zu finden, die mit Schraubenfedern arbeiten. Der Unterschied ist im Gebrauch nicht zu spüren. Schraubenfedern sind moderner und weitgehend bruchsicher. Dieses Ejektor-System wird auch manchmal *Southgate*-Ejektor oder verbesserte *Southgate*-Ejektoren genannt. Es handelt sich aber im Grundsatz um Holland & Holland-Ejektoren.

SCHRAUBENFEDER-EJEKTOREN

Der heute besonders bei modernen Bockflinten sehr verbreitete Schraubenfeder-Ejektor ist wesentlich einfacher als derjenige von Holland & Holland, funktioniert aber auch sehr zuverlässig. Hier kann auf ein komplettes Ejektorschloss im Vorderschaft verzichtet werden, da die Patronenauswerfer selbst bei gespannter Waffe ständig unter Federdruck stehen.

Die Schraubenfedern sind hinter den Auswerfern links und rechts am Laufbündel angeordnet. Wird die Waffe abgefeuert, werden sie freigegeben, wenn das Laufbündel beim Abkippen einen bestimmten Punkt erreicht hat, und beschleunigen den jeweiligen Patronenauszieher nach hinten. Schraubenfeder-Ejektoren sind durch ihre einfachere Konstruktion wesentlich billiger als diejenigen von Holland & Holland. Besonders bei Bockflinten sind sie daher heute eher die Regel als die Ausnahme.

Automatische Hülsenauswerfer werden auch heute noch bei fast allen Flinten eingesetzt. Wirklich gebraucht werden sie aber kaum noch und oft sind sie eher lästig. Heute wird kaum jemand seine leeren Schrothülsen einfach auf dem Boden herumliegen lassen, selbst bei Papphülsen nicht. Aufsammeln ist dagegen mühsam. Zum Glück lässt sich ein Ejektor sehr leicht vom Büchsenmacher deaktivieren.

VI. DIE ABZÜGE

Nicht nur bei der Büchse, auch bei der Flinte hat der Abzug großen Einfluss auf den Jagderfolg. Ein guter Flintenabzug ist wichtig, um das Ziel auch sauber zu treffen. Wer von der Büchse her schon einen trocken stehenden Direktabzug mit geringem Abzugsgewicht gewohnt ist, weiß hervorragende Flintenabzüge zu schätzen. Ganz so leicht wie bei der Büchse steht ein Flintenabzug allerdings nicht. Nicht nur für den Schaft gilt, dass die Läufe schießen und der Schaft trifft. Auch die Flintenabzüge haben einen erheblichen Anteil am Treffen oder Fehlen.

Hohe Abzugswiderstände und fühlbarer Abzugsweg führen schnell zum Verreißen oder Verdrücken der Flintenläufe beim Abziehen. Oft wird dadurch der Schuss verzögert ausgelöst und geht daher ins Leere. Am Abzug lässt sich schnell die Qualität einer Flinte erkennen, denn dabei ist neben einer guten Konstruktion auch zeitaufwendige Büchsenmacherarbeit notwendig. Selbst an vielen teuren Flinten sind häufig nur mäßige Abzüge zu finden. Oft verhindert die Schlosstechnik niedrige Abzugswiderstände, da es bei zu niedrigem Abzugsgewicht zum „Doppeln" der Läufe kommen kann.

Auch bei Flinten mit Seitenschlossen, die als gute Basis für niedrige Abzugswiderstände gelten, lassen sich nur Widerstände von etwa zwei Kilogramm oder knapp darunter einstellen. Da nützen auch Fangstangen wenig, denn sie verhindern ja nur das Doppeln. Es hilft wenig, wenn nach dem ersten Schuss der zweite nicht abgegeben werden kann, weil das Schloss ausgelöst wurde.

Anson & Deeley-Schlosse erfordern ebenfalls recht hohe Abzugswiderstände. Sie sind zumindest im Bereich der Seitenschlosse anzusiedeln, meist aber noch geringfügig höher. Abzüge, die zwischen 1,8 und 2,5 Kilogramm auslösen, sind in diesem Fall bereits als gut anzusehen. Bei Blitzschlossen sind die Widerstände oft extrem hoch. 3,5 bis 4 Kilogramm

sind bei günstigen Flinten keine Seltenheit. Ein sauberer, treffsicherer Schuss ist damit nicht möglich.

Ein großes Problem ist auch, wenn der zweite Schuss einen erheblich höheren Abzugswiderstand erfordert als der erste. Die Widerstände für beide Läufe sollten möglichst eng beisammen liegen. Der Idealfall ist, wenn das zweite Schloss mit maximal 100 Gramm höherem Abzugswiderstand auslöst. Große Unterschiede führen hierbei oft zum Verreißen der Flinte beim zweiten Schuss.

Die besten Abzüge haben heute moderne Bockflinten. So haben die Abzüge einer Blaser F3 oder einer Browning B725 Widerstände von 1,5 Kilogramm. Da kommen selbst englische Luxusflinten nicht mit, die bereits über ausgezeichnete Abzüge verfügen.

Als sehr gut sind Abzugswiderstände anzusehen, die bei 1,8 Kilogramm beim ersten Schuss und unter 2 Kilogramm beim zweiten liegen. Alles, was darunter liegt, stellt die Ausnahme dar, ist aber natürlich der Idealfall. Es gibt auch

Linke Seite und rechts: Bei klassischen Querflinten sind Doppelabzüge auch heute noch eher die Regel als die Ausnahme

durchaus Flinten mit Blitzschlossen, deren Abzugswiderstände um die 1,5 Kilogramm liegen. Dabei hat sich dann ein kundiger Büchsenmacher richtig Mühe gegeben.

Ebenso wichtig, wie nicht zu hohe Abzugswiderstände zu haben, ist aber auch, dass die Abzüge trocken stehen und keinesfalls vor dem Auslösen kriechen. Ein sehr leichter, jedoch extrem kurzer Vorzug ist meist nicht zu vermeiden, stört aber auch nicht.

Bei Selbstladeflinten sind meist höhere Abzugswiderstände die Regel. Unter 2,5 Kilogramm geht da kaum was. Einerseits ist das konstruktionsbedingt, andererseits sind Selbstladeflinten in der Regel eher günstige Waffen, bei denen nicht viel Zeit und Aufwand in die Justierung des Abzuges gesteckt wird. Das gilt ebenso für Vorderschaft-Repetierflinten. Ausnahmen sind hier echte Luxuswaffen, wie etwa die Selbstladeflinte von Cosmi, die einen exzellenten Abzug besitzt.

Bleibt die Frage bei doppelläufigen Flinten, ob Ein- oder Doppelabzug. Grundgedanke des Doppelabzuges war es, für jedes Schloss einen Abzug zu haben. Das spricht für hohe Zuverlässigkeit. Man kann unabhängig vom anderen Schloss jedes Schloss über einen dazugehörigen Abzug auslösen. Neben der Zuverlässigkeit hat der Doppelabzug den Vorteil, dass bei bestimmten Jagdsituationen je nach Bedarf rasch der Lauf mit der jeweils engeren oder weiteren Streuung abgefeuert werden kann. Es ist nicht erforderlich, wie beim selektiven Einabzug, zunächst einen Umschalthebel oder Drücker zu betätigen. Das hat eine deutlich schnellere Schussabgabe beim ersten Schuss zur Folge.

Aus zwei Abzügen resultiert jedoch ein Umgreifen, wodurch Unruhe in die Handhabung kommt sowie eine Zeitverzögerung beim Auslösen des zweiten Schusses entsteht. Bei einer Sportflinte für Trap und Skeet, wo die Schussfolge fest steht, ist ein Einabzug die bessere Wahl. Bei einer Parcours- oder Jagdflinte sieht es hingegen ganz anders aus. Hier muss der Schütze entscheiden können, mit welchem Lauf er zuerst schießt. Ob das dann ein Doppelabzug oder umschaltbarer Einabzug ist, bleibt Geschmackssache. Besonders Schützen, die Einabzüge gewöhnt sind, tun sich schwer mit der Umstellung auf zwei Abzüge. Diese erfordern viel Übung und Gewohnheit. Bei Linksschützen sollte die seitliche Abzugsanordnung seitenverkehrt sein. Bei zwei Abzügen kann es ferner schnell zum Doppeln kommen, wenn man am vorderen Züngel abrutscht und der Finger unbewusst auf den hinteren Abzug fällt und dadurch auslöst. Um ein Fingerprellen am vorderen Abzugszüngel bei Bedienung des zweiten Abzugs zu vermeiden, wird bei guten Flinten in das vordere Züngel ein Rückgelenk eingesetzt. Beim rückseitigen Anstoßen am Züngel bewegt es sich ohne starken Widerstand nach vorne, knickt also ab. Beim Doppelabzug sollten Züngelabstände und Abzugsbügel so groß sein, dass ein Schießen mit Handschuhen problemlos erfolgen kann.

Beim Einabzug ist kein Umgreifen nötig. Man muss lediglich abziehen. Nach dem ersten Schuss ist es jedoch wichtig, den Abzug nicht gedrückt zu halten, sondern loszulassen, da sonst keine erneute Schussabgabe möglich ist. Beim Einabzug ist bei vielen Modellen das Abzugszün-

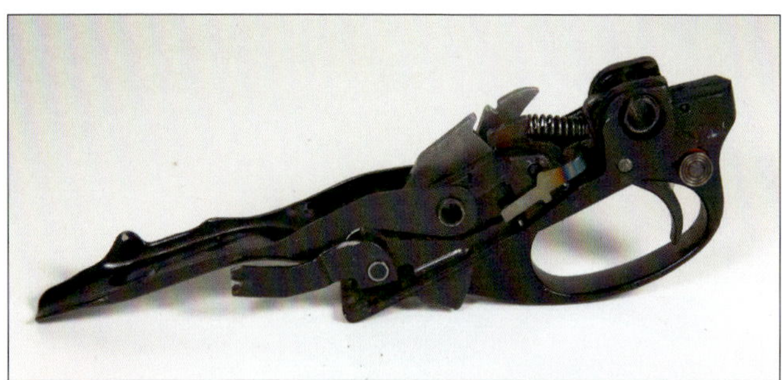

Oben: Bockflinten, besonders wenn sie sportlich eingesetzt werden, haben meist einen Einabzug, der entweder mechanisch oder durch den Rückstoß des ersten Schusses umschaltet

Mitte: Pumpflinten haben einfache Hahnschlösser. Die Abzüge stehen meist ziemlich hart.

Unten: Bei Selbstladeflinten werden fast identische Abzugs-Systeme wie bei den Pumpflinten benutzt. Bei diesen ist jedoch die korrekte Einstellung sehr wichtig, damit die Flinte nicht mehrere Schüsse hintereinander abgibt.

gel längs verstellbar, um den Abstand für den Abzugsfinger individuell zu justieren. Auch sind die Züngel bei etlichen Flinten austauschbar, um die Wahl zwischen verschiedenen Züngelformen zu genießen.

Bei Flinten mit Einabzügen kann es zum sogenannten „manuellen Doppeln“ kommen. Der zweite Schuss wird ausgelöst, weil der Schütze den Abzugsfinger fest am Abzug liegen hat und der zweite Schuss durch den Rückstoß auslöst. Systeme an hochwertigen Flinten, wie das Blaser-Inertial-Block-System (IBS), verhindern das. Durch eine sehr kurze Verzögerungsschaltung wird verhindert, dass der Schütze unbeabsichtigt einen zweiten Schuss auslöst. Jeder, der schon mal eine doppelnde Flinte an der Schulter hatte, wird dieses System zu schätzen wissen.

Die Umschaltung beim Einabzug geschieht entweder mechanisch oder durch den Rückstoß des ersten Schusses, gesteuert durch ein Schwunggewicht. Das funktioniert auch mit unterschiedlich starken Laborierungen sehr zuverlässig. Die höchste Zuverlässigkeit wird jedoch mit einer mechanischen Einabzugsfunktion erzielt. Nach dem Auslösen des ersten Schlosses wird rein mechanisch auf das zweite Schloss umgeschaltet, unabhängig davon, ob ein Schuss abgefeuert wurde. Auch bei einem Patronenversager beim ersten Auslösen kann so umgehend der zweite Lauf abgefeuert werden.

Bei vielen modernen Flinten, und auch bei einigen alten Modellen, lässt sich das Abzugssystem ohne Werkzeug von Hand entfernen. Das ist sehr praktisch und erleichtert die Pflege enorm. Ein paar Tropfen Öl zwischendurch sind so kein Problem. Hat die eigene Flinte Abzüge, mit denen man nicht zufrieden ist, sollte man sich an einen erfahrenen Büchsenmacher wenden, um zu überprüfen, ob eine Verbesserung möglich ist. Häufig lassen sich die Abzüge spürbar leichter einstellen. Gut investiertes Geld, das zu einer deutlich höheren Trefferquote führen wird.

VII. DIE SICHERUNGEN

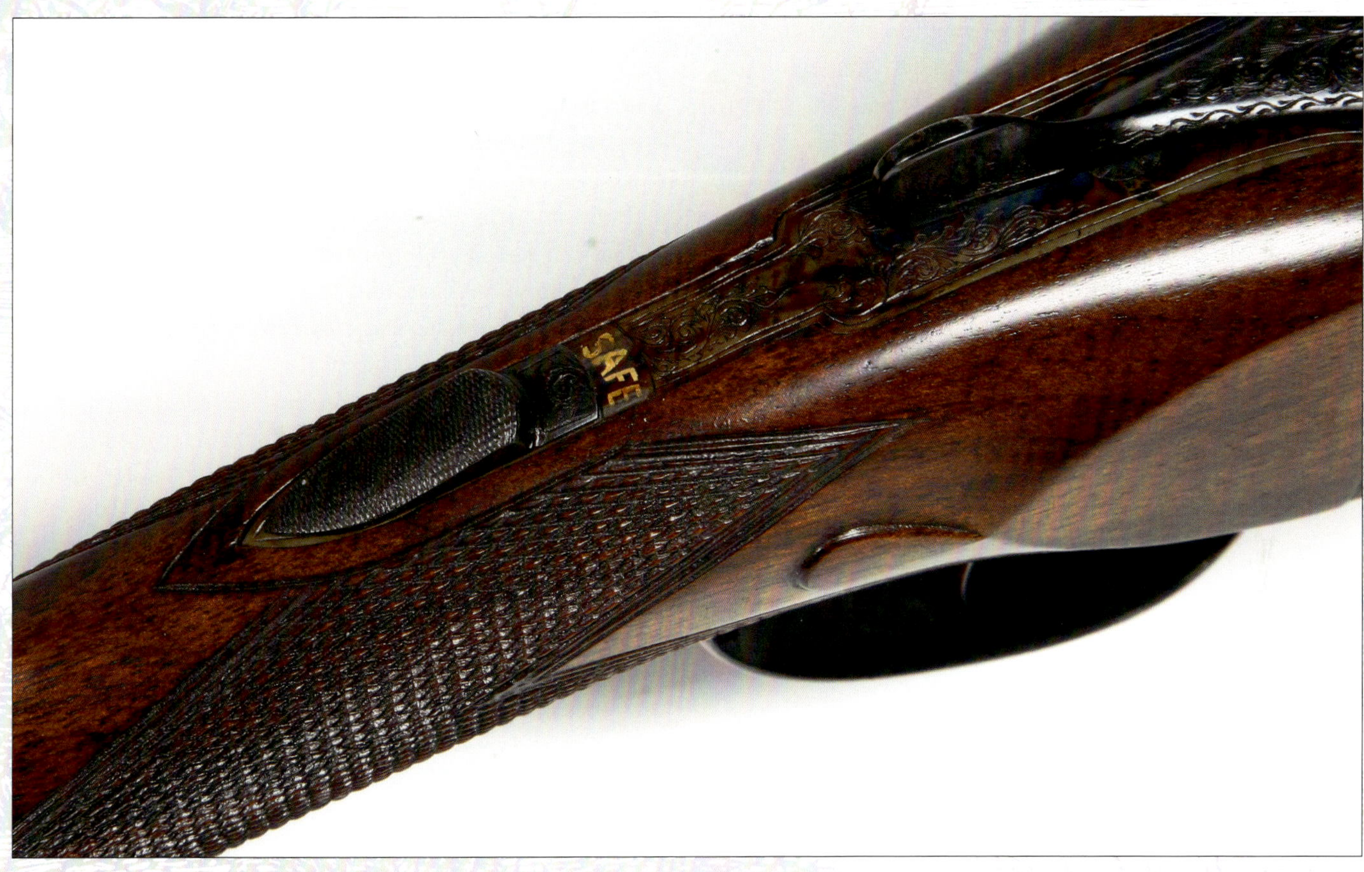

Gerade bei Flinten ist die Sicherung ein wichtiges Thema, denn im Gegensatz zu Büchsen, wo sich immer mehr Handspann-Systeme finden, die eine Sicherung überflüssig machen, gibt es diese Entwicklung bei Flinten nicht. Außerdem ist die Flinte eine dynamische Waffe. Der Schütze ist sehr oft mit der Flinte in den Händen in Bewegung und zumindest bei der Jagd zudem mitunter auf nicht immer ebenem Terrain. Beim Stolpern oder gar einem Sturz muss die Sicherung ein unbeabsichtigtes Auslösen des Schusses unbedingt verhindern.

Bei Kipplaufflinten sitzt die Sicherung meist auf der verlängerten Scheibe. Entsichert wird in Schussrichtung, also nach vorn.

VII. Die Sicherungen

Bei den frühen Hahnflinten war alles etwas einfacher, denn der Schütze spannte die Hähne erst kurz vor dem Schuss. Zudem wurden sie beim Abkippen der Läufe nicht automatisch gespannt.

Um eine unbeabsichtigte Schussabgabe ohne Betätigen des Abzuges zu verhindern, wurden im Laufe der Zeit zahlreiche Sicherungseinrichtungen konstruiert. Doch nicht alle Systeme, eigentlich sogar die wenigsten, sind als wirklich „sicher" zu betrachten. Unbedingt vertrauen sollte man ihnen daher besser nicht, denn immer wieder ist von Unfällen und solchen Ereignissen zu hören und lesen, bei denen es gerade noch einmal gut gegangen ist.

Über die Funktion und Wirkungsweise von Sicherungen besteht oft eine falsche Vorstellung. So ist es auch nicht verwunderlich, dass vielfach ein recht sorgloser Umgang mit Waffen bei Treibjagden zu beobachten ist. Wer darauf hinweist, bekommt dann die Antwort: „Ich habe doch gesichert!"

Wie bei den Schlossen und Verschlüssen, wurden im Laufe der Zeit auch zahlreiche Sicherungs-Systeme entwickelt, patentiert und auch hergestellt. Heute gibt es davon nicht mehr viele, denn die meisten Systeme waren entweder zu aufwendig und kompliziert in der Herstellung oder verdienten den Namen Sicherung nicht wirklich.

Heute gibt es bei Flinten noch die folgenden vier Systeme:

- Abzugssicherung
- Stangensicherung
- Schlagfedersicherung
- Schlagstücksicherung

Die Bezeichnung der Sicherung nennt den Teil des Schlosses, auf den sie wirkt. Grundsätzlich kann man sagen, dass eine Sicherung umso zuverlässiger ist, je näher sie sich am Schlagbolzen, bzw. dem Schlagstück befindet.

Die häufig bei günstigen Flinten zu findende Abzugssicherung blockiert lediglich den Abzug. Das heißt nichts weiter, als dass der Abzug nicht betätigt werden kann, solange die Sicherung ihn festlegt. Vor einer ungewollten Schussabgabe bei Stoß oder Schlag schützt diese jedoch überhaupt nicht. Hierbei ist nur die Qualität der Rast des Schlagstückes ausschlaggebend. Lediglich eine optimal ausgeformte sowie gehärtete Rast hält auch starke Erschütterungen aus, etwa bei einem Fall der Waffe auf harten Untergrund.

Die Rast unterliegt, wie alle anderen Teile des Schlosses auch, der Abnutzung, weshalb der Schütze nie sicher sein kann, wie empfindlich die Waffe ist. Bei Flinten, die nur über eine Abzugssicherung verfügen, ist also höchste Vorsicht geboten.

Das gleiche Problem liegt bei der Stangensicherung vor. Auch hier ist bei Erschütterung lediglich die Qualität der Rast ausschlaggebend. Zwar wird oft behauptet und vielfach auch in Werbeprospekten extra angeführt, dass die Stangensicherung der Abzugssicherung überlegen ist, aber bei genauer Betrachtung wird schnell klar, dass es bei einem Stoß, der so stark ist, dass er das Schlagstück aus der Rast hebt, ziemlich egal ist, ob der Abzug oder die Abzugsstange blockiert ist. Das Ergebnis ist bei beiden Systemen gleich: Es knallt!

Die Schlagfedersicherung ist ein eigentlich altes System, das sich noch bei Flinten findet, die mit Schenkelfedern ausgestattet sind. Hier wird über den Sicherungsschieber ein Drehhebel so über die gespannte Feder geschoben, dass eine Spreizung der Schenkel nicht mehr möglich war. Dieses System war sehr sicher, da ohne die Energie der Schlagfeder eine Schussabgabe kaum möglich ist. Als die modernen Schraubenfedern aufkamen, war diese Sicherung dann nicht mehr anwendbar. Die beste Sicherung besteht darin, das Schlagstück selbst festzulegen, und genau das

Die meisten Selbstlade- und Pumpflinten haben Druckknopfsicherungen im Abzugsbügel

wird bei Schlagstücksicherungen gemacht. Eine Sicherung, die so arbeitet, dass das Schlagstück in jedem Fall, auch beim Bruch der Rast, daran gehindert wird, den Schlagbolzen zu erreichen, bietet den besten Schutz vor ungewollter Schussabgabe, der bei gespannter Feder möglich ist. Auch die Sicherheitsfangstangen der Seitenschlossflinten und die bei Bockdoppelflinten gelegentlich anzutreffenden Fanghaken, die über den Schlagstücken angeordnet sind, zählen zu den Schlagstücksicherungen. Sie legen zwar nicht das Schlagstück fest, verhindern aber, dass es den Schlagbolzen erreichen kann, wenn nicht der Abzug durchgezogen wird. Das Ergebnis ist dasselbe. Bei einer Flinte mit funktionierender Schlagstücksicherung ist eine ungewollte Schussabgabe sehr unwahrscheinlich.

Bei modernen Flinten lässt man sich heute eine Menge einfallen, um die Sicherheit zu verbessern. So arbeitet die Sicherung der Blaser F3 sogar, wenn die Flinte eigentlich entsichert ist. Die Schlagstücke werden im Fall eines Rastenbruches sowie bei Stoß oder Fall in der Sicherheitsfangrast gefangen, unabhängig davon, ob gesichert oder entsichert ist.

Eine hundertprozentige Sicherung wird es nie geben, denn ein Defekt am Schlosswerk oder der Sicherung selbst kann immer eintreten. Der Schütze darf auch im Jagdstress nicht vergessen, die Waffe nach dem Nachladen wieder zu sichern. Nicht ohne Grund haben die meisten der alten englischen, belgischen oder auch Flinten aus Suhler Produktion eine automatische Sicherung, die bei jedem Öffnen des Verschlusses automatisch dafür sorgt, dass die Flinte gesichert ist. Die automatische Sicherung ist daher bei einer Jagdflinte sehr sinnvoll.

Bei jeder kritischen Situation im Jagdbetrieb muss die Flinte entladen werden. Der einzig sichere Schutz vor Unfällen ist und bleibt die besonnene Handhabung. Wer sich daran hält, hat keine „Sicherungsprobleme".

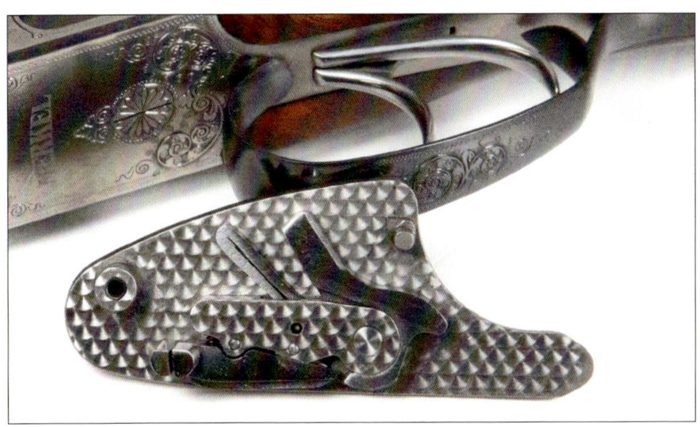

Mitte: Bei modernen Bockflinten mit Einabzug ist der Sicherungsschieber auch oft mit der Laufumschaltung kombiniert und lässt sich zudem seitlich bewegen

Unten: Viele Seitenschlosse haben Sicherheitsfangstangen, auch eine Art von Sicherung

VIII. DER SCHROTLAUF

Nach landläufiger Meinung ist ein Schrotlauf nicht viel mehr als eine glatte Stahlröhre mit einem Patronenlager hinten dran. Früher war das auch so. Die ersten Schrotläufe waren einfache Eisenrohre. Büchsenmacher stellten sie aus einer Eisenplatte her, die rund geschmiedet wurde. Später kam dann Damaststahl stark in Mode. Unter Damaststahl versteht man die geschmiedete Verbindung mehrerer Stahlsorten. Der Werkstoff bietet genau die Eigenschaften, die für Schusswaffen benötigt wurden: Er ist deutlich flexibler, zäher und fester als die damaligen Stahlläufe. Damaszenerläufe wurden anfangs hergestellt, indem einzelne Stahldrähte um eine Stange gewickelt und miteinander verschmiedet wurden. Später wurde das Verfahren dann verbessert, indem Damaszenerbänder auf ein Rohr gewickelt und miteinander verschweißt wurden. Bei guten Flinten waren Läufe aus Damaststahl dann im 18./19. Jahrhundert allgemein gebräuchlich und wurden auch in Deutschland, England, Frankreich, Österreich und Spanien hergestellt. Die alten Flinten mit schön gemusterten Läufen aus Damaststahl sind zum Teil heute noch funktionsfähig. Sie dürfen jedoch nur mit Schwarzpulverpatronen geladen werden, nicht aber mit den heute üblichen Nitropulver-Patronen. Optisch war der schön aussehende Damaststahl mit seinen Mustern natürlich ein Highlight. Heute werden mitunter wieder Damastläufe für Flinten aus pulvermetallurgisch hergestelltem Damaststahl gefertigt. Purdey etwa hat eine solche Flinte gebaut. Die Kosten einer solchen Waffe sind allerdings astronomisch hoch.

Die Läufe aus damasziertem Stahl verschwanden, als die Herstellung von Läufen aus vergütetem Flussstahl aufkam. Nun waren Konstrukteure in der Lage, verschiedene Legierungsmetalle wie Nickel, Chrom oder Wolfram zuzusetzen, um die Stahlqualität zu verbessern. Der Zusatz von Nickel machte die Läufe zudem widerstandsfähiger gegen Korrosion. Moderne Flinten haben Läufe aus hochwertigem Stahl und sind innen häufig hartverchromt, was eine deutlich leichtere Reinigung erlaubt.

Frühe Flintenläufe waren vom Durchmesser her vom Patronenlager bis zur Mündung gleich groß, hatten also nur eine einfache Zylinderbohrung, wie wir heute sagen. Mit der voranschreitenden Industrialisierung und den immer

Die ersten Flinten hatten Damastläufe

moderner werdenden Methoden der Lauffertigung eröffneten sich dann neue Möglichkeiten. Als der Brite W. Greener die Chokebohrung für Flinten erfand, ließen sich Reichweite und Streuverhalten der Schrotgarbe beeinflussen, wodurch die Leistungsfähigkeit von Flinten stark verbessert wurde. Der Chokebohrung ist ein eigenes Kapitel gewidmet, denn sie ist ein sehr wichtiges Teil der Schrotflinte.

Bei einläufigen Flinten, wie Selbstlade-, Pump- und Repetierflinten, aber auch einläufigen Kipplaufflinten, ist die Laufherstellung wesentlich einfacher als bei einer Doppelflinte, da hier beide Läufe so zusammengelegt werden müssen, dass sie auf eine bestimmte Distanz zusammenschießen. Klingt einfach, ist es aber nicht.

Früher wurden Flintenläufe mit Messinglot bei 800 bis 1000 Grad Celsius zusammengelötet. Verschlusshaken und Schienenverlängerung wurden eingekeilt und mit den Läufen mittels Hartlot verbunden. Die bei den heutigen Waffen verwendeten vergüteten Spezialstähle vertragen diese hohen Temperaturen nicht. Das Hartlöten wird daher heute vermieden. Es wird überwiegend mit Silber- oder Zinnlot gearbeitet und eine mechanische Laufverbindung bevorzugt. Bei Querflinten bildet häufig jeder Lauf mit einer Hälfte der angeschmiedeten Laufhaken und der Schienenverlängerung eine Einheit, die dann zum Laufpaar zusammengelötet werden. Dabei sind die zu verbindenden Innenflächen nicht immer glatt. Oft wird eine zur Achse der Läufe verlaufende Schwalbenschwanzleiste zur entsprechenden Ausnehmung in der anderen Fläche eingeschoben und beide Teile weich verlötet.

Diese Bauweise wird „Demiblock“ genannt und ist bei Doppelflinten sehr häufig zu finden. Bei der „Monoblock-Bauweise“ werden die beiden Läufe in ein Stahlkammerstück mit angeschmiedeten Laufhaken eingeschoben und verlötet. Bei Bockflinten ist diese Bauweise führend. Die Verbindung der Läufe miteinander geschieht durch Schie-

Oben: Ausgangsmaterial für moderne Flintenläufe sind gebohrte Stahlrohre. Bei Firmen wie Heym oder Merkel werden daraus dann die Läufe im Hämmerverfahren hergestellt.

Unten: Bei Läufen, die im Demiblock-Verfahren zusammengelegt werden, hat jeder Lauf schon im Rohzustand einen angeschmiedeten Laufhaken

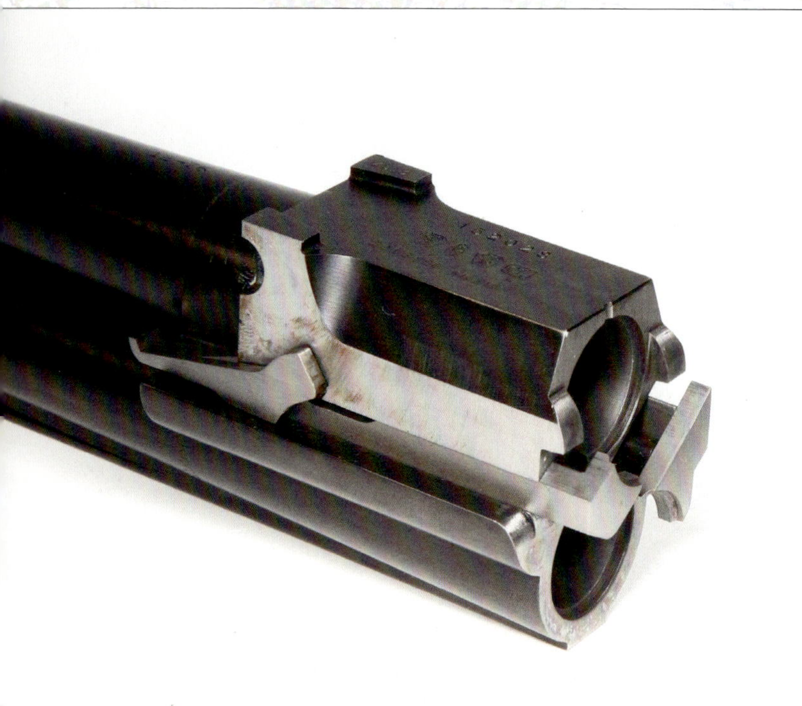

Bei modernen Waffen werden die Läufe meist in einen Monoblock eingeschoben und verlötet

nen und wird ebenfalls mit Weichlot vorgenommen. Mit Zinnlot verbundene Läufe sind empfindlich gegen das Tauchbrünieren und werden daher im Streichverfahren brüniert. Eine Streichbrünierung ist zwar aufwendig und teuer, aber auch wesentlich haltbarer und unempfindlicher als die Tauchbrünierung und daher schon von Hause aus vorzuziehen. Soll eine mit Weichlot garnierte Flinte später einmal nachbrüniert werden, ist unbedingt darauf zu achten, dass das im Streichbrünier-Verfahren geschieht. Die wesentlich heißere Tauchbrünierung könnte die Verlötung zerstören. Flintenläufe werden so zusammengelegt, dass sie auf etwa 35 Meter in Höhe und Seite zusammenschießen und dabei Fleckschuss oder leichten Tiefschuss haben, wenn so visiert wird, dass das Korn auf dem Kasten aufsitzt, der Schütze also die Laufschiene nicht sieht. Der bei Jagdflinten gewünschte leichte Hochschuss stellt sich dann von selbst ein, wenn mit etwas sichtbarer Schiene geschossen wird. Je mehr Schiene beim Anschlag gesehen wird, desto höher liegt die Treffpunktlage der Schrotgarbe.

MODERNE FLINTENLÄUFE SIND AUFWENDIG GEBOHRT

Die Zeiten, in denen ein Flintenlauf innen vom Patronenlager bis zur Chokebohrung den gleichen Durchmesser hatte, sind längst vorbei. Heute haben viele Hersteller Verfahren entwickelt, von denen sie glauben, dass dadurch die Schrotgarbe positiv beeinflusst wird. Viele große Hersteller, wie Browning, Blaser, Winchester oder Perazzi, setzen heute auf ein als *Back Bored* gestaltetes Innenprofil. Bei diesem ist der Laufdurchmesser etwas größer als das CIP-Mindestmaß. Dadurch sollen die Deckung verbessert und deformierte Randschrote verringert werden.

Die *Back-Bored*-Profile, oder auch *Overbore* genannt, sind auf eine optimale Entwicklung der Schrotgarbe von Bleischroten ausgelegt und dazu noch auf die bei Sportflinten eingesetzten Vorlagegewichte von 24 bis 28 Gramm. Weicheisenschrote und schwere Jagdladungen bei Bleischrot verhalten sich aber etwas anders und besitzen zudem andere Gasdruckspitzen. Speziell dafür hat Beretta das *Optima High Performance* genannte Laufprofil entwickelt. Es soll eine optimale Deckung auch bei der Verwendung von Weicheisenschroten und schweren Jagdladungen erbringen.

Die Gasdruckspitzen bei der Schussentwicklung werden nach hinten verlagert und durch den längeren Übergangskonus der Chokes wird ein verringerter Reibungswiderstand erreicht. Das soll eine bessere Deckung bei hohen Vorlagen und Weicheisenschroten erbringen.

Beim Tribore-Laufsystem gibt es gleich drei unterschiedliche Laufinnenmaße. Es wurde das Venturi-Tube-Prinzip angewandt, das auf der physikalischen Erkenntnis beruht, dass wenn an bestimmten Punkten der Bohrungsdurchmesser reduziert wird, die Schrotgeschwindigkeit bei gleichzeitiger Minimierung der Reibung und damit Schrotverformung steigt. Der erste Bereich des Tribore-Laufes ist überdimensional gebohrt und geht dann in einen konischen Teil über. Danach folgt ein kürzerer, zylindrischer Teil, der nochmals enger gebohrt ist. Durch diese spezielle Art der Laufgestaltung sollen die Schrotgeschwindigkeit erhöht, der Rückstoß reduziert und die Deckung verbessert werden. Einige Hersteller, wie etwa Zoli, die bei vielen Modellen auch *Back-Bored*-Profile einsetzen, gehen bei anderen Modellen jedoch wieder davon ab. Bei der hochwertigen Sportflinte Z-Gun wird wieder ein gleichmäßiger Innendurchmesser vom Patronenlager bis hin zum Choke verwendet. Die Zoli-Techniker sind in diesem Fall der Meinung, dass *Overbore*-Läufe nur für eine gleichmäßige Deckung im Garbenzentrum sorgen, den Randbereich aber

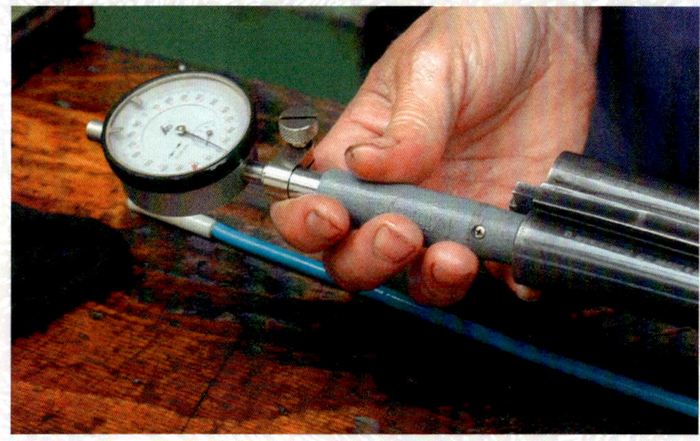

Oben: Gehont wird mit Steinen in relativ langsamem Tempo

Unten: Ist die Wandstärke des Laufes dick genug, kann das Laufinnere durch Honen wieder aufbereitet werden

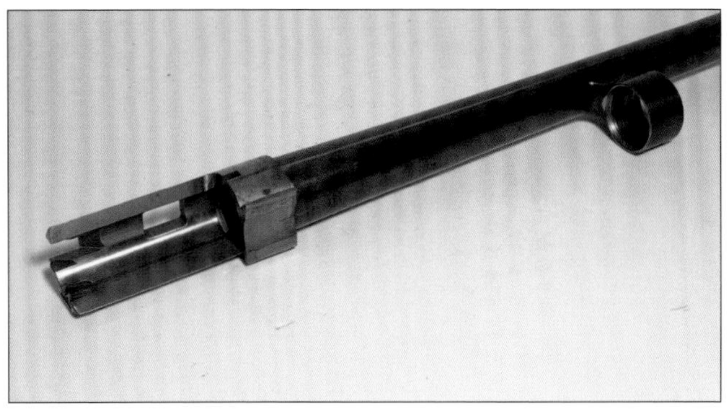

Bei einläufigen halbautomatischen oder Pumpflinten wird der Lauf in das Verschlussstück eingeschraubt

vernachlässigen. Sicher gut für Top-Schützen, die stets mit dem Zentrum treffen, aber nachteilig für den weniger guten Schützen, der die Taube öfter mal im Randbereich erwischt. Bei der Z-Gun wurde das Augenmerk daher auf eine gleichmäßige Deckung über das gesamte Trefferbild gerichtet, wodurch die Konstrukteure wieder bei der ursprünglichen Laufinnengestaltung angekommen waren. In den kommenden Jahren wird es hier sicher noch eine Menge Neuheiten und interessante Entwicklungen geben. Laufinnenprofie bei Flinten sollten dennoch nicht überbewertet werden. Der Choke hat einen weitaus größeren Einfluss auf die Gestaltung der Garbe.

FLINTENLÄUFE SIND NICHT IMMER GLATT

Grundsätzlich ist ein Flintenlauf innen glatt, es gibt aber auch Ausnahmen. Der Engländer George Vincent Fosbery entwickelte die sogenannte Paradoxflinte, die von Holland & Holland hergestellt wurde. Um ein dafür speziell entwickeltes Flintenlaufgeschoss zur Rotation zu bringen, ohne die Schrotgarbe zu stark zu streuen, hatte der Lauf nur kurze Züge am vorderen Laufende. Dieses System wurde früher öfter eingesetzt und manchmal hatte nur einer der Flintenläufe Paradoxzüge. Bei einläufigen Flinten, meist Selbstlade- oder Pumpflinten aus US-Fertigung, finden sich auch ganz gezogene Flintenläufe, die speziell auf das Verschießen von Flintenlaufgeschossen ausgelegt sind. Mit solchen Waffen und modernen Flintenlaufgeschossen lassen sich durchaus jagdlich brauchbare Schussbilder auf 80 bis 100 Meter erzielen. Im Grunde eine unsinnige Entwicklung, da es schließlich Büchsen gibt, die wesentlich präziser sind. Hintergrund ist der, dass in einigen Gebieten verschiedener US-Bundesstaaten der Einsatz von Büchsen wegen der höheren Gefahrenreichweite verboten ist.

In Europa sind Flinten mit gezogenen Läufen eher selten zu finden. Mit Schrotpatronen lässt sich daraus keine vernünftige Deckung erzielen. Da die Schrotgarbe in Rotation versetzt wird, bildet sich im Zentrum der Garbe eine deckungslose Fläche, wo kaum Schrote vorhanden sind. Je weiter geschossen wird, desto größer wird dieser deckungslose Teil. Flinten mit gezogenen Läufen sind ausschließlich zur Verwendung mit Flintenlaufgeschossen gedacht.

DAS HONEN VON FLINTENLÄUFEN

Sorgfältige Waffenpflege, besonders des Laufinneren, ist wichtig für den Erhalt der Funktionsfähigkeit und auch des Wertes der Waffe. Wenn aber trotzdem plötzlich im Lauf der Rost blüht, lässt sich zumindest bei einem glatten Flintenlauf oft noch etwas retten. Mit einem speziellen Verfahren, dem Honen, können dafür ausgestattete Firmen das Laufinnere polieren und Korrosion in einem gewissen Rahmen entfernen.

Voraussetzungen für den positiven Einsatz des Honverfahrens sind ein genügend kleiner Bohrungsdurchmesser des Laufes, nicht zu tiefer Lochfraß an der Wandung und das Laufinnere darf nicht hartverchromt sein. Bei hartverchromten Schrotläufen muss es aber schon ganz dick kommen, bevor diese Rostansatz zeigen. Das Bohrungsmaß ist wichtig, denn beim Honen wird Material abgetragen und das Laufinnere dadurch entsprechend weiter. Über die festgelegte Obergrenze für das entsprechende Flintenkaliber kann natürlich kein Material abgetragen werden. Für den Bohrungsdurchmesser von Waffenläufen sind Mindest- und

Sind die Spuren nicht zu tief, sieht der Lauf anschließend wieder aus wie neu

Höchstmaße festgelegt, in deren Rahmen die Hersteller sich bewegen können. Die genauen Daten sind in der „Maßtafel für Handfeuerwaffen und Munition" festgeschrieben, die als Grundlage für die Prüfung der Maßhaltigkeit nach dem Waffengesetz dient. Die Maßtafeln berücksichtigen die Beschlüsse der Ständigen Internationalen Kommission für die Prüfung von Handfeuerwaffen, die auf Grund des Übereinkommens vom 1. Juli 1969 über die gegenseitige Anerkennung der Beschusszeichen für Handfeuerwaffen für die Bundesrepublik Deutschland verbindlich sind. Liegt ein Flintenlauf an der Untergrenze, besteht noch gut $^5/_{10}$ Millimeter Spielraum bis zur Obergrenze und das ist eine ganze Menge. Doch auch bei $^2/_{10}$ oder $^3/_{10}$ bringt das Honverfahren noch gute Ergebnisse, wenn die Narben nicht allzu tief sind. Gehont werden kann nur der Lauf, nicht aber der sich verengende Teil der Chokebohrung.

Ein Flintenlauf darf sich im folgenden Toleranzbereich bewegen:

Kaliber	Bohrungsdurchmesser max. in mm	Bohrungsdurchmesser min. in mm
28	14,30	13,80
24	15,20	14,70
20	16,20	15,70
16	17,30	16,80
12	18,90	18,20
10	20,00	19,30

Ist der Laufdurchmesser ermittelt oder angegeben, lässt sich leicht feststellen, wie viel Material noch abgetragen werden kann.

Honen ist ein spanendes Verfahren zur Feinbearbeitung von Werkstückoberflächen, insbesondere von Bohrungen. Zum Honen dienen sogenannte Honsteine aus feinkörnigem, meist keramischem Material, die in zwei sich kreuzenden Richtungen über die Oberflächen bewegt werden. Die dabei anfallenden feinen Späne werden ständig durch Honöl weggespült. Mit Honen erzielt man nicht nur glatte Oberflächen, sondern auch sehr maßhaltige Werkstücke. Das ist gerade bei einem Waffenlauf ausschlaggebend, denn die Maximalgrenze darf auf keinen Fall überschritten werden, sonst wäre der Lauf praktisch zerstört.

Charakteristisch für das Honen sind die Überlagerung einer Vielzahl kraftgebundener Ritzbewegungen von Schneidkörnern durch den Werkstoff sowie ein flächenhafter Werkzeugeingriff mit einer Hauptwirkrichtung parallel zur Werkstückoberfläche. Die Honsteine werden meist durch Wasserdruck an die Laufwandung gepresst. Aufgrund der geringeren Schnittgeschwindigkeiten ist der thermische Einfluss beim Honen gegenüber dem Schleifen vergleichsweise gering. Muss er auch sein, denn die Hitze darf bei verlöteten Flintenläufen auf keinen Fall zu hoch sein, damit sich die Lötstellen nicht lösen. Die Honmaschine läuft ziemlich langsam und je nach Materialabtrag sind mehrere Stunden nötig, bis eine Bohrung fertig gehont ist. Dann strahlt sie aber wieder spiegelblank.

Sind die Läufe einer Flinte korrodiert, müssen sie nicht gleich in Pension geschickt werden. Gut ausgestattete Waffenhersteller, wie Heym oder Krieghoff, können hier effektiv helfen. Zeigt sich Rost, sollte aber nicht zu lange gewartet werden, denn raue Läufe sind schlecht zu pflegen. Der Zustand verschlimmert sich zudem rasend schnell, wenn die glatte Oberfläche erst einmal angegriffen ist. Bei wirklich tiefem Lochfraß kann dann auch der Honstein nicht mehr helfen.

IX. DIE CHOKEBOHRUNG

Die Chokebohrung, manchmal auch Würgebohrung genannt, bündelt die Schrote und bestimmt damit Streuung und Reichweite der Schrotgarbe. Der Schrotlauf ist dazu auf den letzten 5 bis 6 Zentimetern vor der Mündung mehr oder weniger verengt. Grob teilt man die Chokebohrung in Voll-, Dreiviertel-, Halb- und Viertelchoke ein. Hinzu kommt die bereits erwähnte Zylinderbohrung ohne Verengung sowie der Skeet- oder Glockenchoke, bei dem der Lauf zur Mündung hin nicht verengt, sondern umgekehrt erweitert ist, um eine möglichst große Streuung zu erzielen. Der Grad der Verengung wird in Zehntel Millimeter gemessen. International gibt es dafür aber auch spezielle Bezeichnungen oder eine Angabe in Sternchen oder aber kleine Punkte/Striche, die auf dem Lauf zu finden sind. Die untenstehende Tabelle gibt einen Überblick.

Es gibt noch jede Menge Zwischengrößen. Zudem haben viele Firmen ihre eigene Ansicht, was nun ein Halb- oder Viertelchoke ist. Die tatsächliche Chokebohrung eines Flintenlaufes lässt sich mit einem Chokemesser genau ermitteln. Die Angaben auf dem Lauf entsprechen nicht unbedingt den Tatsachen. Außerdem kann es durchaus sein, dass die Chokebohrung bei einer gebrauchten Flinte von einem damit beauftragten Büchsenmacher aufgerieben wurde, da der Lauf dem Besitzer zu eng schoss.

Je nach jagdlichen Anforderungen ist eine mehr oder weniger große Streuung vorteilhaft. Und auch auf dem Wurftaubenstand liegen wieder ganz andere Anforderungen vor.

Der Choke-Durchmesser ist bei den meisten Flinten angegeben. Oft wird aber ein Code in Form von * oder Strichen benutzt. Hier eine FN mit dem Sternchencode für Voll- und ¾-Choke.

Die normale Doppel- oder Bockflinte mit zwei Chokebohrungen ist hier oft überfordert, besonders wenn die Flinte auch noch sportlich genutzt werden soll oder etwa bei der Wasserjagd Weicheisenschrote verwendet werden müssen. Die Lösung heißt hier Wechselchokes. Moderne Flinten, besonders Bockflinten, sind heute fast ausnahmslos damit ausgestattet, denn sie haben nur Vorteile. Der

Verengung des Laufdurchmessers	Choke	Internationale Bezeichnung	Kennzeichnung durch Sternchen
0,0 mm	Zylinder	C (cylinder)	
0,25 - 0,3 mm	¼	IC (improved cylinder)	****
0,5 - 0,6 mm	½	M (modified)	***
0,7 - 0,8 mm	¾	IM (improved modified)	**
0,9 - 1,1 mm	Voll	F (full)	*

Die genaue Verengung des Chokes kann mit einem Choke-Messer ermittelt werden

Flintenlauf hat dazu im vorderen Teil ein flaches Innengewinde, in das sich der Wechselchoke einschrauben lässt. Die dünnwandigen Stahlröhrchen haben dann die gewünschte Verengung im Inneren und lassen sich einfach und schnell wechseln. Je nach Bauweise gibt es sie mündungsbündig abschließend oder aber sie schauen etwas aus der Mündung heraus. Es ist wichtig, die Chokeeinsätze mit einem hitzebeständigen Spezialfett zu behandeln, bevor sie eingeschraubt werden. Es darf kein herkömmliches Waffenfett verwendet werden, sonst brennen sich die Chokeeinsätze fest, wenn der Lauf heiß wird und man ist wieder am Anfang – bei einer Flinte mit festen Chokebohrungen.

Wechselchokes sind heute Standard. Das heißt aber noch lange nicht, dass die gute alte Bockflinte, die eigentlich hervorragend schießt und ihrem Besitzer auch bestens passt, jetzt zum alten Eisen gehört und durch eine neue Waffe ersetzt werden muss. Viele Flinten lassen sich auch nachträglich noch auf Wechselchokes umrüsten und ebenso einem verstärkten Beschuss unterziehen, womit sie „stahlschrottauglich" werden.

Welche Voraussetzungen muss die Waffe mitbringen? Zunächst einmal muss sie technisch in Ordnung sein. Es bringt nichts, einen klapprigen Oldtimer zum Umrüsten zu schicken. Der Verschluss muss fest sein, sonst gibt es Probleme beim Beschussamt. Nach dem Einbau der Wechselchokes muss die Flinte neu beschossen werden. Dann müssen die Laufwandungen ausreichend dick sein, um die Gewinde für die Chokeeinsätze einschneiden zu können. Zudem muss der Lauf vom Innendurchmesser her dem Normmaß entsprechen.

Voraussetzung für den Einbau ist, dass die nebenstehenden Laufaußendurchmesser am gesamten Laufumfang an der Mündung nicht unterschritten sowie die Laufinnendurchmesser im zylindrischen Teil des Laufes nicht überschritten werden.

Der präzise Einbau der Wechselchokes sollte bei einem dafür eingerichteten Fachbetrieb, wie etwa der Firma Krieghoff, erfolgen. Dabei ist es auch möglich, die Treffpunktlage der Läufe zueinander etwas zu korrigieren. Schießen die Läufe nicht zusammen, ist dieser Fehler beim Einbau der Wechselchokes bis zu einer gewissen Grenze zu beheben.

VERSTELLBARE CHOKEAUFSÄTZE

Für einläufige Flinten sind verstellbare Mündungsaufsätze erhältlich, die sich über ein Lamellensystem mit einem Handgriff enger oder weiter stellen lassen. Bekanntester Vertreter dieser verstellbaren Chokes sind der Poly-Choke sowie der Truglo-Multichoke. Beim Poly-Choke konnte

Kaliber	Außendurchmesser an der Mündung	Innendurchmesser im zylindrischen Teil
Kal. 12 bis Innendurchmesser 18,5 mm	20,4 mm	18,5 mm
Kal. 12 bis Innendurchmesser 18,5 - 18,7 mm	20,5 mm	18,7 mm
Kal. 16	18,8 mm	17,0 mm
Kal. 20	17,6 mm	16,0 mm

Oben: Moderne Flinten sind für Wechselchokes eingerichtet

Mitte: Der Poly-Choke lässt sich durch Drehen in der Verengung verstellen

Unten: Bei Bleischrot und Stahlschrot wirkt ein Choke anders. Das sollte auf dem Choke angegeben sein.

man mit neun verschiedenen Mündungsverengungen schießen, die mit einem kurzen Handgriff einstellbar waren. Klingt eigentlich ganz praktisch, aber wirklich durchgesetzt haben sich diese Systeme nicht. Das mag auch an der Optik liegen. Elegant sehen die dicken Mündungsaufsätze nämlich nicht gerade aus. Solche Aufsätze werden auch gern mit zusätzlichen Schlitzen zur Verringerung des Rückstoßes versehen. Diese Vorrichtungen werden wie ein Wechselchoke vorn in den Flintenlauf eingeschraubt. Bekanntester Hersteller war die amerikanische Firma Lyman, die solche Vorrichtungen unter der Bezeichnung *Cutts-Compensator* fertigte. Diese gab es auch mit aufschraubbaren Wechselchokes. An frühen amerikanischen Selbstladeflinten sind *Cutts*-Kompensatoren häufig zu finden. Der eigentliche Kompensator hat einen Durchmesser von 32 Millimeter und ist 100 Millimeter lang. Auf der Ober- und Unterseite sind jeweils 12 Schlitze mit einer Breite von 2,4 Millimeter eingefräst. An der Mündung befindet sich ein Innengewinde für den Chokeeinsatz. Der ist 75 Millimeter lang und schaut vorn aus dem Kompensator heraus. Auch den Poly-Choke gab es mit ventilierten Schlitzen zur Rückstoßminderung. Schaut man in alten Katalogen nach, so wird von Lyman eine Rückstoßreduzierung von etwa 35 Prozent bei leichten Ladungen und über 50 Prozent bei schweren Vorlagen angegeben. Der Hochschlag soll drastisch gemindert werden. Diese Angaben stoßen bei Fachleuten auf Skepsis, denn bei Flinten lassen sich längst nicht so wirkungsvolle Kompensatoren realisieren wie bei Büchsen.

Links: Der verstellbare Chokeaufsatz ist innen geschlitzt und wird umso enger, je mehr der Überwurf eingedreht wird

Ist die Laufwandung stark genug, können auch später noch Gewinde für Wechselchokes geschnitten werden

WELCHE CHOKEBOHRUNG BRAUCHE ICH?

Die große Frage ist, wo die optimale Entfernung liegt, um sein Ziel, sei es eine Wurfscheibe oder ein Stück Niederwild, zu treffen. Die Antwort ist eigentlich relativ einfach: an der Stelle, an der die Streuung einen Durchmesser von 75 Zentimeter oder 30 Zoll hat. Hier herrscht nach der Gaußschen Glockenkurve die optimale Verteilung von innen nach außen. Im Zentrum befinden sich die meisten Schrote und nach außen wird die Schrotdichte gleichmäßig geringer. Liegen gut 90 Prozent der Schrote innerhalb der 75 Zentimeter, haben wir die optimale Deckung. Beim Schuss auf kürzere Distanz mit demselben Choke würde die Garbe zu sehr verdichten und der wirkungsvolle Trefferkreis nur noch beispielsweise 50 Zentimeter betragen. Das kann leichter zu einem Fehlschuss führen und würde bei Wild das Stück zu sehr zerschießen, wenn es getroffen wird. Wird weiter geschossen, ist die Deckung schlechter und im Zentrum der Schrotgarbe sind möglicherweise nicht genügend Schrote, um die Tontaube zu zerstören oder das Wild zur Strecke zu bringen. Im Außenbereich wird man Löcher in der Deckung finden, wo eine Wurfscheibe oder ein kleines jagdliches Flugziel wie ein Rebhuhn oder eine Wildtaube durchschlüpfen kann. Man muss also möglichst vor dem Schuss wissen, wie weit das Ziel entfernt ist, um den optimalen Choke zu benutzen.

Bei Flinten für Trap und Skeet ist die Sache ziemlich einfach. Eine Skeetflinte hat in beiden Läufen Skeetbohrungen und bei Trapflinten geht es eigentlich nur noch darum, ob der erste Lauf einen ¾-Choke oder wie der zweite Lauf ebenfalls Vollchoke besitzt. Schnelle Trapschützen, die die Taube sehr früh beschießen, bevorzugen für den ersten Schuss häufig einen ¾-Choke.

Bei Jagdflinten ist die Sache schon etwas schwieriger. Die Choke-Bohrungen werden vom Jagdrevier bestimmt. Wer im Feld jagt, wird enger gebohrte Läufe bevorzugen als der reine Waldjäger. Im Allgemeinen ist aber zu beobachten, dass oft mit zu engen Läufen und zu groben Schroten gejagt wird. Ein Lauf, der auf Vollchoke gebohrt wurde, ist allenfalls bei der Wasserjagd brauchbar, wobei auch hier meist ein ¾-Choke ausreichen würde, wenn die richtigen Patronen benutzt werden. Bei den heute vorgeschriebenen bleifreien Patronen bei der Wasserjagd ist ein nicht zu eng gebohrter Lauf auch technisch besser, da die Weicheisenschrote zwei Schrotnummern größer sein müssen, um die Reichweite von Bleischrot zu erreichen.

Selbst ein über Kopf kommender, turmhoher Fasan ist selten über 30 Meter hoch. Da reicht eine Flinte mit einem Halbchoke-Lauf allemal aus. Universell einsetzbar ist eine Jagdflinte mit den Bohrungen ¼ und ¾. Das Streuverhalten lässt sich sehr gut über die Patronenwahl steuern. Von der regelrechten Streupatrone bis zur eng schießenden Trap-Patrone mit ungeschlitztem Schrotbecher sind hier alle Möglichkeiten offen. Unter genau diesem Gesichtspunkt sind auch die auswechselbaren Chokebohrungen zu sehen. Bei der Jagd selbst können sie kaum gewechselt werden. Dagegen ist eine Streupatrone im Handumdrehen gegen eine eng schießende Weitschusslaborierung ausgetauscht. Den Schrotpatronen ist aber ein eigenes Kapitel gewidmet.

Die spannende Frage ist, mit welchem Choke welche Deckung erreicht wird. Hier hilft nur ausprobieren. Die Kombination aus Lauf, Lauflänge, Patrone und Choke ist nicht vorhersagbar. Der Jäger muss testen, bis er auf die gewünschte Distanz den optimalen Garbendurchmesser von 75 Zentimeter gefunden hat. Erst dann weiß er, wie die Waffe mit den geladenen Patronen in Kombination mit dem Choke schießt. Die Patronensorte sollte dann auch nicht mehr gewechselt werden.

X. DIE SCHÄFTUNG

Beim Flintenschießen gilt wie bei keiner anderen Waffenart vollkommen zu Recht das Motto „Der Schaft trifft". Sicherlich kann sich der Flintenschütze auch auf seinen Schaft einstellen. Oft muss er allerdings Verrenkungen machen, um mit der Flinte zu treffen. Das führt dann mitunter zu sehr seltsam aussehenden Anschlägen. Mit einem nicht maßgerechten Schaft wird schnell eine geringe Leistungsgrenze erreicht, die man kaum überschreiten kann.

Ohne einen auf den eigenen Körper und die individuellen Anschlagsgewohnheiten abgestimmten Schaft wird man schnell erkennen, dass ab einem gewissen Punkt keine Steigerung der Trefferleistung mehr erfolgt.

Der Schaft muss genau zum Schützen passen. Es wird ja mehr instinktiv als gezielt geschossen. Wichtig dabei ist die „Deuteigenschaft" der Flinte. Schnelles In-Anschlag-gehen muss genauso möglich sein wie der korrekte Blick über die Laufschiene nach schnellem Anschlag. Zudem muss von Schuss zu Schuss der Anschlag stets gleich sein. So wie die Maße individueller Schützen in Größe, Armlänge, Schulterbreite, Hals- oder Kopfform unterschiedlich sind, so sollten auch die Schäfte unterschiedlich sein. Eben damit sie passen. Sich direkt nach der Jägerprüfung einen Schaft machen zu lassen, ist allerdings wenig sinnvoll. Man sollte schon etliche Wurfscheiben mit einer einigermaßen passenden Flinte (zumindest in der Schaftlänge) beschossen haben. Ferner sollte man mit dieser Flinte täglich

Die ersten Flinten besaßen Schäfte, die kaum für den schnellen Schuss geeignet waren

Rechts oben: Mit einem Gelenkgewehr werden die Schaftmaße ermittelt

Rechts unten: Ein guter Schießlehrer sieht die Garbe fliegen und ist eine wertvolle Hilfe bei der Ermittlung der Schaftmaße

Anschlagsübungen gemacht haben. Erst wenn der Schütze einigermaßen denselben Ablauf beim In-die-Schulter-gehen mit der Flinte besitzt, ist es sinnvoll, den Gang zum Schäfter oder besser noch zunächst zu einem Schießlehrer zu wagen.

Die beste Art, zu einem genau passenden Schaft zu kommen, ist mit Hilfe eines Gelenkgewehres, an dessen Hinterschaft sich alle Maße individuell einstellen lassen. Ideal ist es, wenn die Schaftanpassung auf dem Schießstand erfolgt. Ein versierter Schießlehrer kann schnell erkennen, mit welchen Maßen der Schütze am besten beraten ist. Weitere Hilfsmittel sind Laser in den Läufen, die beim Abziehen einen Laserstrahl aussenden. Auch damit lässt sich feststellen, ob Schaft und Anschlag passen. Die Anpassung eines Schaftes – sei es ein handgeschäfteter Maßschaft oder das Ermitteln, welcher Serienschaft (die renommierten Hersteller halten zahlreiche Schäfte parat) passt – erfordert einen Könner.

Wichtig für einen passenden Hinterschaft ist neben dem Pistolengriff oder Schafthals sowie dem Abstand zum Abzug vor allem die Stelle, an welcher der Kopf am Schaft anliegt. Diese Stelle ist das A und O für sicheres Treffen und den perfekten Anschlag. Niemand bestimmt aber diese Stelle durch Maßeinheiten. Vielmehr bedient man sich mit Hilfsmaßen. Durch korrekte Schäftung mit den ermittelten Maßen wird aber genau die Stelle bestimmt, an welcher der Kopf am Schaft anliegt.

Die Schaftlänge ist dabei sicherlich mit das wichtigste Maß. Sie variiert je nach Körpergröße, Schulter-, Hals- und Kopfform des Schützen. Aber auch nach Art der Schießdisziplin bzw. den Jagdbedingungen. Genau genommen braucht ein Fasanenjäger, der hochfliegendes Flugwild über Kopf schießt, andere Schaftabmessungen als ein Hasen- oder Hühnerjäger. Die Schaftlänge wird vom Abzug bis zum oberen Schaftkappenende bestimmt. Weitere Maße können bis Schaftkappenmitte und zum unteren Schaftkappenende bestimmt werden. Es ist einfach falsch, die Schaftlänge dadurch zu bestimmen, einen Schaft in die Armbeuge zu stellen und zu sehen, ob der Abzugsfinger an den Abzug reicht. Probieren sie das mal mit mehreren Schäften aus, die jeweils 10 Millimeter in der Länge voneinander abweichen. Sie passen alle. Diese Methode ist untauglich. Ebenfalls wichtig ist bei einem Schaft mit Pistolengriff das Maß vom Abzug bis zur unteren Vorderkante des Pistolengriffes. Aus diesem resultieren die Maße für den Pistolengriff sowie den Fingerabstand zum Abzug. Da es unterschiedliche Fingerlängen gibt, ist es vor allem bei Verwendung von Serienschäften ideal, wenn das Abzugszüngel längsjustierbar ist. Ein weiteres wichtiges Schaftmaß ist der Abstand vom Abzug zur Schaftnase. Auch davon hängt der Abzugsabstand ab, da dadurch die Pistolengriffgröße mitbestimmt

Links: Bei Sportflinten steht der Pistolengriff steiler und es werden auch gern höhenverstellbare Schaftrücken benutzt

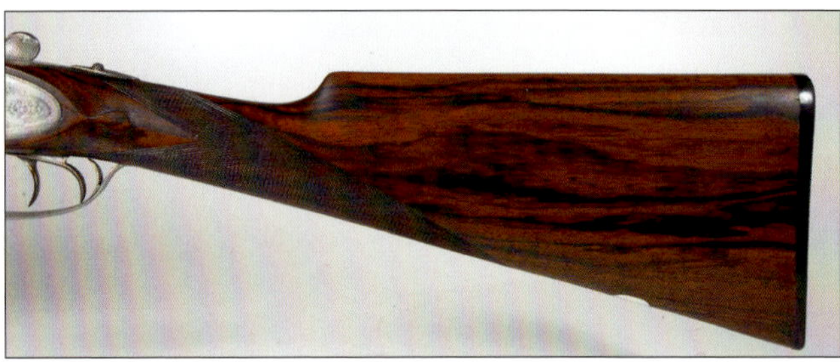

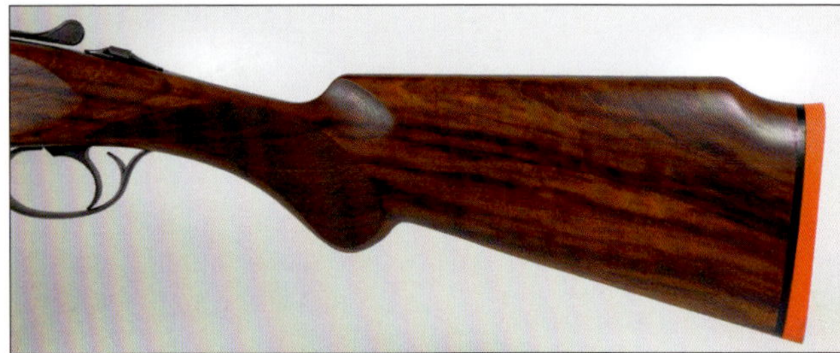

Oben: Der englische Schaft wird bevorzugt, wenn die Flinte einen Doppelabzug hat

Mitte: Pistolengriffschaft einer jagdlichen Bockflinte

Unten: Halbpistolengriffschaft oder auch *Prince-of-Wales*-Schaft genannt

wird. Durch die Größe des Pistolengriffs (Länge und Durchmesser des Schafthalses bei englischer Schäftung) wird nicht nur ein satter Griff und optimaler Fingerabstand zum Abzug ermöglicht, sondern auch ein Anschlagen der Finger am Abzugsbügel im Schuss verhindert. Ebenso darf der Handballen durch die Schaftnase nicht geprellt werden.

Ein weiteres extrem wichtiges Maß stellt die Senkung dar. Sie ist ausschlaggebend dafür, wie das Auge zur Visierschiene in der Höhe ausgerichtet wird. Durch sie wird die Kopflage in der Höhe bestimmt. Es wird die Senkung an der Schaftnase vorne und an der Schaftkappe hinten ermittelt. Über sie wird die Treffpunktlage der Schrotgarbe in der Höhe beeinflusst. Der Schaftrücken läuft gerade zwischen beiden Senkungs-Maßen. Das Maß beinhaltet die Strecke zwischen den Schaftpunkten zu einer imaginär verlängerten Laufschiene (Oberkante Visierschiene). Weil das Auge gerade über die Visierschiene blicken soll, muss der Schaft aus dem Gesicht herausgeschäftet werden. Dies nennt sich Schränkung. Sie beeinflusst die seitliche Treffpunktlage. Beim Rechtsschützen wird der Schaft nach rechts aus der verlängerten Mittelachse des Laufbündels geschränkt. Dabei sind die Schränkungsmaße an Schaftnase und Schaftkappe zu ermitteln, also der Abstand zwischen verlängerter Mittelachse des Laufbündels und der tatsächlichen Mitte von Schaftnase, Schaftkappenober- sowie -unterseite.

Der Pitch ist der Winkel, in dem die Schaftkappe zur Laufschiene gestellt ist. Er wird ermittelt, indem eine Flinte mit der Schaftkappe auf den Boden gestellt und mit dem Verschluss an eine Wand gelehnt wird. Der Pitch ist dann das Maß von der Wand bis zur Laufschienenoberseite an der Mündung.

Rechts: Schaftkappen aus Holz, Gummi oder skelettiert

SCHAFTFORMEN

Die klassische Schaftform für Bockflinten (und auch Selbstlade- und Pumpflinten) ist ein Hinterschaft mit Pistolengriff und geradem Rücken. Solche finden sich zudem immer öfter auch an Doppelflinten. Bei Doppelabzügen wird gerne auch die englische Schäftung ohne Pistolengriff mit geradem Schafthals verwendet. Sie hat den Vorteil, dass die Hand schnell und bequem am Schaft gleiten kann. So wird der optimale Abstand der Hand zu den versetzten Abzügen hergestellt. Neben den schlanken Flintenschäften finden sich seltener auch Schäfte in Fischbauchform. Schaftbacken (Deutsche Backe) sind an Flinten überflüssig und eher hinderlich als nützlich. An alten deutschen Flinten aus Suhler Produktion sind sie jedoch relativ häufig zu finden. Die Schäftung sollte dem Verwendungszweck entsprechen. Eine Jagdflinte sollte daher so geschäftet sein, dass ein schneller Anschlag möglich ist. Es wird ja schließlich nicht im Voranschlag gejagt, so wie es beim sportlichen Tontaubenschießen der Fall ist. Ein Monte-Carlo-Schaft, wie er bei Trapflinten gebräuchlich ist, hat an einer Jagdflinte nichts zu suchen. Wird der Hinterschaft durch eine Schaftkappe abgeschlossen, muss diese gleiten können. Häufig ist bei Gummikappen ein glatter Kunststoffeinsatz auf der Kappenoberseite zu finden. In jedem Fall besser als eine stumpfe Gummikappe, aber leider auch nicht gerade optimal. Besser ist es, eine glatte Kunststoffkappe zu verwenden oder eine Gummikappe zu beledern. Der glatte Lederüberzug muss die Gummikappe dann aber auch vollständig umschließen und nicht nur hinten angebracht werden. Sonst bremst das stumpfe Gummi beim Anschlag an den Seiten, wenn es an der Kleidung entlanggeführt wird. Eine sehr gute Lösung ist zudem, gar keine Schaftkappe zu verwenden. Glattes Holz gleitet immer noch am besten.

Eine belederte Schaftkappe ist optimal. Sie gleitet gut und dämpft den Rückstoß.

Hinterschaftabschluss einer Luxusflinte

Die Schaftkappe kann grundsätzlich dazu benutzt werden, um den Schaft etwas zu verlängern, was gern bei gebrauchten Flinten gemacht wird, um die Ausgaben für eine teure Maßschäftung zu sparen. Übertreibungen sind hier jedoch unbedingt zu vermeiden, denn die zum Verlängern üblichen Kunststoffteile sind erheblich schwerer als Holz, wodurch die Balance gestört werden kann. Abgese-

Oben links: Das Einschäften muss sehr sorgfältig erfolgen, damit der Schaft später nicht reißt

Oben rechts: Bei Flinten der gehobenen Preisklasse wird die Fischhaut von Hand geschnitten

Sorgfältige Behandlung mit Schaftöl macht den Flintenschaft wetterfest

hen davon leidet auch die Optik durch solch eine unsachgemäße Verlängerung. Wesentlich fachmännischer und auch funktioneller ist die Verlängerung des Schaftes durch Ansetzen eines Holzstückes. Auch wenn es kaum möglich sein wird, ein Stück mit gleichem Maserungsverlauf zu finden, sieht das doch erheblich eleganter aus als eine übergroße Schaftkappe.

DER VORDERSCHAFT

Vorderschäfte, meist mit Schnäpper befestigt, sollten griffig sein. Ihr Abschluss (etwa eine Tropfnase) spielt keine Rolle. Volumige Biberschwanz-Vorderschäfte sind bei Jagdflinten unbeliebt und nur für Trapflinten sinnvoll. Gebräuchlicher an Doppelflinten und jagdlichen Bockflinten sind eher schlanke Vorderschäfte. Bei heißen Läufen wird mit Lederhandschuhen geschossen oder es wird ein aufsteckbarer Lederschuh verwendet. Bei einer Parcoursflinte, die jagdlich und sportlich genutzt wird, kann der Vorderschaft jedoch ruhig etwas kräftiger ausfallen.

Rechts oben: Biberschwanz-Vorderschaft einer sportlichen Bockflinte und schmaler Jagdvorderschaft einer Querflinte

Rechts unten: Bei Selbstlade- und Pumpflinten sind Kunststoffschäfte gebräuchlich

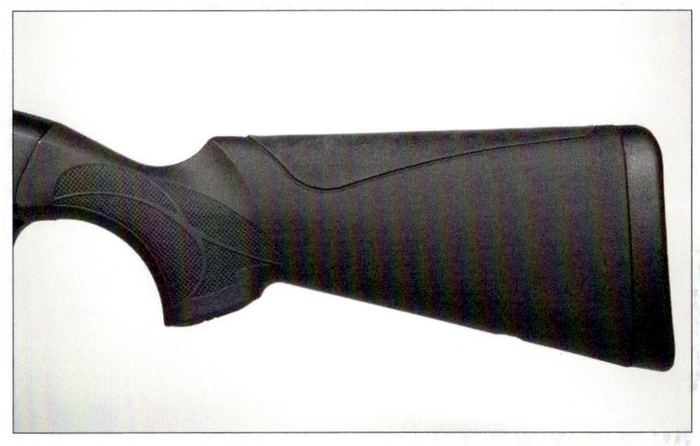

Geteilte Vorderschäfte an Bockflinten werden gern eingesetzt, wenn die Flinte mit Wechsellaufpaaren anderer Kaliber, Chokebohrungen oder Lauflängen ausgestattet wird. Der Vorderschaft hat nicht nur die Aufgabe, als Handgriff zu dienen sowie die beiden Waffenteile zusammenzuhalten, sondern nimmt zudem häufig Teile des Ejektor-Systems auf.

Am Pistolengriff und Vorderschaft wird üblicherweise eine Fischhaut geschnitten. Wie fein die ausfällt, hängt vom Geschmack des Besitzers, der Bauart der Flinte sowie dem Verwendungszweck ab. Eine Fischhaut sollte unbedingt geschnitten sein und nicht gepresst. Moderne, maschinengeschnittene Fischhäute sind heute ausgezeichnet und kommen in der Qualität an eine gute handgeschnittene Fischhaut fast heran. In jedem Fall ist eine gute maschinengeschnittene Fischhaut besser als eine schlechte handgeschnittene. Beim Kauf einer Waffe sollte der Käufer die Fischhaut ruhig einmal unter einer Lupe betrachten und schauen, ob sie gleichmäßig ausgeführt ist und die Randlinien nicht überschnitten sind. Eine gute, scharfe Fischhaut ist sehr wichtig, um die Waffe auch mit regen- oder schweißnassen Händen sicher zu handhaben.

Eine Punzierung, wie sie bei Sportflinten manchmal anzutreffen ist, bietet der Hand auch einen sehr guten Halt, ist billiger herzustellen und vor allem nicht so empfindlich wie eine Fischhaut. Dafür kann sie aber optisch nicht mithalten.

Üblicherweise besteht der Schaft einer Flinte aus Nussbaumholz, zumindest bei Kipplaufflinten. Kunststoffschäfte finden sich aber vermehrt bei Selbstlade- und Repetierflinten. Beim Schaftfinish gibt es zwei Ausführungen, den Lack- sowie den Ölschaft. Beide Methoden haben Vor- und Nachteile. Der Ölschaft bringt die Maserung des Holzes besser zur Geltung, kleine Kratzer und Beschädigungen lassen sich zudem relativ einfach beseitigen. Das matte Finish wird von europäischen Jägern dem Hochglanz eines lackierten Schaftes meist vorgezogen.

Beim Lackschaft ist eine Beschädigung schon schwerwiegender. Eine Neulackierung ist nicht billig und das Ausbessern von einzelnen Kratzern ergibt meist hässliche Flecken. Dafür ist der Lackschaft pflegeleicht. Er muss nur mit einem Lappen gesäubert werden, Pflegemittel wie beim Ölschaft werden nicht benötigt. In der Herstellung ist der Lackschaft wesentlich preiswerter als der Ölschaft.

Trotzdem lassen sich Flinten mit lackierten Schäften in Europa nur schwer verkaufen. Die heimische Jagdwaffenindustrie trägt dem natürlich Rechnung. Europäische Jagdwaffenhersteller verwenden Lackschäfte fast ausschließlich für Billigwaffen, obwohl ein wasserfest lackierter Schaft gerade bei einer bei Wind und Wetter geführten Jagdwaffe nur Vorteile hätte.

Das hochglänzende Schaftfinish teurer Flinten darf keinesfalls mit einem Lackschaft verwechselt werden. Hierbei handelt es sich um ein altes, aufwendiges Verfahren auf Schellack-Basis, dem sogenannten *London Style*, bei dem die Schaftoberfläche auf Hochglanz poliert wird. Wunderschön, aber auch empfindlich.

XI. FASZINATION PÄRCHEN

in Flintenpärchen, die richtige Bezeichnung ist eigentlich Schwesternflinten, stellt für den Flintenliebhaber wohl das Nonplusultra im Flintenbau dar. Unter Schwesternflinten versteht man zwei in allen Einzelheiten übereinstimmende Waffen. Man benutzt sie zum wechselweisen Schießen und bedient sich dabei eines „Flintenspanners“, der die jeweils abgeschossene Flinte neu lädt, spannt und dem Schützen bei Bedarf zureicht. Der Umgang mit Schwesternflinten muss aber vertraut sein, der Schütze muss sich mit seinem Lader blind verstehen, sonst kann es passieren, dass er mitten im besten Anflug plötzlich mit leerer Flinte dasteht. Dazu ist Training mit dem Lader erforderlich. Manchmal werden Lader auch bei hochklassigen Jagden gestellt. Mit diesen Profis kommen Schützen nach kurzer Absprache auch klar. Hier sollte man dann allerdings Querflinten führen und nicht etwa Bockflinten. Vor allem englische Lader sind meist auf diese Waffenart eingeschworen und können sich kaum umstellen. Es ist

Bei Schwesternflinten sind die Waffen in allen Details absolut identisch

Bei einem Pärchen sind Oberhebel, Laufbündel und Vorderschaft mit 1 und 2 gekennzeichnet. Hier die Flinte Nr. 1.

auch viel einfacher, zwei Patronen zwischen die Finger nebeneinander zu klemmen als übereinander. Robert Churchill beschreibt in seinem Buch „Das Flintenschießen" genau den Ablauf zwischen Schütze und Lader bei der Übergabe der geladenen sowie der Annahme der leergeschossenen Flinte.

Schwesternflinten stammen aus der Zeit der gut besetzten Fasanenjagden in England, wo am Tag mehr als 1000 Vögel erlegt wurden. Auch in Ungarn wurden sie eingesetzt. Sie ergeben nur dann Sinn, wenn der Schütze auf einem festen Stand steht. Bei Jagden, auf denen Schützen mit der Flinte in der Hand laufen, sind Flintenpärchen kaum sinnvoll. Mit zwei Flinten und einem Helfer, der die jeweils abgefeuerte Waffe lädt, ist eine wesentlich schnellere Schussfolge und vor allem ein konzentrierteres Schießen möglich, als wenn der Schütze selbst die Patronen aus der Tasche nehmen muss. Der Schütze braucht keinen Blick auf die Waffe zu werfen, sondern kann seine ganze Aufmerksamkeit dem Luftraum widmen.

Beide Flinten müssen absolut identisch sein. Auch die Abzugswiderstände müssen völlig übereinstimmen und die Balance darf sich nicht unterscheiden. Aus diesem Grund wird bei hochklassigen Schwesternflinten auch für beide Schäfte Holz aus demselben Stamm verwendet, denn Holz hat eine individuelle Dichte, die zu Gewichtsunterschieden und damit auch einer unterschiedlichen Balance führen kann. Schwesternflinten haben in der Regel aufeinanderfolgende Seriennummern und sind auf Oberhebel, Laufbündel und Vorderschaft mit 1 und 2 gekennzeichnet.

Oben: Bei gutem Anflug, hier getriebene Rothühner, sind Schwesternflinten in ihrem Element

Unten: Pärchen werden meist in einem Flintenkoffer nach Maß geliefert

Auch bei Jagden, die nicht so gut besetzt waren, dass sich zwei Flinten und ein Flintenspanner lohnten, hatte man zu den Hochzeiten der Niederwildjagd trotzdem gern ein Flintenpärchen im Gepäck. Bei einem Defekt sofort mit der anderen, völlig identischen Flinte weiterjagen zu können, ohne sich umstellen zu müssen, ist als Vorteil auch nicht von der Hand zu weisen. Dies ist auch ein Grund, warum bei einem gebrauchten Flintenpärchen eine Flinte, in der Regel die Nummer 1, abgenutzter ist als die Nummer 2.

Heute werden Schwesternflinten nur noch selten hergestellt. Jagden, auf denen sie sinnvoll eingesetzt werden können, gibt es nur noch sehr wenige. Außerdem sind heute Serienflinten der großen Hersteller äußerst identisch. Wer zwei gleiche Flinten haben möchte, etwa für die

Oben: Schwesternflinten des österreichischen Büchsenmachers Fanzoj

Rechts: Luxuswaffen wie Schwesternflinten sind meistens sehr aufwendig graviert

Taubenjagd in Argentinien, findet darüber eine bedeutend günstigere Alternative. Meist werden bei solchen Taubenjagden sogar zwei Selbstladeflinten eingesetzt. Schwesternflinten wurden schon früher nur von den exklusiven Flintenmanufakturen hergestellt. Und das ist heute nicht anders. Wer sich jetzt ein Pärchen bestellt, muss nicht nur mit einer ziemlich langen Lieferzeit rechnen, sondern auch mit 10 bis 20 Prozent Aufpreis gegenüber zwei normalen Flinten. Die Faszination, die von einem solchen Pärchen ausgeht, hat sich aber bis heute gehalten.

XII. SELBSTLADEFLINTEN

Die FN Auto 5 ist wohl die bekannteste halbautomatische Flinte

Halbautomatische Schrotflinten werden in Deutschland immer noch mit gemischten Gefühlen betrachtet. Ihre Befürworter schätzen sie als preiswerte, zuverlässige Jagdwaffen mit dem Vorteil des dritten Schusses, während ihre Gegner sie als „Vollernter" bezeichnen und argumentieren, dass damit nicht weidgerecht gejagt wird. Eine Waffe als nicht weidgerecht zu bezeichnen, ist allerdings ziemlich unsinnig, denn ausschlaggebend ist immer der Schütze. Andere Länder haben solche Probleme nicht und dort sind halbautomatische Schrotflinten oft weitaus häufiger als Kipplaufflinten. Weltweit betrachtet, dürften Selbstladeflinten zu den meist verkauften Jagdflinten überhaupt zählen. Von der technischen Seite aus betrachtet ist das auch ganz logisch, denn der Preisvorteil ist erheblich. Eine halbautomatische Schrotflinte hat immer einen Ejektor, stets einen Einabzug und Wechselchokes sind auch kein Problem. Alles Ausstattungsmerkmale, die bei Kipplaufflinten jede Menge Aufpreis kosten. Außerdem schießen sich Selbstladeflinten rückstoßärmer, denn bei ihnen wird ein Teil der Rückstoßenergie dazu benutzt, den Repetiervorgang durchzuführen. Empfindliche Schützen wissen dies zu schätzen. Hinzu kommt der Vorteil des dritten Schusses. Diesen sollte man so sehen, einem krank geschossenen Stück Wild schnell den Fangschuss geben zu können und nicht etwa, um Tripletten zu schießen. Dann klappt es auch mit der Weidgerechtigkeit!

In Ländern, wo Waffen mit gezogenen Läufen zur Jagd nicht erlaubt sind, werden halbautomatische Flinten bevorzugt zum Verschießen von Flintenlaufgeschossen eingesetzt. Das Problem des Zusammenschießens von zwei Läufen wie bei Kipplaufflinten gibt es hier nicht, da alle Schüsse aus einem Lauf abgegeben werden. Bei einer Selbstladeflinte ist es zudem sehr einfach, eine optische Zieleinrichtung, etwa ein Rotpunktvisier oder Zielfernrohr, auf dem Systemkasten zu montieren. Dafür gibt es zahlreiche Montagesysteme. Bei einer Doppelflinte ist das weitaus aufwendiger und teurer.

Auch Militär und Polizei haben die Vorteile von halbautomatischen Flinten erkannt. Es gibt Modelle, die speziell für den Behördenmarkt ausgerichtet sind. Schon im Ersten und Zweiten Weltkrieg wurden Selbstladeflinten als Nahkampfwaffe benutzt und im Vietnamkrieg waren sie eine beliebte Waffe für den Dschungelkampf.

Lediglich bei Sportschützen sind halbautomatische Flinten nicht so beliebt. Feuerkraft spielt hier keine Rolle, die meisten sportlichen Disziplinen sind auf maximal zwei Schuss ausgelegt und eine genau passende Schäftung ist bei einer Wettkampfflinte extrem wichtig. Hier sind Kipplaufflinten deutlich im Vorteil. Preisgünstige Selbstladeflinten wurden aber gern beim *Claybirding*, dem Schießen auf Minitauben, eingesetzt. Hier wurden Schrotpatronen im Kaliber .22 lfB benutzt. Durfte man in den 1960er-Jahren noch im eigenen Garten machen, heute eher nicht mehr zu empfehlen. Krico etwa stellte dazu eine einfache Selbstladeflinte her, die meisten Waffen gingen aber in den Export und sind heute sehr selten.

Ganz oben: Winchester Mod. 50

2. Bild von oben: Winchester Mod. 11, eine frühe Entwicklung von Winchester

3. Bild von oben: Krico-Selbstladeflinte Kal. 22 Schrot für das Minitaubenschießen

Unten: FN Twelvette

WO LICHT IST, IST AUCH SCHATTEN

Natürlich hat eine Selbstladeflinte auch Nachteile, die nicht verschwiegen werden sollen. Da ist zunächst einmal die Tatsache, dass der Schütze stets nur eine Chokebohrung zur Verfügung hat. Bei Doppelflinten stehen zwei unterschiedlich streuende Läufe zur Auswahl. Darauf muss der Schütze, der eine Selbstladeflinte führt, verzichten. Die einzige Möglichkeit wäre hier, einen Poly-Choke zu montieren, aber den

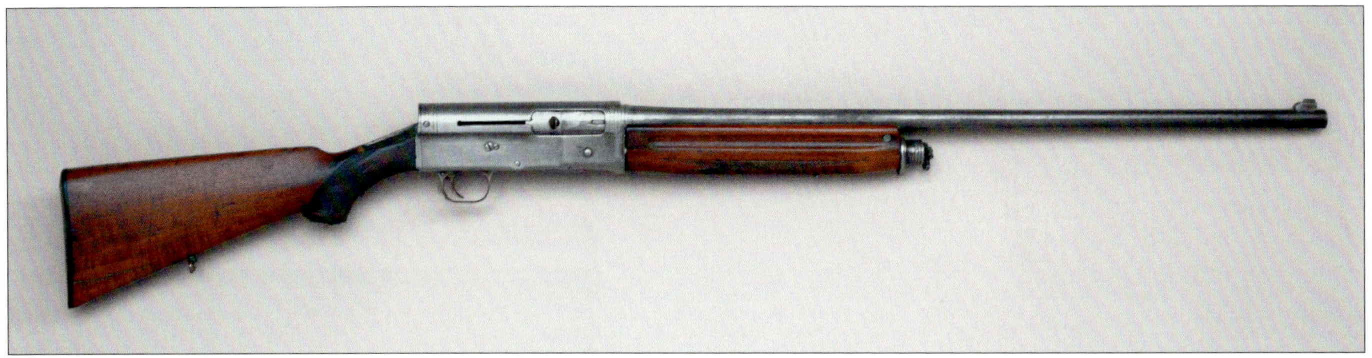

Oben: Rheinmetall-Selbstladeflinte

Rechte Seite oben: Walther-Selbstladeflinte

kann man auch nur vorab einstellen und nicht zwischen zwei hintereinander abgegebenen Schüssen verändern.

Darüber hinaus ist die Handhabung etwas komplizierter. Das fällt weniger beim eigentlichen Schießen mit der Waffe, sondern mehr im Jagdbetrieb auf. Das Entladen des Röhrenmagazins dauert wesentlich länger als die beiden Patronen aus den Lagern einer Kipplaufflinte zu holen. Bei der Jagd auf Wasserwild am Teich oder Fluss sicher kein Problem, bei einer Treibjagd, bei der die Waffe zwischen den Treiben entladen wird und auch mal Hindernisse wie Zäune überwunden werden müssen, sicher nicht komfortabel.

Doppelflinten sind bei gleicher Lauflänge auch führiger, denn bei der Selbstladeflinte kommt zur Schaft- und Lauflänge noch die Länge des Systemkastens hinzu, sodass die Gesamtlänge größer ausfällt.

Die Schäfte fallen bei Selbstladeflinten in der Regel sehr gerade aus. Eine deutliche Schränkung gibt es kaum, denn die meisten Modelle sollen auch für Linkshänder passen. Breitschultrige Schützen haben daher mit den kaum „aus dem Gesicht" geschränkten Halbautomaten Probleme. Dafür bekommt man bei den halbautomatischen Flinten auch jede Menge Modelle mit robusten und pflegeleichten Kunststoffschäften, was es bei Kipplaufflinten kaum gibt.

Die Schloss-Systeme sind bei Selbstladeflinten in der Regel sehr einfach. Es handelt sich meist um simple Hahnschlosse, die auf dem Abzugsblech montiert sind. Durch den zurückgleitenden Verschlussblock werden sie nach dem Schuss automatisch wieder gespannt. Wirklich gute Abzüge darf man bei solch einfachen Systemen nicht erwarten. Die Abzugsgewichte liegen meist über zwei Kilogramm. Daran lässt sich auch nicht viel ändern, sonst kann es passieren, dass sich mehrere Schüsse hintereinander lösen. Soll der Abzug einer Selbstladeflinte verbessert werden, muss das ein mit solchen Systemen vertrauter und erfahrener Büchsenmacher machen. Es gibt natürlich auch Selbstladeflinten der oberen Preisklasse, etwa von Cosmi, die über sehr gute Abzüge verfügen. Das ist preislich aber eine ganz andere Liga.

Als Verschluss wird meist ein Drehwarzenverschluss verwendet, der beim Vorlauf des Verschlusses in eine an den Lauf geschraubte Führungshülse mit entsprechender Steuerkulisse eingreift. Dadurch wird die Drehung des Verschlusskopfes zwangsgesteuert. Ein sehr sicheres und zuverlässiges System. Es gibt aber auch Modelle, etwa von Fabarm, die ein abkippendes Riegelelement benutzen, das in vorderster Stellung oben in eine Verlängerung des Laufes direkt hinter dem Patronenlager eingreift. Im Laufe der Zeit wurden natürlich zahlreiche andere Verschluss-Systeme entwickelt und auch Waffen damit gebaut, aber der Drehwarzenverschluss hat sich durchgesetzt und die meisten modernen Flinten sind damit ausgestattet.

Fast alle Selbstladeflinten besitzen ein unter dem Lauf liegendes Röhrenmagazin zur Munitionsversorgung. Ist der Verschlussblock in die hinterste Stellung gelangt, wird die von der Auszieherkralle festgehaltene leere Patronenhülse ausgeworfen, aus dem Röhrenmagazin wird eine neue Patrone auf den Ladelöffel geschoben, der Ladelöffel steigt hoch und der nach vorn fahrende Verschlussblock nimmt die Patrone vom Ladelöffel mit und führt sie in das Patronenlager ein. Es gibt aber auch Exoten, bei denen das Magazin im Hinterschaft eingebaut ist.

WIE ZUVERLÄSSIG SIND SELBSTLADEFLINTEN?

Früher gab es bei diesem Waffentyp häufig Probleme. Verklemmte Hülsen oder beim Zuführen verkantete Patronen waren an der Tagesordnung. Diese Zeiten sind aber lange vorbei. Moderne Selbstladeflinten sind heute sehr funktionssicher. Das liegt einerseits an der verbesserten Technik der Waffen und ist andererseits auch ein Verdienst der Munitionsindustrie, die heute sehr gleichmäßige und maßhaltige Schrotpatronen fertigt, die kaum noch Störungen verursachen. Moderne Waffen haben sogar ein System, das sich auf die unterschiedliche Verschlussbelastung, die Patronen mit verschiedenen Vorlagen verursachen, automatisch einstellt. Aus solchen Waffen können problemlos Schrotpatronen mit verschiedenen Vorlagegewichten gemischt verschossen werden. Von der leichten 24-Gramm-Trap-Patrone bis hin zur 40-Gramm-Gänseladung funktioniert hier alles. Bei älteren Waffen lässt sich die Gasmenge, die zur Verschlussbewegung benötigt wird, oft von Hand über einen Drehring einstellen. Wird die Patronenmarke gewechselt, ist manchmal eine neue Justierung notwendig. Alles in allem sind halbautomatische Flinten jedoch sehr zuverlässig und störungsarm, wenn sie richtig gepflegt werden. Was unterlassen werden sollte, ist das Verschießen von Patronen unterschiedlicher Hülsenlänge. Wird aus einer 12/76 zunächst die kürzere 12/70 verschossen, kann es beim Wechsel auf die längere 12/76 ohne sorgfältige Reinigung des Patronenlagers zu Störungen kommen, weil die kürzeren Patronen den vorderen Teil des Patronenlagers stark verschmutzt haben und der Verschluss jetzt nicht mehr ganz zu geht. Also entweder bei einer Hülsenlänge bleiben oder aber das Patronenlager reinigen, wenn auf die Magnumpatronen umgestiegen wird.

GASDRUCK- ODER RÜCKSTOSSLADER?

Grundsätzlich unterscheiden wir zwei verschiedene Systeme bei den Selbstladeflinten. Die ersten Waffen dieses Typs, etwa die legendäre Browning Auto 5, waren als Rückstoßlader konzipiert. Die Selbstladeflinte Browning Auto 5 kam im Jahre 1900 heraus und war die erste funktionierende Selbstladeflinte. Im Schuss lief der Lauf wie bei einer Selbstladepistole ein Stück zurück und sorgte für den Repetiervorgang. Lauf und Verschluss laufen zusammen und fest verbunden etwas mehr als eine Patronenlänge zurück, bevor die Verriegelung des Verschlussblockes gelöst wird. Dann gleitet der Lauf, angetrieben durch die Federkraft der unter dem Lauf liegenden Verschlussfeder, wieder vorwärts, während der Auszieher am Verschlussblock die leere Hülse festhält und aus dem Lager zieht. Diese Modelle waren sehr von der Munition abhängig und funktionierten nicht mit allen Patronen. Trotzdem ist gerade dieses Modell noch sehr verbreitet und funktioniert tadellos, wenn die passende Munition benutzt wird. Browning baut die Auto 5 noch heute, allerdings mit etwas veränderter Technik. Moderne Konstruktionen sind als Gasdrucklader aufgebaut. Der Lauf steht fest und über Bohrungen wird ein Teil der Verbrennungsgase abgezweigt, die dann über ein Gestänge den Repetiervorgang vornehmen. Ein Ventil leitet die für die Selbstladefunktion nicht benötigte Gasdruckmenge ab und öffnet sich zwangsgesteuert je nach verwendeter Laborierung mehr oder weniger. Bei schwachen Patronen bleibt das Ventil geschlossen und der gesamte Gasdruck kann für die Verschlussbewegung genutzt werden. Bei Standard-Jagdpatronen macht das Ventil etwas auf und bei Magnum-Laborierungen öffnet es ganz. Diese modernen Gasregulierungssysteme vermeiden Druckspitzen und

Oben: Remington 11/87 mit zusätzlichem Sluglauf

Unten: Die schwedische Skögren-Selbstladeflinte ist ein Rückstoßlader mit sehr hoher Verschlussmasse

funktionieren so unabhängig vom Gewicht der Vorlage. Dieses Konstruktionsprinzip hat sich durchgesetzt und wird heute bei den meisten Modellen eingesetzt.

Obwohl halbautomatische Flinten hauptsächlich in den USA dominierten, gab es auch in Europa interessante Entwicklungen. Unmittelbar nach dem Ersten Weltkrieg begann Walther mit der Entwicklung einer halbautomatischen Flinte. Nach sieben Jahren Entwicklungszeit kam 1925 dann die Walther Selbstladeflinte mit Kniehebel-Verschluss auf den Markt. Das Röhrenmagazin für vier Patronen befindet sich unter dem Vorderschaft und zum Laden lässt sich der Vorderschaft abklappen, um die Magazinöffnung freizulegen. Der Verschluss wird über eine Spannkurbel bedient. Bei der Walther-Selbstladeflinte wurden fast alle Einzelteile spanabhebend gefertigt, was die Produktionskosten in die Höhe trieb und nicht für hohe Stückzahlen sorgte. Hinzu kam, dass das Zerlegen der Flinte zum Reinigen ziemlich aufwendig war.

Auch Rheinmetall machte sich nach dem Ersten Weltkrieg an die Entwicklung einer Selbstladeflinte. Militärwaffen konnten nicht mehr produziert werden und Erfahrungen auf dem Gebiet der Maschinenwaffen hatte man reichlich. Technisch lehnte sich Rheinmetall bei der Selbstladeflinte Nr. 4 an die Browning Auto 5 an, brachte aber auch eigene Konstruktionsmerkmale ein. Der zweiteilige Verschluss wird durch einen Drehriegel verriegelt und die Patronen liegen in einem Röhrenmagazin unter dem Lauf. Beim Drehriegel-Verschluss hatten die Konstrukteure anscheinend die automatischen deutschen Armeewaffen vor Augen. Das Gehäuse hat optisch große Ähnlichkeit mit der Auto 5, ist aber hinten offen und wird mit einem Gehäusedeckel verschlossen. Die Abstimmung auf die Patrone erfolgt auch hier über einen Bremsring. Die Rheinmetall-Selbstladeflinte Nr. 4 galt als sehr funktionssicher und angenehm weich im Schuss.

Eine weitere, sehr interessante Entwicklung kam aus Schweden. Die Skögren-Selbstladeflinte kam bereits vor dem Ersten Weltkrieg auf den Markt und wurde auch in Österreich und Deutschland in gar nicht so kleinen Stückzahlen verkauft. Konstruiert wurde sie von Axel Skögren, produziert von der *Haandvaabenvearkstederne Kjobenhaven*. Die Skögren gab es in den Kalibern 12 und 16. Sie war ein echter Rückstoßlader im engeren Sinne des Wortes. Die Funktion wird hier durch den Rückstoß der ganzen Waffe, also durch den vom Schützen empfundenen Rückstoß in der Schulter eingeleitet. Der Lauf ist beweglich angeordnet und gleitet mit dem Verschluss zurück. Die Trennung von Lauf und Verschluss erfolgt aber erst, wenn die Schrotladung bereits die Mündung verlassen hat. Damit dieses System funktioniert, wird eine sehr hohe Verschlussmasse benötigt. Auffällig ist daher bei der Skögren das lange und wuchtige Verschlussstück, das im krassen Gegensatz zum eher zierlich gehaltenen englischen Schaft steht. Der Verschluss wiegt über 600 Gramm. Das unter dem Lauf angebrachte Röhrenmagazin fasst vier Patronen. Damit die Skögren funktioniert, ist ein gewisser federnder Widerstand notwendig, nämlich die Schulter des Schützen. Weder frei schwebend noch an einem festen Widerstand würde sie funktionieren. Von der Konstruktion her ist die Skögren einmalig, Design und Schussverhalten sind hingegen sehr gewöhnungsbedürftig.

Die ungewöhnlichste und optisch auffälligste Selbstladeflinte wurde aber wiederum in Deutschland entwickelt. Bei der Becker-Selbstladeflinte sind die Schrotpatronen wie bei einer Maschinenkanone in einer Trommel angeordnet. Ihr ist ein eigener Beitrag im Kapitel XV gewidmet.

In den USA und auch in Europa dominieren heute neben den Browning-Modellen die Selbstladeflinten von Winchester und Remington. Aber auch die italienischen Hersteller Benelli und Beretta haben große Marktanteile. Das aktuelle

Rechts oben: Der Kniehebel-Verschluss der Walther wird über eine Spannkurbel betätigt

Rechts Mitte: Laden des Röhrenmagazins

Rechts unten: Selbstladeflinten haben manchmal gegenüber Kipplaufwaffen Vorteile. Sie lassen sich zum Beispiel hinter einem Tarnnetz leichter nachladen.

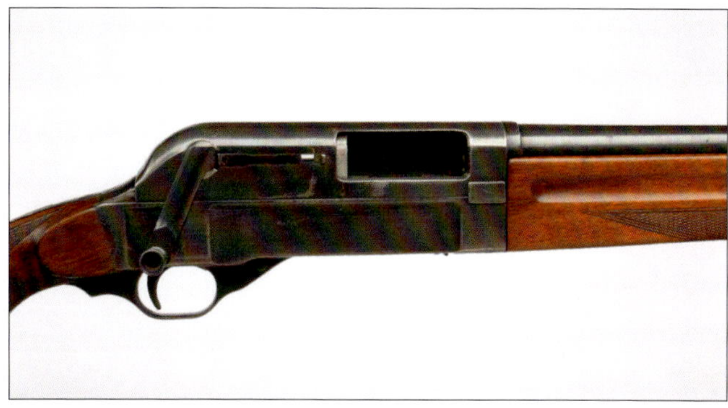

Modell von Winchester ist die Super X4. Der Gasdrucklader passt sich automatsch der jeweiligen Schrotpatrone an und funktioniert mit Vorlagen von 28 bis 56 Gramm. Der Druckkolben hat in seinem Inneren ein Regulierungsventil, das sogenannte *Active-Valve-System*. Dieses Regulierungsventil arbeitet unabhängig vom Kolben. Mit leichten Ladungen benutzt der Kolben den wesentlichen Teil der Gasenergie zur einwandfreien Funktion.

Bei schweren Ladungen werden überschüssige Gase durch die seitlichen Auslässe des Kolbens abgeführt. Um das Magazinrohr sauber zu halten, sind drei Dichtringe installiert.

Der für Wechselchokes eingerichtete Lauf ist in der *Back-Bored*-Technologie ausgeführt. Die SX4 wird in vielen verschiedenen Ausführungen mit Holz- und Kunststoffschäften angeboten.

Remington baut nach wie vor den Klassiker Remington 1100 und die 11-87-Baureihe, das Topmodell ist aber die Versa Max. Auch hier wird ein selbstregulierendes Gasdrucksystem verwendet, das Remington VERSAPORT nennt. Die für das Kaliber 12/89 eingerichtete Flinte mit Drehkopfverschluss verarbeitet Schrotpatronen mit den Hülsenlängen von 12/67,5 bis 12/89, unabhängig vom Vorlagegewicht. Das Gasdrucksystem besitzt zwei Gaspistons und in drei Reihen angeordnete Gasbohrungen direkt vor dem Hülsenmund im Patronenlager. In Abhängigkeit von der Länge der verwendeten Munition gibt die Hülse jeweils eine bestimmte Anzahl an Ports frei oder verschließt sie. Bei der extralangen 12/89 liegt nur die erste Reihe von drei Bohrungen frei, für die 12/76 sind es vier und bei kurzen 12/70er-Patronen strömen die Treibmittelgase gleich durch sieben Bohrungen. Der Kasten wird werksmäßig mit Gewindebohrungen für eine optische Zielhilfe ausgestattet. Über Schaftversatzplatten und Distanzstücke lassen sich Schränkung, Senkung und Schaftlänge individuell anpassen.

Die Versa Max gibt es in vielen verschiedenen Lauflängen, natürlich eingerichtet für Wechselchokes und mehrere Schaftvarianten.

XIII. VORDERSCHAFT-REPETIERFLINTEN

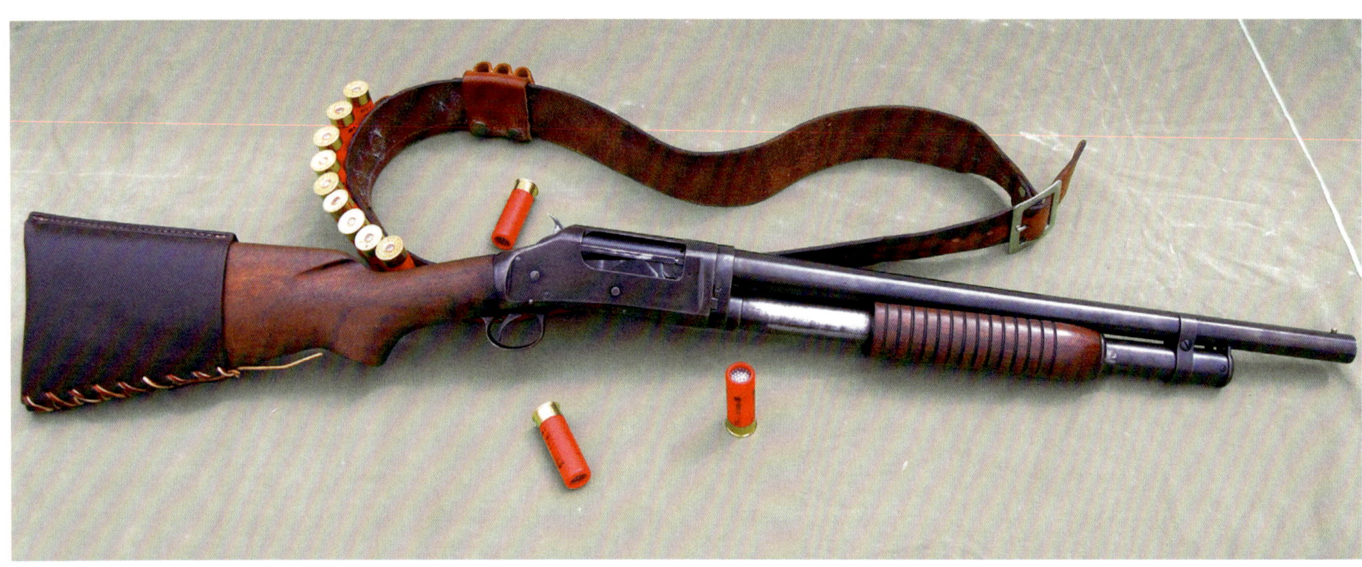

Oben: Die Winchester 1897 war die erste Vorderschaft-Repetierflinte aus Serienfertigung

orderschaft-Repetierflinten, auch *Pump-Action*-Flinten oder kurz Pumpflinten genannt, sind vom technischen Aufbau den Selbstladeflinten sehr ähnlich. Auch sie haben ein Röhrenmagazin unter dem Lauf und die Patrone wird über einen Ladelöffel vor das Patronenlager gehoben. Es gibt aber auch Modelle mit Trommel- oder Stangenmagazin sowie Modelle, bei denen das Röhrenmagazin über dem Lauf angeordnet ist (etwa Truvelo Neostead). Auch der Verschluss-Mechanismus ist mit den halbautomatischen Flinten fast identisch. Hier herrscht ebenfalls der Drehwarzenverschluss vor. Das Nachladen geschieht aber nicht automatisch, sondern der Schütze zieht nach dem Abfeuern den Vorderschaft zurück, der Verschluss wird geöffnet, der Schlaghahn gespannt und eine eventuell vorhandene leere Hülse ausgeworfen. Anschließend wird der Vorderschaft nach vorne bewegt, um eine neue Patrone ins Patronenlager zu laden und den Verschluss zu schließen. Der bewegliche Vorderschaft

Unten: Remington 870

Unten: Wird der Vorderschaft zurückgezogen, öffnet sich der Verschluss und die leere Hülse wird ausgeworfen

Rechts: Behördenausführung der Remington 870

wird auf einer oder zwei Schienen geführt, die mit dem Verschlussträger verbunden sind und verriegelt nach dem manuellen Nachladen automatisch. Nach dem Schuss wird die Verriegelung aufgehoben und der Vorderschaft kann wieder zurückgezogen werden. Zum manuellen Lösen der Verriegelung ohne zu schießen (um die volle Patrone aus dem Lager zu nehmen), kann die Verriegelung auch über eine Drucktaste gelöst werden.

Der große Vorteil der *Pump-Action*-Flinten ist ihre Unabhängigkeit von der verwendeten Munition. Sie gelten als extrem funktionssicher auch unter ungünstigen Umweltbedingungen und als sehr robust. So verwenden etwa die Ranger des *Canadian Wildlife Service* und des *United States Forest Service* Repetierflinten im Kaliber 12/76 als Selbstschutzwaffe mit Flintenlaufgeschossen gegen Bären. Bei Polizeibehörden in den USA und vielen anderen Staaten gehört eine Repetierflinte zur Standardbewaffnung im Polizeiwagen. Aus einer Repetierflinte können auch zahlreiche Sonderpatronen mit nicht letaler Wirkung, wie etwa Gummigeschosse und Gummischrot, verschossen werden, die in einer Selbstladeflinte zu Funktionsstörungen führen würden. Beim Militär finden Vorderschaft-Repetierflinten wie bei der Polizei auch zum Öffnen verbarrikadierter Türen oder anderer Barrikaden Anwendung. Der Einsatz von Geschossen aus Blei ist für Soldaten jedoch nach der Haager Landkriegsordnung gegen Menschen verboten. Hierfür gibt es Stahlgeschosse, die sich nicht verformen.

Bei amerikanischen Jägern ist die Pumpflinte eine beliebte Jagdwaffe und wird sehr gern bei der Jagd auf Truthahn oder der Wasserjagd auf Enten und Gänse eingesetzt. Es gibt dort sehr preisgünstige Modelle, etwa von Mossberg, die für den gelegentlichen Einsatz gern gekauft werden. Der Zubehörmarkt ist in den USA sehr groß. Von Magazinverlängerungen über Montagen, Schäfte, Sicherungshebel bis hin zu Wechselläufen, auch mit Zügen für präzise Schüsse mit Flintenlaufgeschossen, ist hier alles zu haben.

Bei US-Jägern sind Pumpflinten als Jagdwaffen sehr beliebt

Spezialmodell zur Heimverteidigung

1854 wurde das erste Patent zu Vorderschaft-Repetierflinten an Alexander Bain erteilt. In den 1910er-Jahren kam dann mit dem Modell Winchester 1897 die erste Serienwaffe von einem großen Hersteller auf den Markt. Andere Firmen folgten sehr schnell. Heute gibt es eine große Modellvielfalt.

Der Klassiker der Pumpflinten schlechthin ist die Remington 870 Wingmaster, die von 1950 bis heute gebaut wird. Mehr als 10 Millionen Exemplare sind bisher gefertigt worden. Remington bietet eine beeindruckende Modellvielfalt dieses Klassikers an. In den 1950er-Jahren beherrschte die Winchester Mod. 12 den Pumpflinten-Markt und stellte Remingtons Modell 31 in den Schatten. 1949 stellte Remington die Produktion ein und begann mit der Entwicklung einer neuen Repetierflinte. Grundlage war die Selbstladeflinte Modell 11-48, von der etliche Teile verwendet wurden. Die Entwicklung bis zur Serienreife dauerte daher auch nur ein gutes Jahr. 1950 wurde die 870 Wingmaster der Öffentlichkeit vorgestellt und ein Siegeszug rund um den Globus begann. Die neue Flinte besteht aus lediglich 73 Einzelteilen. Bei der Entwicklung wurde auf eine rationelle Fertigung Wert gelegt. Systemkasten, Lauf und Verschlussblock bestehen aus solidem Stahl, viele Kleinteile, die keiner hohen Belastung unterliegen, wurden dagegen aus Feinguss gefertigt oder entstanden im Blechprägeverfahren. In 150 Arbeitsschritten entstand eine komplette 870 Wingmaster. Beim Vorgängermodell 31 waren 586 Arbeitsschritte notwendig und die Waffe hatte 20 Teile mehr. Revolutionär für die damalige Zeit war der modulare Aufbau der Wingmaster. Der Lauf ließ sich nach Lösen der Endkappe des Magazinrohres einfach ohne Werkzeug wechseln und die komplette Abzugsgruppe war herausnehmbar, indem nur zwei Splinte entfernt wurden. Das beidseitige und sehr verwindungssteife Führungsgestänge des Vorderschaftes sorgte für hohe Funktionssicherheit beim Repetieren. Die doppelten Schubstangen schlossen ein Verklemmen oder Verkanten des Verschlussblocks beim Durchladen aus und waren eine der Grundlagen für den legendären Ruf der Wingmaster.

Der Markt nahm die 870 begeistert auf und Remington erweiterte das Angebot kontinuierlich. Heute umfasst die 870-Familie gut 30 Modelle in verschiedenen Kalibern und Lauflängen, darunter auch viele Spezialmodelle für Militär und Behörden. Militärisch setzte sich die Remington sehr schnell durch. Bereits 1966 tauschte das US Marine Corps die Winchester M12 gegen die 870 aus.

In Deutschland fristen Vorderschaft-Repetierflinten hingegen zumindest bei der Jagd ein Schattendasein. Meist werden sie zur Nachsuche (mit Flintenlaufgeschossen geladen) eingesetzt oder mit langen Läufen zur Gänsejagd bestückt. Dabei haben sie nach unserem Jagdgesetz gegenüber Sebstladeflinten den Vorteil der nicht beschränkten Magazinkapazität. Halbautomatische Flinten dürfen in Deutschland bei der Jagd nur mit drei Schuss geladen werden, bei einer Pumpflinte darf geladen werden, was ins Magazinrohr passt, und das können bis zu acht oder gar zehn Schuss sein.

XIV. UNTERHEBEL-REPETIERFLINTEN

Winchester Mod. 1887

Unten: An ihrem markanten Systemkasten ist eine Winchester 1887 auf den ersten Blick zu erkennen

Im Grunde genommen ist diese Waffenart nichts anderes als eine *Lever-Action*-Büchse mit einem glatten Flintenlauf. Der Unterhebel-Repetierer wird durch eine Vor- und Zurückbewegung des Ladehebels, der eine Verlängerung des Abzugsbügels darstellt und sich unter dem Kolbenhals befindet, durchgeladen. Bei der Abwärtsbewegung wird der Verschluss entriegelt und nach hinten gezogen. Die leere Hülse wird dabei aus der Patronenkammer gezogen sowie ausgeworfen und gleichzeitig wird eine neue Patrone vor die Kammer gebracht. Bei der Aufwärtsbewegung des Unterhebels wird die neue Patrone vom vorlaufenden Verschluss in die Kammer geschoben. In der letzten Phase wird der Verschluss verriegelt. Flinten in der Bauart von Unterhebel-Repetierern wurden Ende des 19. Jahrhunderts von John Moses Browning erfunden und von der *Winchester Repeating Arms Company* als Modelle Winchester M1887 und Winchester M1901 auf den Markt gebracht.

Das Modell 1887 war noch für Schwarzpulverpatronen ausgelegt, während das Modell 1901 stabiler war, um raucharme Patronen aufzunehmen. Die M1901 wurde nur im Kaliber 10 gefertigt, um nicht der eigenen Vorderschaft-Repetierflinte Modell 1887 Konkurrenz zu machen, die gerade auf den Markt gekommen und für das beliebte Kaliber 12 eingerichtet war. Ein großer Erfolg waren die Unterhebel-Repetierflinten für Winchester nicht. Bis zur

Oben: Replika der 1887 von Chiappa

Unten: Nachbau der 1887 Modell Puma

Produktionseinstellung um das Jahr 1920 wurden lediglich 144.000 Waffen beider Modelle gefertigt. Browning selbst hatte die Firmenleitung von Winchester davor gewarnt, Flinten mit Unterhebel-Mechanismus herauszubringen und die Vorderschaft-Repetierflinten favorisiert. Bei Winchester hielt man aber an dieser Bauart fest. Schließlich war die Firma für *Lever-Action*-Waffen bekannt und wollte das auch bei Schrotflinten fortsetzen. Letztendlich hat Browning Recht behalten: Die Unterhebel-Repetierer verschwanden vom Markt.

Heute werden Unterhebel-Repetierflinten fast ausschließlich beim Westernschießen eingesetzt. Es gibt zahlreiche Nachbauten der Winchester 1887/1901 von Herstellern wie Norinco, Chiappa Firearms oder Australian Defence Industries. Es gibt aber auch Länder, die Pumpflinten streng reglementieren, Unterhebel-Repetierflinten hingegen weitaus großzügiger behandeln. Auch hier finden die modernen Nachbauten, die durchaus zuverlässig funktionieren, noch Absatz. Jagdlich spielen Unterhebel-Repetierflinten keine Rolle.

XV. WEGWEISENDE KONSTRUKTIONEN UND KURIOSITÄTEN

Der Klassiker unter den Selbstladeflinten, die FN Auto 5

BROWNING FN AUTO 5

Die Selbstladeflinte Browning Auto 5 kam im Jahre 1900 heraus und war die erste funktionierende Selbstladeflinte, sozusagen die Mutter aller halbautomatischen Schrotflinten. Dieses Modell errang einen einzigartigen Ruf, was Zuverlässigkeit und Langlebigkeit anbelangt. Die Auto 5 diente als Wegweiser für viele nachfolgende Konstruktionen und wurde häufig schlichtweg kopiert.

Die Auto 5 besitzt einen Verschluss mit langem Rohrrücklauf und arbeitet als Rückstoßlader. Lauf und Verschluss laufen zusammen sowie fest verbunden etwas mehr als eine Patronenlänge zurück, bevor die Verriegelung des Verschlussblockes gelöst wird. Dann gleitet der Lauf angetrieben durch Federkraft wieder vorwärts, während der Auszieher am Verschlussblock die leere Hülse festhält und aus dem Lager zieht. Ist die Hülse vollständig ausgezogen, wird sie nach rechts ausgeworfen. Anschließend gleitet auch der Verschlussblock vor, während gleichzeitig eine Patrone aus dem unter dem Lauf angeordneten Magazinrohr auf den Ladelöffel geschoben wird und dieser sich so weit anhebt, dass sich die neue Patrone hinter dem Lauf befindet. Der nach vorn gleitende Verschlussblock schiebt die Patrone ins Patronenlager und verriegelt wieder. Die Waffe ist erneut schussbereit. Ein sehr sicher funktionierendes System, das wenig störanfällig ist.

Für die sichere Funktion ist am Magazinrohr ein Bremsring aus Bronze angebracht, der das Vor- und Zurückgleiten des Laufes steuert. Der offene Ring hat beidseitig angefräste schräge Flächen, die mit entsprechenden Phasen am Laufring zusammenarbeiten. Je nach Stärke des Rückstoßes schiebt sich der Laufring mehr oder weniger über den Bremsring und erhöht so den Reibungswiderstand, was die Geschwindigkeit des Laufrücklaufes reduziert.

Oben: Die frühen Modelle hatten die Sicherung vorn im Abzugsbügel

Mitte: Der senkrechte hintere Abschluss des Verschlusskastens brachte der Auto 5 den Beinamen Humpback ein

Unten: Der vordere Hebel am Kasten ist die Magazinsperre, die das automatische Nachladen aus dem Magazinrohr unterbricht

Sehr praktisch ist die seitlich am Kasten angebrachte Magazinsperre, mit der verhindert werden kann, dass eine Patrone aus dem Magazin zugeführt wird. So lässt sich leicht eine im Patronenlager befindliche Schrotpatrone gegen ein Flintenlaufgeschoss austauschen.

Das Röhrenmagazin nimmt vier Patronen auf. Mit einer Patrone im Lauf ist die Flinte damit fünfschüssig, was schon ihre Modellbezeichnung Auto 5 aussagt. Die Auto 5 wurde in den Kalibern 12, 16 und 20 gebaut. Die meisten Waffen besitzen einen massiven Stahlkasten, es gab aber auch Leichtmodelle mit Kasten aus Aluminium.

Das Zerlegen der Flinte geht sehr einfach. Es muss nur die große Rändelschraube am Ende des Magazinrohres abgeschraubt werden, damit sich Lauf und Vorderschaft nach vorn abziehen lassen. So kann die Waffe platzsparend transportiert werden und vor allem lässt sich der Lauf bequem von der Patronenlagerseite her reinigen.

Die Auto 5 erfuhr während ihres Produktionszeitraumes mehrere Modelländerungen sowie technische Verbesserungen. Bis in die frühe Nachkriegszeit hinein war die Sicherung vorn im Abzugsbügel angeordnet. Dann wurde eine Querbolzensicherung hinten im Bügel angebracht. Bis 1979 waren die Abzüge gebläut, danach vergoldet. Die frühen Modelle haben keine Laufschiene, danach wurden die Läufe mit einer ventilierten Schiene ausgestattet. Bis 1966 gab es als Schaftvarianten den englischen Schaft oder denjenigen mit abgerundetem Pistolengriff in der französischen Art. Danach wurde der unten abgeflachte Pistolengriffschaft zum Standard. 1987 kam dann der runde Pistolengriffschaft, der bis zum Produktionsende gebaut wurde. Bis etwa Mitte der 1960er-Jahre war der Schaft im Ölfinish ausgeführt, danach wurde das Holz lackiert. Ab 1952 war die Fertigungsqualität soweit perfektioniert, dass die Läufe frei austauschbar waren und es kein Problem mehr war, Wechselläufe ohne Nacharbeiten einzulegen.

Zum Produktionsende wurden auch Magnum-Versionen für die 12/76 gebaut, die dann über mehrere Bremsringe verfügten. Bis zur Einstellung der Produktion 1998 wurden über drei Millionen Stück gebaut.

Die neue Auto 5

2012 ging die Erfolgsgeschichte dann weiter. Browning stellte eine neue, überarbeitete Auto 5 vor. Optisch hielten sich die Konstrukteure eng am Klassiker. Auch die neue Auto 5 ist sofort am charakteristischen, senkrechten hinteren Abschluss des Verschlusskastens, auch *Humpback* genannt, erkennbar. Der Verschlusskasten ist seitdem grundsätzlich aus Aluminium gefertigt, Stahlkästen gibt es nicht mehr. Die Oberseite des Systemkastens ist mit zwei 11-Millimeter-Prismenausfräsungen versehen, auf denen sich leicht eine Montage für eine Zieleinrichtung anbringen lässt.

Das Innenleben wurde völlig verändert, obwohl auch die neue Auto 5 als Rückstoßlader arbeitet. Die alte Auto 5 hatte jedoch einen Verschluss mit langem Rohrrücklauf, beim neuen Modell steht der Lauf nun fest. Das klassische Prinzip hat einige Nachteile, die bei einer modernen Selbstladeflinte heute nicht unbedingt verkaufsfördernd sind. Ein Rückstoßlader mit langem Rohrrücklauf ist sehr munitionsabhängig und es war notwendig, den Bremsring auf die jeweils verwendete Patronensorte einzustellen. Von der leichten 24-Gramm-Sportpatrone zur schweren Jagdladung mit 36 Gramm Vorlage zu wechseln, war also nicht ohne Manipulationen an der Flinte möglich. Das ist heute kaum noch zeitgemäß, zumal moderne Gasdrucklader dieses Problem nicht mehr haben.

Der zweite Nachteil war das durch den Rohrrücklauf ungewöhnliche Schussverhalten, das so manchen Jäger irritierte. Die Flinte schaukelt im Schuss regelrecht, wenn Lauf und Verschluss zurück und wieder nach vorn gleiten.

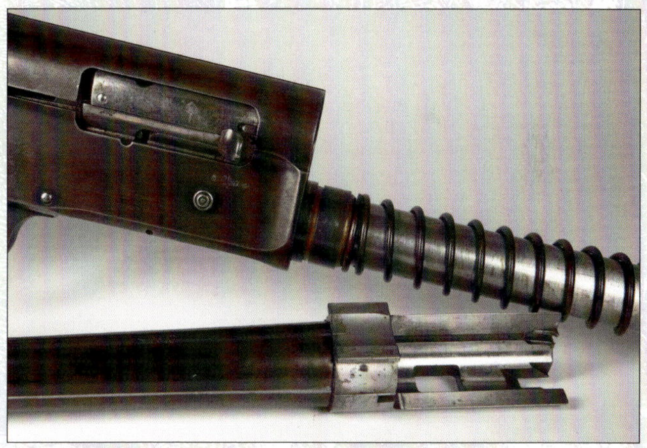

Oben: Hinteres Laufteil mit Ausfräsung für die Verriegelung des Verschlussblockes

Unten: Über den Bremsring wird die Funktion gesteuert

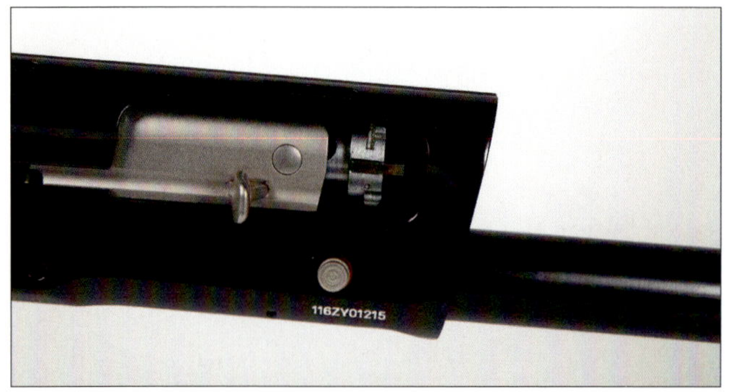

Ganz oben:
Die neue Auto 5

Oben: Die neue Auto 5 besitzt nun einen Drehkopfverschluss

Diese Nachteile wurden bei der neuen Auto 5 ausgeschaltet. Der Verschluss verriegelt über einen Verschlusskopf mit Drehwarzen, der vorn am Verschlussblock angebracht ist. Eine Torsionsfeder zwischen Block und Drehkopf hält die Verriegelung in Position. Der Rückstoß der abgefeuerten Patrone bewegt jetzt lediglich die Masse des Verschlussblockes nach hinten, nicht mehr den Lauf. Bereits nach einigen Millimetern Rücklauf wird die Verriegelung aufgehoben und der Verschluss fährt vollständig zurück. Die leere Hülse wird ausgestoßen, der Ladelöffel hebt die aus dem Röhrenmagazin zugeführte Patrone an und in seiner Vorwärtsbewegung schiebt der durch die im Hinterschaft befindliche Feder angetriebene Verschluss die neue Patrone in den Lauf. Der Drehkopf verriegelt zwangsgesteuert.

Dieses System hat einige Vorteile. Die schaukelnde Bewegung der Flinte durch den vor- und zurückgleitenden Lauf entfällt, das System ist sehr munitionsverträglich, eine manuelle Einstellung ist nicht mehr notwendig und die durch den Rückstoß zusammengepresste Torsionsfeder nimmt einen Teil der Rückstoßenergie auf. Gegenüber einem Gasdrucklader hat ein Rückstoßlader zudem den Vorteil, dass der Lauf nicht angezapft wird und keine Gase in das System selbst gelangen. Die Verschmutzung ist dadurch wesentlich geringer.

Als Erfinder dieses Verschlusses für Selbstladeflinten kann sich Browning jedoch nicht feiern lassen. Dazu ist die Ähnlichkeit zum Benelli-Inertia-System, das hier wohl als Vorbild gedient hat, zu groß. Es handelt sich fast um eine Kopie. Patentprobleme wird es wohl nicht geben, denn Benelli hat das 2006 abgelaufene Patent nicht erneuert.

Die Sicherung sitzt wie beim alten Modell als Druckknopf-Sicherung im Abzugsbügel und sperrt den Abzug. Eigentlich heute nicht mehr zeitgemäß. Eine Schiebesicherung auf dem Kolbenhals hätte hier deutlich besser gepasst. Der legendäre *Speed-Mode*-Mechanismus, der die erste Patrone aus dem Röhrenmagazin automatisch in das Patronenlager befördert, wenn sich beim Laden der Verschluss in hinterster Stellung befindet, ist jetzt bei jeder neuen Auto 5 zu finden. Bei den alten Modellen war er nur gegen Aufpreis zu haben und recht selten. Wird bei geschlossenem Verschluss das Röhrenmagazin gefüllt, kann anschließend nicht einfach durchgeladen werden, indem der Verschluss von Hand betätigt wird. Zunächst muss der Schieber an der Unterseite des Kastens betätigt werden, der bewirkt, dass eine Patrone aus dem Röhrenmagazin auf den Ladelöffel gedrückt wird. Dann kann durchgeladen werden. Dafür muss beim Entladen aber nicht mehr jede Patrone aus dem Röhrenmagazin einzeln über den Verschluss herausrepetiert werden. Da sich keine Patrone auf dem Ladelöffel befindet, kann die links im Kasten liegende Magazinklinke gedrückt werden, woraufhin die Patronen aus dem Magazinrohr rutschen. Der alte Magazinsperrhebel, der sich an der linken Kastenseite befand und es ermöglichte, die Magazinzufuhr aus dem Röhrenmagazin zu stoppen, ist nicht mehr vorhan-

Auch mit einer alten Auto 5 lässt sich heute noch gut Strecke machen

den. Er ist überflüssig, denn die Patrone im Lauf lässt sich einfach so auswechseln, wenn der Verschluss zurückgezogen wird, da sich keine Patrone auf dem Ladelöffel befindet.

Auch die neue Auto 5 hat jetzt das bei Browning seit einigen Jahren übliche *Back-Bored*-Laufprofil und ist für Wechselchokes eingerichtet. Die neue Auto 5 wird mit Holz- oder Kunststoffschäftung angeboten. Drei mitgelieferte Schaftzwischenlagen ermöglichen die einfache Anpassung der Schaftlänge. Auch interessant, wenn im Winter mit dicker Kleidung geschossen wird. Dann lässt sich der Schaft sehr einfach verkürzen. Auch Schränkung und Senkung lassen sich durch zum Lieferumfang gehörende Adapterplatten, die zwischen Schaft und Systemkasten eingelegt werden, verändern. Damit lässt sich der Schaft sehr gut den jeweiligen Körpermaßen und Anschlagsgewohnheiten des Schützen anpassen.

Mit der neuen Auto 5 bringt Browning eine mit unterschiedlichen Vorlagegewichten funktionierende Selbstladeflinte auf den Markt, die von der Aufmachung her der klassischen Auto 5 entspricht, ohne aber deren Nachteile zu haben. Innen Benelli, außen Browning, was die Mechanik und das Aussehen angeht.

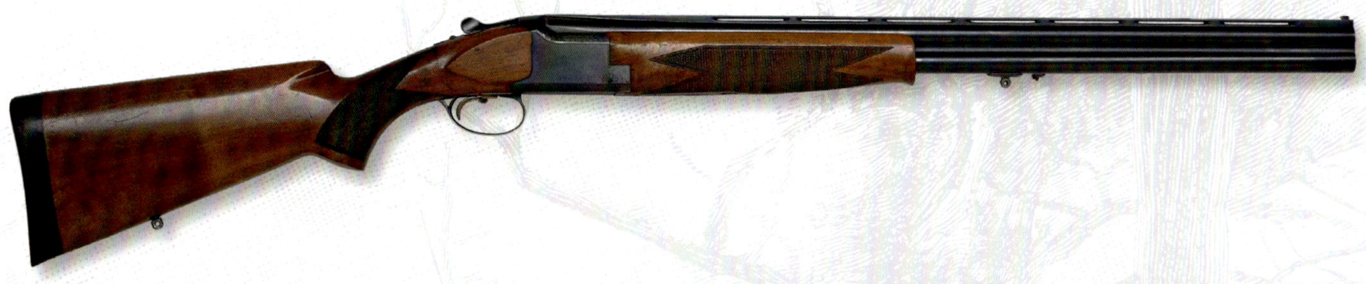

Klassische Ausführung der B25 mit schwarzem Systemkasten

BROWNING B25

Wenn die Buchstaben/Zahlenkombination B25 genannt wird, bekommen Flintenkenner glänzende Augen, denn diese Bezeichnung steht für eine der bekanntesten und erfolgreichsten Flinten weltweit. Als John Moses Browning im Jahre 1925 eine Bockflinte konstruierte, die er einfach B25 für Browning 1925 nannte, schrieb er Waffengeschichte. Aus dem ersten Modell entstand eine ganze Modellpalette an Jagd- und Sportflinten. Nach dem Zweiten Weltkrieg, als FN diese Flinte auf den Markt brachte, gab es sowohl in den USA als auch in Europa kaum ein Wurftaubenschießen, bei dem eine FN B25 nicht beteiligt war. Die B25 erlangte infolge ihrer Robustheit und guten Schussleistung schnell Weltruhm.

Die ursprüngliche B25 wurde bis Anfang der 1980er-Jahre gefertigt. Dann folgte 1985 die B125, 1991 die B325, 1995 die B425 als 5. Generation, ab 2003 die B525 und im Jahre 2013 das aktuelle Modell B725. Alle Nachfolgemodelle basierten auf der ursprünglichen B25, konnten an dem Nimbus, der der Ursprungskonstruktion anhaftet, jedoch nie so recht anknüpfen. Mit ein Grund, warum gut erhaltene B25 heute auf dem Gebrauchtwaffenmarkt noch hohe Preise erzielen. Die Produktion der Nachfolgemodelle wurde dann nach Japan zu Miroku verlagert, wo auch das aktuelle Modell gefertigt wird. FN unterhält in Herstal (Belgien) aber einen kleinen Custom Shop, wo man sich auch heute noch eine B25 in Handarbeit bauen lassen kann.

Die ursprüngliche B25

FN baute die B25-Waffenfamilie schnell aus und bot eine große Zahl verschiedener Modelle an. Neben der Jagd Standard gab es Trap- und Skeet-Versionen, ein Modell Broadway mit spezieller Schiene, eine leichte *Game Gun* und speziell für den deutschen Markt eine „Spezial Jagd", an deren Entwicklung der Aachener Büchsenmacher Heinrich Münch beteiligt war. Meist wurde die Spezial Jagd mit einem englischen Schaft mit Fischbauch ausgeliefert, der deutlich geschränkt war. Alle Modelle gab es zudem in verschiedenen Lauflängen, Schaftformen und mit den verschiedensten Gravuren. Das genaue Modell wurde dann mit einem zusätzlichen Buchstaben/Zahlen-Code hinter der Modellbezeichnung angegeben. So nennt sich die rechts abgebildete leichte Jagdversion mit Tierstückgravur „B25 B2G". Die B25 besitzt einen geschmiedeten Stahlkasten. Der Verschluss ist für hohe Schusszahlen ausgelegt. Verriegelt wird über zwei nebeneinander liegende Laufhaken, in die bei geschlossenem Verschluss der Verriegelungskeil eintritt. Vorn legt sich dann der Laufzapfen hinter den in die Basküle eingesetzten Scharnierstift. Der Verschluss ist nicht nur durch die kräftige Mechanik so langlebig, sondern auch wegen der exzellenten Verarbeitung. Auch nach hoher Schussbelastung ist kein Spiel fühlbar. Am untenliegenden Lauf ist eine kurze Schiene hart angelötet. Hier sind die Beschlagteile des Vorderschaftes montiert. Der Vorderschaft ist mittels einer Schraube mit den Beschlagteilen verbunden. Hier kommt es zu einer weiteren Besonderheit und einem charakteristischen Merkmal der B25. Der Vorderschaft lässt sich nicht wie gewohnt abnehmen, sondern lediglich um 13 Millimeter nach vorn schieben, wenn der Schnäpper an der Unterseite gelöst wird. Das reicht jedoch vollkommen aus, um das Laufbündel aus dem Verschlusskasten auszuhebeln.

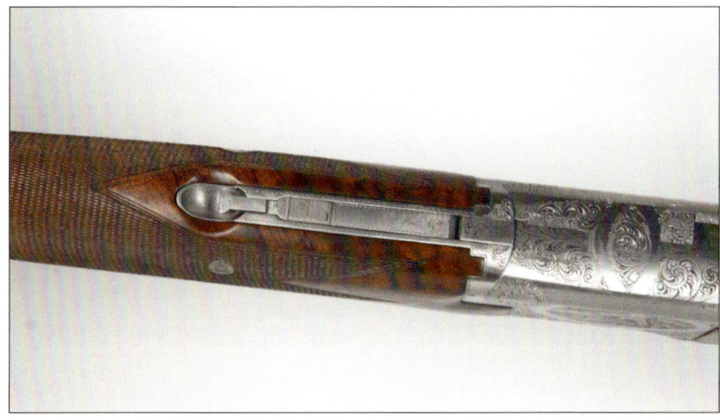

Oben: Befestigung des Vorderschafts

Rechts: Gravierte Version FN B25 B2G

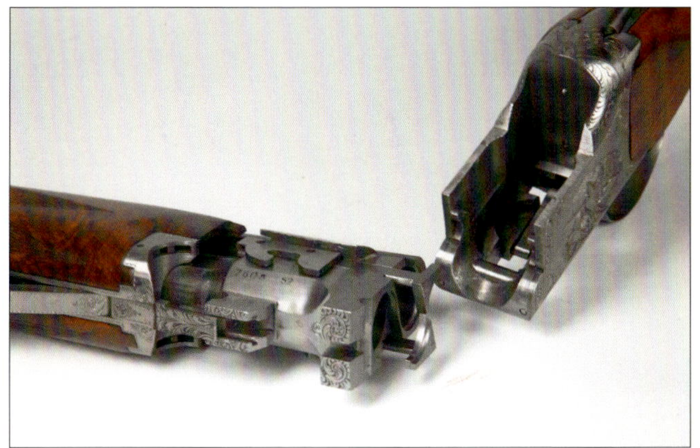

Oben links: Geschmiedeter Stahlkasten und Laufhakenverriegelung

Oben rechts: Die leichten Jagdmodelle waren mit *Game Gun* gekennzeichnet

Die große Mehrzahl der B25-Modelle ist mit einem umschaltbaren Einabzug ausgestattet. Die Laufvorwahl ist im Sicherungsschieber integriert, der auf dem Kolbenhals liegt. Diese Technik fand viele Nachahmer. Heute sind zahlreiche moderne Bockflinten damit ausgestattet. Das Schloss arbeitet mit Schraubenfedern, die ebenfalls sehr langlebig sind. Von Zündproblemen ist bei FN-Bockflinten kaum etwas zu hören. Der im Vorderschaft untergebrachte Ejektor arbeitet kräftig und zuverlässig. Das Laufbündel besteht aus Spezial-Gewehrlaufstahl und wurde mit Chokebohrungen nach Wunsch versehen. Wechselchokes gab es zu dieser Zeit noch nicht. Die Balance ist hervorragend. Bei der mit 3,2 Kilogramm leichten Jagdversion liegt der Schwerpunkt eine Handbreit vor dem Abzug. Die Technik der B25 diente vielen Bockflinten als Vorlage, auch heute noch.

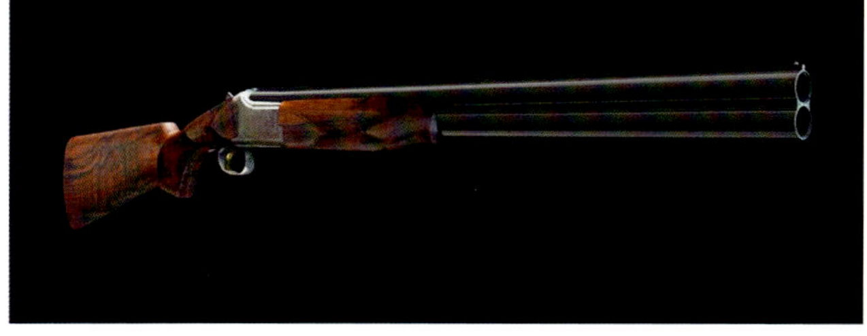

Neue B25 aus dem Custom Shop

COSMI-SELBSTLADEFLINTE

Oben: Eine ungravierte Cosmi ist eher selten

Rechts: Marcello Cosmi mit einer der ersten Flinten

Halbautomatische Flinten gelten mehr als praktische Werkzeuge und werden nicht als repräsentative Jagdwaffen gekauft. Mit einer Ausnahme: In einem kleinen italienischen Städtchen an der Adriaküste werden seit 1927 Selbstladeflinten weitgehend in Handarbeit gefertigt, die technisch einmalig sind. Die Cosmi gilt als Rolls Royce unter den Selbstladeflinten.

Die Geschichte begann 1924

Die Cosmi ist die einzige Selbstladeflinte weltweit, die abgekippt werden kann wie eine Kipplaufflinte und über ein Magazin im Hinterschaft verfügt. Bisher hat auch niemand versucht, das zu kopieren. Der kleine Familienbetrieb befindet sich in der Hafenstadt Ancona und fertigt dort seit drei Generationen ausschließlich dieses Modell. Entwickelt wurde die Flinte 1924 von Rodolfo Cosmi und seinem Sohn Marcello eigentlich als Einzelstück für die Jagd. Diese Ur-Cosmi kann heute noch in der Firma bewundert werden. Von der Konstruktion überzeugt, begann 1927 die Serienfertigung – soweit hier überhaupt von Serie gesprochen werden kann, denn mehr als eine Handvoll Flinten ließ sich in Handarbeit bei der anspruchsvollen Technik und den Qualitätsansprüchen der Familie Cosmi kaum bauen. Heute besitzen die Italiener zwar etwas modernere Maschinen, aber konstruktiv wurde kaum etwas verändert. Außerdem sind die Qualitätsansprüche eher noch gestiegen. Cosmi fertigt alle Teile selbst, bis hin zu den Federn und Schrauben. Lediglich das Laufrohr und die Basküle werden als Rohlinge aus Österreich von Böhler bezogen und dann im Werk geschmiedet. In einer Cosmi stecken etwa 500 Arbeitsstunden, Gravuren nicht mitgerechnet. Das technische Kunstwerk besteht aus 147 Einzelteilen. Alles wird handpoliert, Bearbeitungsspuren sucht man an einer Cosmi vergeblich. Für den Weltmarkt wurden bis heute schätzungsweise weniger als 10.000 Flinten produziert.

Die Technik der Cosmi

Waffentechnisch betrachtet handelt es sich bei der Cosmi um einen verriegelten Rückstoßlader. Lauf und Verschluss laufen im Schuss gemeinsam verriegelt ein Stück zurück, bis eine Kurve auf dem Gehäuseboden den Verschluss vom Lauf trennt. Als Verschluss dient hier ein massiver Block, der federdruckbelastet ist und den Lauf durch Eingriffe in das Verriegelungsstück verschließt. Wenn sich Lauf und Verschluss getrennt haben, wird der Lauf durch eine unter dem Lauf vom Vorderschaft verdeckte Feder wieder zurückgedrückt. Die leere Hülse wird dabei ausgezogen und ausgeworfen. Der Verschlussblock befindet sich zu dieser Zeit über dem Ladelöffel, der jetzt eine neue Patrone anhebt und vor dem Verschlussblock platziert, der danach durch die Federbelastung nach vorn geschoben wird, die Patrone ins Patronenlager des Laufes schiebt und verriegelt. Die Waffe ist wieder schussbereit. Das Röhrenmagazin aus Edelstahl befindet sich im Hinterschaft der Flinte und ist leicht

Rechts oben: Nach Betätigung des Oberhebels klappt die Cosmi auf wie eine Kipplaufwaffe

Mitte: Verschluss ausgebaut

Rechts unten: Zerlegt in die Hauptbestandteile

gebogen. Bei der Konstruktion wollte Cosmi eine besonders gute Balance und weg von der Vorderlastigkeit herkömmlicher Selbstladeflinten mit Magazin unter dem Lauf. Das Röhrenmagazin wird aber nicht etwa von hinten durch eine Öffnung in der Schaftkappe geladen oder durch eine seitliche Öffnung im Hinterschaft, sondern von vorn. Damit sind wir bei einer weiteren Besonderheit der Cosmi, die sie weltweit berühmt machte. Die Cosmi lässt sich aufklappen wie eine Kipplaufflinte. Es muss lediglich der Oberhebel betätigt werden, wodurch der Lauf samt Verschluss frei zugänglich ist. Der Betrachter hat dann freien Blick auf eine hochglanzpolierte Technik, die eher an das Innere einer Schweizer Uhr erinnert als an eine Waffe. Das Hahnschloss samt Feder, Unterbrechereinrichtung und Abzugsstange ist an der linken Seite des Magazinrohrmundstückes montiert. Pflegen lässt sich das gesamte Schlosswerk damit sehr einfach. Alles ist auf den ersten Blick etwas verwirrend und man sollte sich etwas mit der Technik beschäftigen, bevor man eine Cosmi „in Betrieb" nimmt. Wer eine neue Cosmi kauft, bekommt nicht umsonst eine genaue und umfangreiche Einweisung, wenn er das gute Stück im Werk abholt. Um die Flinte schussfertig zu machen, geht der Schütze folgendermaßen vor: Über den Oberhebel wird die Flinte wie eine Kipplaufwaffe geöffnet. Dabei sollte sich die auf dem Kolbenhals befindliche Schiebesicherung in der gesicherten Position befinden. Anschließend wird der Verschlussblock nach hinten gezogen und die erste Patrone in den Lauf geladen. Nachdem der Verschlussblock wieder nach vorn geschoben und verriegelt wurde, lassen sich die restlichen Patronen in das Röhrenmagazin drücken. Dazu werden sie in die Lademulde eingelegt und nach hinten geschoben. Das Röhrenmagazin der Cosmi fasst sieben Patronen, damit ist die Flinte achtschüssig, was schon eine gewaltige Feuerkraft darstellt. Für die Länder, die den Magazininhalt einer jagdlich geführten Selbstladeflinte auf zwei Schuss festlegen, lässt sich bei der Cosmi das Magazin auf zwei Schuss begrenzen, und zwar einfach über einen Druckknopf seitlich am Mundstück des Magazinrohres. Wird er nach links gedrückt, fasst das Magazin nur noch zwei Schuss, zurück auf die andere Seite geschoben, ist es wieder frei. Der Drücker findet sich erst bei den Flinten neuerer Baujahre. Früher kannte man keine Magazinbegrenzung und bei Waffen, die in Länder mit entsprechenden Vorschriften verkauft wurden, ist oft ein eingesetzter Querbolzen zu finden, der das Magazin begrenzt. Nachdem auch das Magazin gefüllt ist, muss noch der Hahn des Schlosses gespannt werden, um die Flinte schussbereit zu machen. Bei den Folgeschüssen geht das dann über den rücklaufenden Verschlussblock automatisch. Bis hierhin sind alle Manipulationen an der Flinte völlig sicher, denn Verschluss und Schloss sind ja im offenen Zustand getrennt. Das ist einer der großen Vorteile der Cosmi. Sobald sie abgekippt wird, kann kein Schuss mehr ausgelöst werden. Wird sie dann zugeklappt, muss nur noch die wie bei einer Kipplaufflinte auf dem Kolbenhals platzierte Schiebesicherung bedient werden, damit die Cosmi einsatzbereit ist. Klingt ein wenig kompliziert, ist aber mit etwas Übung kein Problem. Sehr praktisch ist das einfache Nachladen des Magazins, wenn die Flinte nicht völlig leergeschossen ist. Einfach aufklappen, Patronen in das Magazin drücken, zuklappen und es geht weiter. Werden alle Patronen im Magazin verfeuert, bleibt der Verschlussblock in hinterster Stellung stehen. Zum schnellen Nachladen wird jetzt zunächst eine Patrone in den Lauf geschoben und dann der an der linken Seite der Basküle angebrachte Verschlussauslöser betätigt, wodurch der Verschluss nach vorn saust und verriegelt. Das Magazin wird anschließend nach dem Öffnen der Flinte geladen.

Die ersten Cosmi-Flinten hatten einen 68 Zentimeter langen Lauf. Heute werden 66, 71 oder 72 Zentimeter Lauflänge angeboten sowie die üblichen Flintenkaliber 12/70, 12/76, 16/70, 20/70 und 20/76. Cosmi-Flinten sind jedoch fast immer Einzelanfertigungen, wodurch sich mitunter auch abweichende Lauflängen finden. Durch das lange System kommt die Cosmi auf eine gewaltige Gesamtlänge von 128 Zentimetern beim 68er-Lauf. Cosmi-Flinten sind bekannt für ihre exzellenten Weitschusseigenschaften, was auf die spezielle Chokebohrung zurückgeführt wird, besonders bei den Modellen mit Fixchoke. Hier werden die Chokebohrungen des aus Antinitstahl gefertigten Laufes von Hand mit Bleikolben und Schmiergelpulver gerieben. Die Chokebohrung ist sehr lang und parabelförmig ausgeführt. Nach einem zylindrischen Teil von 3 bis 5 Zentimeter Länge folgt der eigentliche Choke, der bis zu 9 Zentimeter lang sein kann. Dadurch wird der Schrotbecher nicht abrupt, sondern weich abgebremst und deformierte Randschrote vermieden. Meine eigene Cosmi liefert noch eine jagdlich brauchbare Deckung auf 60 Meter Schussdistanz. Die dann noch vorhandene Durchschlagskraft der Schrote ist natürlich eine ganz andere Frage und auch von der Patrone sowie der Schrotgröße abhängig. *Overbore*-Laufprofile, wie sie sich bei vielen modernen Flinten finden, gibt es bei Cosmi nicht. Die Schrotläufe sind recht eng gebohrt, eine 12er liegt so bei 18,40 bis 18,45 Millimeter.

Eine Cosmi ist sehr munitionsverträglich, wenn der Besitzer die zur Laborierung passende Feder benutzt. Cosmi liefert die Flinten mit drei Federn aus. Neben der Normalfeder für Jagdschrotpatronen gibt es noch eine leichtere Feder für Sportpatronen sowie eine kräftigere Feder für schwere Ladungen. Die leichte Feder ist rot eingefärbt, die kräftige Feder blau. Das Schießen mit einer Cosmi ist ein spezielles Erlebnis. Die Flinte schießt sich ausgesprochen weich und man fühlt den sich bewegenden Lauf deutlich. Der Hochschlag fällt sehr gering aus. Schnelle Schussfolgen sind auch dadurch kein Problem.

Die Modelle

Technisch sind alle Cosmi-Selbstladeflinten identisch. Es gibt zwar Modellbezeichnungen mit klangvollen Namen wie Milord, Lusso oder Extra Lusso, aber das bezieht sich auf die Gravuren und die Qualität des Schaftholzes. Ende der 1980er-Jahre fing man bei Cosmi an, mit alternativen Materialien wie Titan zu experimentieren. Daher finden sich auch Modelle, bei denen Systemhülle, Laufschlitten und Verriegelungsblock aus Titan gefertigt sind. Damit wird die Flinte etwa 250 Gramm leichter. Diese Reduktion treibt

Rechts: Gravierte Cosmi

den Preis aber auch direkt um etwa 3500 Euro in die Höhe. Damit wiegt eine Cosmi dann allerdings nur um die drei Kilogramm. Unbedingt notwendig ist eine so kostspielige Gewichtsreduzierung wohl nicht, denn die 3,2 Kilogramm Gewicht einer „normalen“ 12er-Cosmi sind bereits recht komfortabel.

Wer heute eine neue Cosmi bestellt, muss nicht nur Zeit mitbringen, sondern auch Geld. Los geht es bei etwa 12.000 Euro für die einfachste Ausführung mit ungravierter Basküle. Gravierte Modelle kosten dann leicht das Doppelte und mehr. Günstig gab es eine Cosmi aber noch nie.

Beim Blick in die Preisliste von 1980, also vor gut 40 Jahren, wurde dort ein Anfangspreis von 7765 DM aufgerufen. Dafür bekam man zu der Zeit nicht nur eine sehr gute Bockflinte, sondern gleich zwei.

Eine Cosmi ist hervorragend verarbeitet. Es werden nur beste Materialien verwendet. Bei richtiger Pflege ist die Lebensdauer extrem hoch. Alle Systemteile sind nitriert, das Baskül wird aus Chrom-Nickel-Molybdän-Stahl gefertigt, der Lauf aus Böhler Antinit. Verschlussblock und Basküle sind verchromt. Bei den gravierten Modellen wird allerdings auf die Verchromung der Basküle verzichtet, um die Gravuren besser zur Geltung zu bringen. Die Top-Modelle sind dadurch etwas empfindlicher. Das Magazinrohr im Schaft besteht aus Edelstahl. Die meisten Kleinteile werden dazu entweder durch Härtung oder Nitrieren vergütet. Zu bedenken ist, dass eine Kürzung des Hinterschaftes durch das bis fast zum Schaftende reichende Magazinrohr kaum möglich ist. Den Schaft verlängern geht, aber wer einen kürzeren Schaft benötigt, hat ein Problem. Hier wären aufwendige Arbeiten nötig, die dann auch das Magazinrohr betreffen. Mit einer Cosmi führen Jäger die wohl exklusivste Selbstladeflinte der Welt, die allerdings etwas Technikverständnis erfordert. Für Grobmotoriker ist diese Waffe schlichtweg ungeeignet.

Mitte: Verfasser beim Schießen mit seiner Cosmi

Unten: Laden des Schaftmagazins

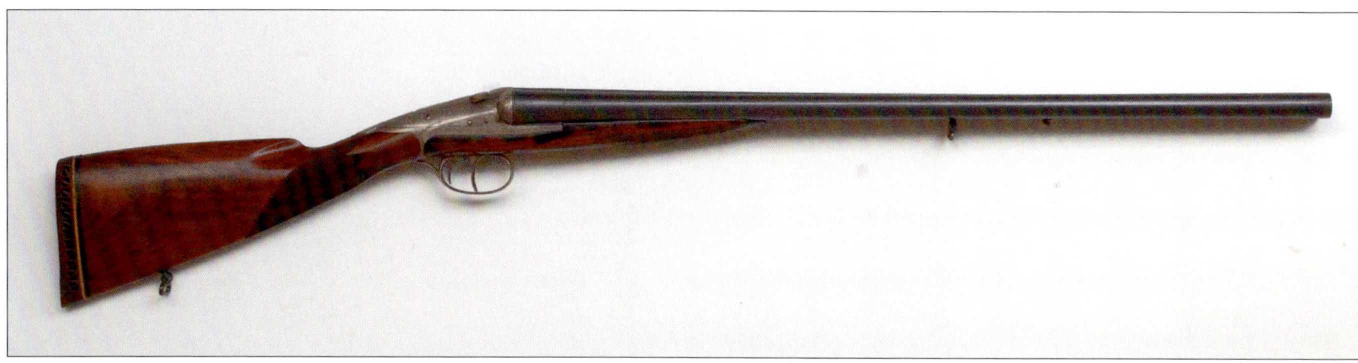

DARNE-DOPPELFLINTEN

Die Darne sieht anders aus als gewöhnliche Querflinten

Die französische Firma Darne gehört zu den ältesten französischen Waffenherstellern und produziert seit 1881 in St. Etienne vornehmlich Flinten. Im Ersten Weltkrieg war Darne im Auftrag der französischen Regierung an der Herstellung von Lewis-Maschinengewehren beteiligt, nachher entwickelte die Firma selbst Maschinengewehre (Gasdrucklader mit Gurtzuführung) zur Flugzeugbewaffnung der französischen Streitkräfte. Darne-Flinten sind keine Kipplaufwaffen, sondern verriegeln mit einem Stützklappen-Gleitschienen-Verschluss. Das erste Modell aus 1881 hatte einen seitlich drehbaren Block-Verschluss mit außenliegenden Hähnen. 1884 wurde dann der nach hinten gleitende Verschluss entwickelt und 1909 als Modell R, der bis heute fast unverändert gefertigt wird, weiter verfeinert. Das darauf folgende Modell V, das aktuell gefertigt wird, hat eine zusätzliche Fallsicherung sowie einen etwas größeren Verschlusshebel, was ihm den Spitznamen *Grandes Oreilles* (Große Ohren) einbrachte. Bereits um die Jahrhundertwende fertigte Darne auch Doppelbüchsen in Kalibern von 8 mm Lebel bis hin zur .600 NE, was die Stabilität dieses ungewöhnlichen Verschlusses zeigt. In den 1970er-Jahren begann Frankonia, Darne-Flinten zu importieren und bot sie als R15 in einfacherer Ausführung für 1080 DM und die besser gravierte R19 für 1480 DM an. Die Modellbezeichnung von Darne besteht aus dem Buchstaben für die Ausführung, also V oder R, und einer Nummer dahinter für die Kaliber-, Schaft- und Gravur-Ausführung. Nebenstehend eine kleine Übersicht.

Ungewöhnliche Verschlusstechnik

Bei der Darne handelt es sich um eine Doppelflinte mit feststehendem Lauf sowie beweglichem Verschluss. Laufbündel und Verschluss sind in ein Trägerstück eingesetzt, das als Führung für den Stützriegel-Gleit-Verschluss dient und auch Hinter- und Vorderschaft aufnimmt. Der über einen Verschlusshebel gesteuerte Stützriegel übernimmt die Verriegelungsarbeit. Wird der Verschlusshebel bedient, zieht man dadurch den Stützriegel nach oben und entriegelt das Laufbündel. Der Zug am Verschlusshebel bewirkt auch, dass sich die komplette Schloss- und Verschlusseinrichtung nach hinten bewegt und die Patronenlager frei zugänglich sind. Gleichzeitig werden auch die Schlosse gespannt.

Darne-Modellbezeichnungen und ihre Bedeutung	
R11	Kaliber 16 oder 12, leichte Gravur, Schaft mit französischem Pistolengriff
R12	wie die R11, nur besser graviert
R13	Kaliber 20, 16 oder 12, englischer oder Pistolengriffschaft, Oburator Disks, Bouquetgravur
R14	Kaliber 20, 16 oder 12, Pistolengriffschaft, verschiedene Vorderschäfte, optimiert für Flintenlaufgeschosse, leichte Gravur
R15	Kaliber .410, 28, 24, 20, 16 oder 12, ausgesuchtes Schaftholz, große Scrollgravur, Oburator Disks
R16	wie R15, aber mit 76er-Patronenlager in 20 und 12
R17	Kaliber .410, 28, 24, 20, 16, 12 und 12 Magnum, Super Luxus Schaft und Gravur nach Vorgabe des Käufers
V19	Alle Flintenkaliber, großer Verschlusshebel, gutes Schaftholz und volle Scrollgravur
V20	Wie V19, aber bessere, tief gestochene Gravur
V21	Wie V19, aber der Verschluss ist komplett mit englischer Rosen- und Scrollgravur versehen
V22	Das Top-Modell mit Luxusholz und tiefer Bouquetgravur

Gravierte Darne aus aktueller Produktion

Wird der Verschlusshebel nach vorn geschoben, senkt sich der Riegel und legt sich über das Trägerstück. Zusätzlich greift ein vertikaler Riegel in die Schienenverlängerung ein. Der in die Schiene eingreifende Verriegelungskeil fängt das Kippmoment auf. Die im Schuss seitlich auftretenden Kräfte werden durch die massiven Führungsschienen des Verschlusses problemlos aufgefangen. Bei abgenommenem Schlitten sieht man den Block, der nach unten im geschlossenen Zustand herausschwenkt. Hier trifft der Verschlussblock auf einen gehärteten Bolzen, der ganz einfach nach oben verstellt werden kann, sollte der Verschluss nicht mehr dicht schließen. Dann ist alles wieder fest. Diese Maßnahme muss aber nur bei sehr hohen Schusszahlen erfolgen.

Die Läufe werden in einen Monoblock weich eingelötet. Der Monoblock besitzt an seiner Unterseite zwei breite, angefräste Haken, die das Laufbündel mit dem Trägerstück verbinden. Um die Darne zum Transport zu zerlegen, hat das Trägerstück eine Laufhakensperre in Form einer wippenförmig angeordneten Riegelfeder. Wird sie heruntergedrückt, reicht ein kurzer Schlag auf die Schaftkappe, um das Laufbündel auszuhängen. Die Verriegelung nach dem Einsetzen erfolgt automatisch, wenn der Verschluss vorgeschoben wird.

Ein herkömmliches Ejektorsystem kann bei einem solchen Verschluss natürlich nicht installiert werden. Die Darne hat einen kombinierten Patronenauszieher und -auswerfer. Nicht abgefeuerte Patronen werden vom einteiligen Auszieher etwa drei Millimeter aus den Lagern gezogen, wodurch sie sich gut greifen lassen. Bei abgeschossenen Hülsen greifen links und rechts im Verschlussstück angebrachte Auszieherhaken unter den Patronenrand, die beim Zurückziehen des Verschlusses die Hülsen ausziehen und seitlich auswerfen.

Einige Modelle sind auch mit sogenannten *Oburator Disks* ausgestattet. Bei diesem Darne-Patent befinden sich auf dem Stoßboden zwei runde Platten, die sogenannten Oburatorplatten, die bei geschlossenem Verschluss hinter dem Patronenhülsenboden etwa ein Millimeter in das Patronenlager reichen und damit den Verschluss vollkommen abdichten.

Auch beim Schlosswerk geht man bei Darne ganz eigene Wege. Die beiden stark dimensionierten Schlagbolzen werden in Bohrungen des Verschlussstückes geführt und über bruchsichere Schraubenfedern mit Energie versorgt. Die Schlagbolzen werden über den Verschlusshebel beim Öffnen des Verschlusses gespannt. Die Abzugsstangen liegen unten im Verschlussstück und die Abzüge im Trägerstück. Ein Auslösen ist nur möglich, wenn Abzüge und Abzugsstangen genau übereinanderliegen. Die Sicherung liegt links am Verschlussstück und blockiert die Abzugsstangen. Die Darne verfügt aber noch über eine zweite, wesentlich bessere Sicherung, nämlich den Verschluss selbst. Über den Verschlusshebel lässt er sich um einige Millimeter zurückziehen und rastet dann ein. Dadurch werden einmal die Schlagbolzen blockiert und zusätzlich die Abzüge außerhalb des Eingriffs der Abzugsstangen gebracht. Eine Schussabgabe ist jetzt unmöglich. Zum Entsichern muss dann nur der Verschlusshebel wieder ganz nach vorn geschoben werden, was lautlos und ohne großen Kraftaufwand geschieht.

Der sehr lange, bis unter die Abzüge reichende Vorderschaft ist fest mit dem Trägerstück verschraubt und lässt sich nicht abnehmen. Zur Hinterschaftbefestigung verfügt das Trägerstück über eine Gewindestange, die durch den

Hinterschaft geschoben und von hinten verschraubt wird. Zur Verstärkung ist eine Kreuzschraube von unten in das Trägerstück eingebracht. Hinter- und Vorderschaft sind aus bestem französischen Nussbaumholz gefertigt und mit Fischhaut verschnitten. Durch die weit zurückliegende Verschlusseinrichtung ergibt sich eine sehr gute Balance.

Die Darne-Doppelflinte ist eine außergewöhnliche Jagdwaffe, die schnittig aussieht und recht stabil gebaut ist. Sie ist sehr funktionssicher, lässt sich aber nicht so schnell nachladen wie eine Kipplaufwaffe. Heute werden Darne-Doppelflinten ausschließlich als Einzelanfertigungen nach Käufervorgaben gebaut. Es sind alle Flintenkaliber von .410 bis 12/76 möglich, ebenso Lauflängen von 55 bis 80 Zentimeter. Die Preise beginnen bei einer Neuwaffe bei hohen vierstelligen Eurobeträgen und mit einigen Extras kommt der Käufer leicht in den fünfstelligen Bereich. Da ist es schon wesentlich günstiger, sich auf dem Gebrauchtwaffenmarkt zu bedienen. Für das, was sie bieten, sind die französischen Flinten auf dem Gebrauchtwaffenmarkt hier in Deutschland deutlich unterbewertet. Ein Grund mag sein, dass sie sich nicht gebrochen führen lassen und damit Unsicherheit suggerieren. Technisch sind sie einer Kipplaufwaffe ebenbürtig und was die Haltbarkeit betrifft, weitaus überlegen. Hinzu kommt, dass eine führige 12er-Darne gerade einmal knapp 3 Kilogramm wiegt.

Ganz oben: Gleitschienen-Verschluss

2. Bild von oben: Bei offenem Verschluss sind die Patronenlager zum Laden frei

3. Bild von oben: Der Vorderschaft ist fest angebracht

4. Bild von oben: Hakenstück des Laufbündels

BECKER-SELBSTLADEFLINTE

Die Selbstladeflinte nach dem System Becker dürfte wohl eine der kuriosesten Flintenkonstruktionen überhaupt sein. Die Becker-Selbstladeflinte wurde Anfang der 1920er-Jahre von der Dejawag (Deutsche Jagdwaffengesellschaft Düsseldorf) hergestellt und es gab sie in den Kalibern 20 und 16. Die 20er war das Jagdmodell, die 16er als Selbstschutzwaffe mit kurzem Lauf gedacht und sollte Polizeibehörden ansprechen.

Von der Konstruktion her ist die Becker-Selbstladeflinte ein Halbautomat mit Trommelmagazin, starrem Verschluss und beweglichem Lauf. Die dicke Trommel ist das markanteste Merkmal bei dieser Waffe. Zum Laden wird der bewegliche Lauf nach vorn geschoben und die Patronen dann von rechts hinten in die fünf Patronen fassende Trommel eingeführt, wobei die Trommel beim Laden jeweils um eine Raste weiter bewegt werden muss. Die Kammern sind mit I bis V gekennzeichnet. Die Trommel selbst ist hohl. Im Inneren befinden sich fünf Patronenlagerhülsen, die die Patronen aufnehmen. Die eigentliche Trommel fungiert nur als Trägerelement. Die Patronenlagerhülsen sind so geformt, dass sie nur auf den hinteren 15 Millimetern geführt werden und vorn frei liegen. Dadurch kann sich der Lauf über die Hülse schieben und so die Verbindung mit diesen als Patronenlager dienenden Kammern herstellen. Wird der Abzug betätigt, schnellt der Lauf durch Federdruck nach hinten, schiebt sich über die jeweilige Patronenlagerhülse und stößt diese nach hinten. Dadurch wird die Patrone auf den Schlagbolzen gestoßen und zündet. Durch Betätigen des Abzuges wird die Fangstange frei, die gleichzeitig über einen Druckhebel mittels einer Feder dafür sorgt, dass der Schlagbolzen nach vorn geschoben wird und jetzt aus dem Stoßboden herausragt. Durch die vollkommen starre Konstruktion des hinteren Waffenteils läuft der Lauf wieder nach vorn und rastet in vorderster Stellung ein. Durch die Laufbewegung wird gleichzeitig die Trommel zwangsgesteuert, um eine Raste weiterbewegt und die Flinte ist wieder schussbereit. Die Trommel hat selbst auch eine Feder, die die Drehung unterstützt. An der Außenseite ist ein Hebel angebracht, mit der die Trommelfeder entspannt werden kann, um die Waffe leichter entladen zu können.

Ganz im Gegensatz zu anderen Selbstladeflinten besitzt die Becker-Flinte keinerlei Verriegelungselemente. Ledig-

Unten: Gebaut wurde die Flinte von der Deutschen Jagdwaffengesellschaft Düsseldorf

Oben: Die Patronen steckten in der Trommel in Ladehülsen

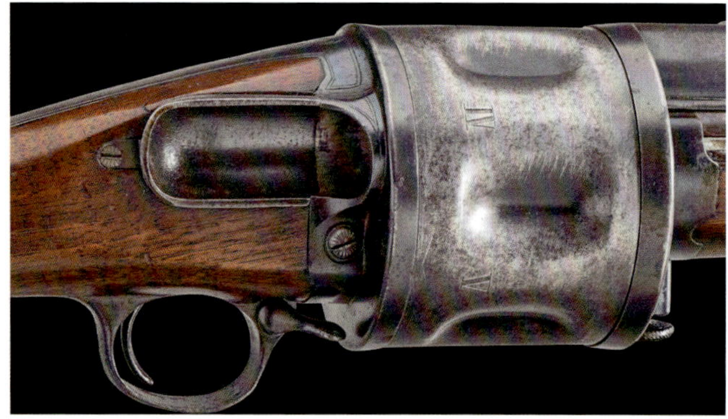

An der rechten Seite befand sich eine mit Stahl ausgekleidete Mulde zum Laden der Trommel, durch die auch die abgefeuerten Hülsen ausgeworfen werden

Schloss der Becker-Flinte

Trommel mit eingesetzten Ladehülsen

lich der unter ständigem Federdruck stehende Lauf stemmt sich gegen den Gasdruck. Am Vorderschaft ist der Ausstoßer angebracht, der gebraucht wird, um volle Patronen zu entladen und die letzte Hülse der abgeschossenen Patronen zu entfernen. Von der Bauart her ähnelt er dem Ausstoßer eines Colt-Single-Action-Revolvers. Die ersten vier Hülsen werden automatisch ausgeworfen, und zwar immer die Hülse des vorausgegangenen Schusses. Dazu wird der restliche Gasdruck benutzt. Der nächste Schuss wirft dann wieder die vorherige Hülse aus. Lediglich die letzte Hülse wird von Hand entfernt. Hinter der Trommel ist rechts eine Stahlmuschel in den Hinterschaft eingelassen, die verhindert, dass die ausgeworfenen Hülsen das Schaftholz beschädigen. Die Schäftung entsprach dem Stil der Zeit und war als Pistolengriffschaft mit halbrundem Pistolengriff sowie deutscher Backe ausgeführt.

Die Becker-Flinte lässt sich ohne Werkzeug zum Reinigen in ihre Hauptbestandteile zerlegen. Das ist auch notwendig, denn diese Konstruktion verschmutzte durch Pulverschmauch erheblich.

Die Becker-Flinte war sehr funktionssicher und eigentlich eine simple sowie sichere Konstruktion. Sie konnte sich aber nicht durchsetzen, was einerseits sicher am Aussehen lag, das eher an eine Miniatur-Maschinenkanone erinnerte und andererseits an der bereits 1905 auf den Markt gekommenen Browning-Selbstladeflinte Auto 5, die zwar komplizierter aufgebaut war, jedoch eleganter aussah. Technisch ist die Flinte aber ein Leckerbissen und ein gutes Beispiel dafür, dass sich auch eine technisch ausgereifte Konstruktion nicht durchsetzt, wenn die Optik nicht dem allgemeinen Geschmack entspricht. Heute ist die Becker-Flinte eine große Rarität unter den Selbstladern.

XVI. DIE GROSSEN FLINTEN-HERSTELLER UND IHRE MODELLE

Weltweit gibt es mehr als 200 Hersteller, Büchsenmacher oder kleine Manufakturen, die sich mit dem Bau von Flinten beschäftigen. Allein in den klassischen Flintenländern England, Belgien, Spanien, Frankreich und Italien gibt es eine kaum überschaubare Anzahl von Flintenbauern. Alle zusammen stellen mehrere Tausend verschiedene Modelle her, Einzelstücke sowie Baureihen, die großen Firmen zudem Modellreihen mit unzähligen Versionen. Dieses Kapitel kann daher nur einen kleinen Einblick in die Flintenwelt geben und beschränkt sich auf die großen Hersteller. Und selbst da ist es kaum möglich, alle zu erwähnen.

Die 500er-Modelle sind die günstigsten Arrieta-Flinten und zu erkennen an den 5-Pin-Seitenschlossen. Hier eine 578.

ARRIETA

Firmengründer Avelino Arrieta machte sich 1916 in Eibar (Spanien) als Büchsenmacher selbstständig und begann, eigene Waffen zu bauen. 1940 kamen dann seine beiden Söhne Jose und Victor hinzu. 1970 wurde die Firma unter dem Namen *Manufacturas Arrieta* zu einer GmbH. Vor einigen Jahren wurde die Firma schließlich von den Enkeln Juan Carlos und Assier Arrieta übernommen. Arrieta baut fast ausschließlich feine Seitenschloss-Querflinten mit einem sehr hohen Anteil an Handarbeit. Erst kürzlich kam mit dem Modell **Magister** auch eine Bockflinte dazu. Jede Waffe wird nach Kundenwünschen gefertigt. In den 1990er-Jahren baute Arrieta auch einmal eine Serie für den deutschen Importeur RWS, die dann als RWS **Mod. 96 SE** vermarktet wurde. Damals eine günstige Gelegenheit, eine Arrieta-Flinte zu kaufen, auch wenn es sich hier um eine Flinte mit geringerem Anteil an Handarbeit handelte. So wurden bei der **96 SE** aus Kostengründen Maschinen- mit

Handgravuren gemischt. Die flachen Schlossplatten sowie die Kastenunterseite wurden mit einer sauberen Rollgravur versehen, während die Gravur auf den runden Baskülteilen handgestochen ist.

Der leider verstorbene bekannte deutsche Schießlehrer Freiherr von Fürstenberg ließ bei Arrieta Flinten für seine Kunden fertigen. Die individuellen Maße für Schäftung, Lauflänge und Ballance wurden bei ihm in der Schießschule ermittelt und nach Spanien übermittelt. Der Kunde erhielt mit der jeweiligen Waffe eine optimal angepasste Flinte.

Der verwendete Stahl ist baskischen Ursprungs. Für die Kästen wird F-114, für die Läufe EC4 von Bellota verwendet. Die Schäfte werden aus kalifornischem oder französischem Walnussholz gefertigt. Es wird in drei Holzklassen unterschieden:

Holzklasse 3 wird für die beiden preiswerten Modelle **578** sowie **871** genutzt, wobei die besseren Hölzer für die **871** reserviert sind.
Holzklasse 2 ist für die Modelle **600**, **601**, **801**, **802**, **803** sowie **804** vorgesehen, wobei die besten Hölzer den Flinten **801** und **802** vorbehalten sind.
Holzklasse 1 wird bei den Modellen **872**, **006**, **873** und **931** benutzt. Die Qualität ist in diesem Fall für alle Modelle gleich.

Alle Flinten von Arrieta sind von Anfang bis Ende handgraviert, wobei hauptsächlich Bulino- oder Burin-Gravuren angebracht werden. Die Bulino- oder Federstich-Gravur wird für äußerst reale und detaillierte Darstellungen verwendet. Feinste, dicht aneinander gesetzte Striche und Punkte lassen auf dem blanken Metall die realistischen Jagdszenen oder Landschaften entstehen, die durch das Spiel von Licht und Schatten beeindrucken. Die Gravur einer Arrieta-Schrotflinte kann je nach Modell und Qualität zwischen 28 und 200 Stunden dauern. Die Läufe der Arrieta-Flinten werden im *Chopper-Lump*-, auch Demi-

Ein älteres Modell 570

block-Verfahren genannt, zusammengelegt. Beide Laufrohlinge besitzen tangential angeschmiedete Lauflappen, die beim Zusammenlegen der Läufe mit Silberlot hartverlötet werden. Die Läufe sind innen hartverchromt. Die Verriegelung erfolgt über zwei Laufhaken. Auf eine zusätzliche Verriegelung, etwa über eine Laufschienen-Verlängerung, wurde verzichtet. Bei den heutigen Materialien ist das allerdings kein Problem. Außerdem ist so der Zugriff auf die Patronenlager deutlich bequemer. Alle Modelle haben automatische Auswerfer nach dem System Holland & Holland. Bei derart hochwertigen Jagdflinten ein Muss.

Arrieta baut die Flinten in den Kalibern 12,16, 20, 28 sowie .410. Bei den Kalibern 12,16 und 20 sind die Seitenschlosse bei allen Modellen von Hand herausnehmbar.

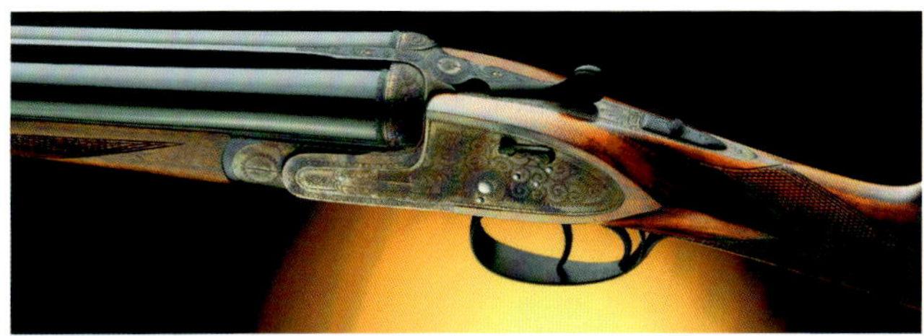

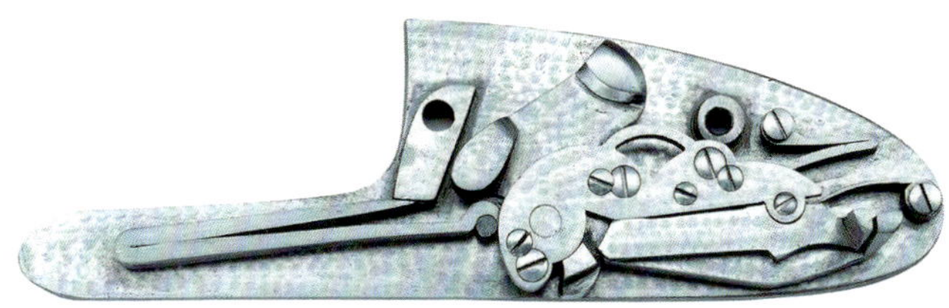

Oben: Die 801 ist das Top-Modell von Arrieta und hat das 7-Pin-Seitenschloss

Mitte: Arrieta mit bunt eingesetztem Kasten und dezenter Gravur

Unten: Arrieta baut nur Seitenschlossflinten

Die Arrieta-Modelle

Das Modell **578 Victoria** ist die günstigste Arrieta, knackt mit Extras jedoch bereits die 10.000-Euro-Grenze. Die 5er-Modelle besitzen modifizierte Seitenschlosse und sind an den fünf sichtbaren Schlosspins erkennbar. Die Modelle mit den Schlossen nach Holland & Holland haben sieben Pins. Das Modell **581 Venatium** entspricht technisch dem Modell 578, besitzt aber eine bessere Gravur und hochwertigeres Holz. Die **600 Imperial** hat Seitenschlosse und einen *Self Opener* nach Holland & Holland. Die **601 Tiro** ist eine schwere Wettkampfflinte mit *Beavertail*-Vorderschaft. Die Modelle **801, 802, 803** und **804 Phasianus** sind die

Eine 801 mit Jagdgravur im Bulino-Stil

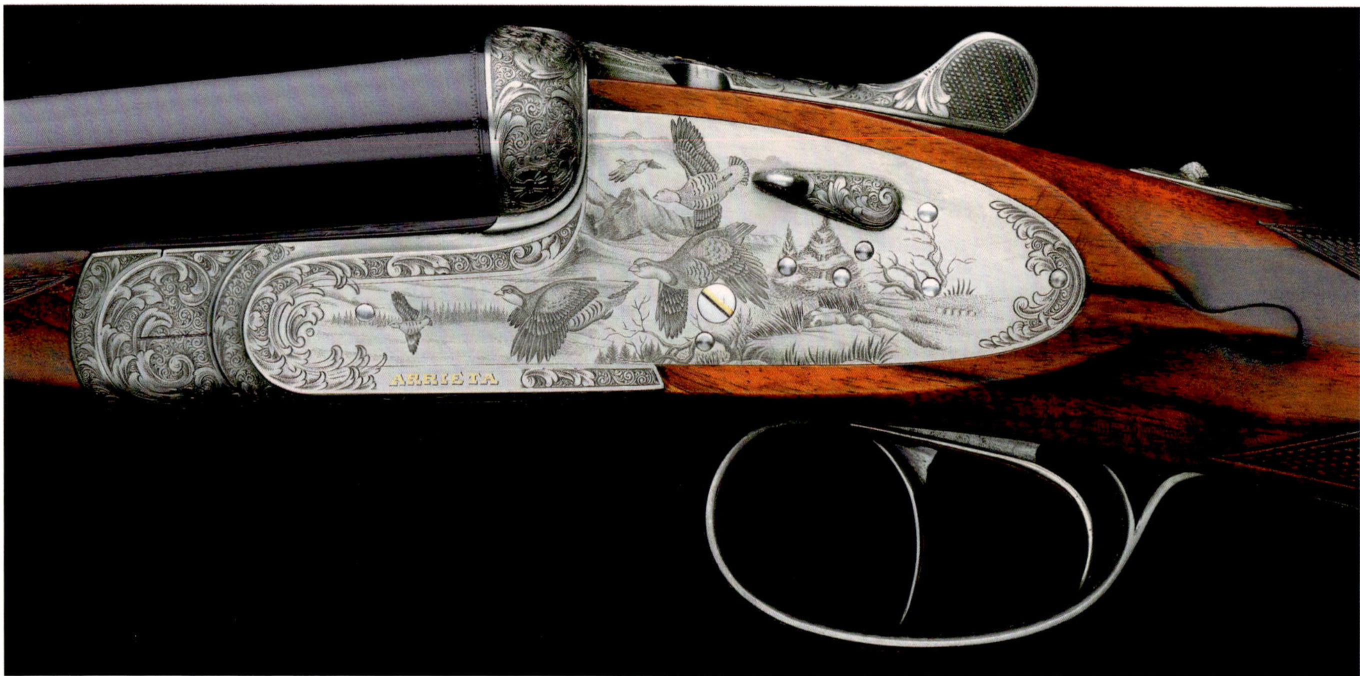

Top-Modelle und unterscheiden sich nur in der Gravur. Technisch sind sie mit den 600ern identisch, verfügen aber über bessere Gravuren sowie Schafthölzer. Die **872 Siglo** entspricht technisch und von der Gravur und Holzqualität her den 800ern, präsentiert sich jedoch mit einem *Round-Body*-Kasten. Die **873** trumpft mit einer exklusiven Bulino-Gravur mit Jagdmotiven. Das Modell **006 Lagopus** ist technisch eine 800er, wird jedoch mit einem feinen Rosen- und Rollgravur-Muster im „Boss"-Stil verziert. Nochmals exklusiver wird es bei der **931 Founder**, die mit einer sehr tief gestochenen Handgravur aufwartet und mit edelstem Holz geschäftet wird.

Grundsätzlich kommen die Arrieta-Flinten mit englischem Schaft und schmalem Jagdvorderschaft. Gegen Aufpreis ist aber auch ein Halbpistolengriffschaft oder Pistolengriffschaft zu haben, ebenso ein *Beavertail*-Vorderschaft wie beim Sportmodell **601**. Es gibt nur Festchokes, die jedoch nach Kundenwunsch gerieben werden. Der Doppelabzug ist Standard, Einabzug gegen Aufpreis zu haben.

Die Preise sind bei Arrieta in den vergangenen Jahren stark gestiegen und besonders die Aufpreis-Politik hat es in sich. Bei dieser Marke lohnt es sich, den Gebrauchtwaffenmarkt im Auge zu behalten und nach einer guten Gebrauchten zu suchen. Spanische Schrotflinten sind teilweise stark unterbewertet, da sie nicht das Flair einer englischen oder belgischen Nobel-Flinte besitzen.

AYA

Die Hahnflinte Aya Jubiläum wurde gebaut, um 50 erfolgreiche Jahre von AYA auf dem britischen Markt zu feiern

Aya ist die Abkürzung für *Aguirre Y Aranzabal*. Dahinter verbirgt sich der wohl bekannteste spanische Flintenhersteller mit Sitz in Eibar, dem Zentrum des spanischen Waffenbaus. Aya baut Flinten seit 1938 und in den Hochzeiten des Flintenbaus Ende der 1970er-Jahre lag die Jahresproduktion bei über 30.000 Flinten unterschiedlichster Bauart und auch Qualität. Es wurden Quer- sowie Bockflinten gebaut. Man fertigte nicht nur einfache, günstige Modelle, sondern baute auch Erfolgsmodelle großer Hersteller nach. Bekannt waren die Nachbauten der Merkel-Bockflinten **200E**, **201E** sowie **303E**. Das Merkel Spitzenmodell **303E** mit Seitenschlossen nach Holland & Holland hieß bei Aya **Modell 37A Super** und war technisch in beinahe allen Punkten identisch, jedoch deutlich günstiger. Das Modell **37A** ist bis heute im Programm und immer noch das Spitzenmodell bei den Bockflinten.

In den 1950er-Jahren kamen die Brüder Andrew und Peter King aus England nach Spanien, um Flintenhersteller zu suchen und Flinten nach englischem Vorbild bauen zu lassen. Aya war zu der Zeit der größte und auch am besten ausgestattete Flintenhersteller und so begann eine interessante Kooperation. Die King-Brüder unterstützten Aya bei der Entwicklung einer englischen Serie speziell für den britischen Markt. Zwei englische Spitzenflinten dienten als Vorbild. Die erste war eine Holland & Holland-*Sidelock*, die zweite eine Westley-Richards-*Boxlock* mit Anson & Deeley-Schlossen. Diese wurden zur Basis von vier klassischen AYA-Modellen, der **No. 1**, der **No. 2**, der **No. 4** und

Modell 37 Augusta

der **Best Quality Boxlock**. Die Brüder King gründeten in England die Firma ASI zum Vertrieb der Aya-Flinten.

Auch andere englische Flinten dienten als Vorbild. Im Besonderen ist hier die Aya **Churchill** zu nennen. Die originalen englischen Churchill-Flinten waren besonders durch ihre kurzen Läufe und die Trapezschiene bekannt, welche optisch längere Läufe vorgaukelte und sehr handliche Flinten ermöglichte. Diese Flinten des bekannten englischen Schießlehrers Robert Churchill waren besonders bei Jägern kleinerer Statur beliebt und haben bis heute ihre Anhängerschaft. Die Aya **Churchill** wurde als preiswerte Alternative zu den fast unerschwinglichen englischen Nobelflinten von Churchill angeboten und in nicht unerheblicher Stückzahl verkauft. Sie ist bis heute als Modell **XXV** mit Seiten- oder Kastenschloss im Programm.

Als der deutsche Hersteller Sauer & Sohn Ende der 1960er-Jahre ein Nachfolgemodell für die seit 1951 gefertigte Sauer & Sohn-Querflinte **Modell VIII** suchte, aber aufgrund der gestiegenen Fertigungskosten für handwerklich gefertigte Flinten in Deutschland nicht mehr selbst Flinten produzieren wollte, wandte man sich an Aya und gab eine Querflinte in Auftrag, die dem **Modell VIII** weitgehend entsprach. Um die geforderte Qualität des Gewehrlaufstahles sicherzustellen, lieferte Sauer & Sohn sogar original Krupp-Laufrohlinge an Aya. Außerdem wurde jede Flinte bei Sauer & Sohn einer strengen Qualitätsprüfung

Aya No. 4 de Luxe

unterzogen. Auch der deutsche Großhändler AKAH ließ einfache, aber robuste Querflinten bei Aya fertigen und verkaufte sie auf dem deutschen Markt.

Spanische Flinten hatten lange Zeit nicht den besten Ruf, was hauptsächlich am nicht so hochwertigen Stahl lag, aber auch an der einfachen Technik, die oft eingesetzt wurde, um den Preis niedrig zu halten. Auch Aya hatte solche Flinten im Programm, jedoch ebenso das glatte Gegenteil davon. Viele Jäger in Spanien oder Portugal zogen Aya-Schwesternflinten für die Jagd auf getriebene Rothühner englischen Flinten sogar vor. Solche Nobelflinten hatten Seitenschlosse, feine Gravuren sowie Maßschäftungen aus edlem Nussbaumholz und wurden genau nach Vorgaben des Aufraggebers gebaut.

Die Modellpalette

Aya produziert heute nur noch Flinten im oberen Preisbereich, bei denen sehr viel Handarbeit enthalten ist. Zurzeit sind 21 Modelle im Programm, die sich in 4 Bockflinten, 13 Querflinten mit Seitenschlossen sowie 4 Querflinten mit Kastenschloss unterteilen. Die Modellunterschiede in den drei Kategorien beziehen sich teilweise nur auf Schäftung und Gravuren, wobei aber auch einige interessante technische Modifikationen zu finden sind. So ist das **Modell Nr. 37**, der Nachbau der **Merkel 303**, auch als **Aya Augusta** zu haben, wobei hier der Verschluss geändert wurde. Auf den zusätzlichen Greener-Querriegel wurde verzichtet und nur über zwei Laufhaken verriegelt. Dadurch kann der obere Teil des Verschlusskastens wesentlich schmaler und eleganter gestaltet werden. Wie das **Modell 37** hat auch die **Augusta** von Hand herausnehmbare Seitenschlosse nach dem System Holland & Holland mit vergoldeten Schlossteilen. Die anderen beiden Bockflinten, das **Modell Legende** und **Legende de Luxe** sind Kastenschloss-Modelle, die aber keineswegs als günstige Alternative zum **Modell 37** zu sehen sind und ebenso im fünfstelligen Eurobereich liegen. Verriegelt wird über doppelte Laufhaken, wahlweise sind Fest- oder Wechselchokes zu haben und die Abzugsqualität ist erstklassig. Alle Bockflinten-Modelle sind im Kaliber 12 oder 20 mit verschiedenen Lauflängen im Angebot.

Die eigentliche Domäne von Aya sind jedoch feine, elegante Querflinten für anspruchsvolle Jäger, wobei auch solche Spezialitäten wie eine Lebendtauben-Flinte im Programm ist, auch wenn diese Sportart heute kaum noch ausgeübt wird. Die bekanntesten Modelle sind die **Aya Nr. 1** und **Nr. 2**, die auf der Holland & Holland-Seitenschlossflinte mit Purdey-Verschluss beruhen. Die von Hand herausnehmbaren Schlosse sind exakte Kopien des Holland & Holland-Schlosses. Die Läufe sind im *Chopper-Lump*-Verfahren zusammengelegt, wodurch sehr leichte Laufbündel möglich sind. Bei dieser Bauart trägt jeder Lauf eine Hälfte der angeschmiedeten Laufhaken. Das Laufbündel wird dann weich zusammengelötet. Die **Nr. 1** ist das Top-Modell von Aya. Es ist optional mit *Self Opener* zu haben, die Nr. 2 ist hingegen etwas günstiger und einfacher aufgemacht. Eine „normale" **Nr. 1** kostet heute (Stand 2020) je nach Ausstattung etwa 15.000 Euro und wird nach den Vorgaben des Auftraggebers gebaut. Es geht aber auch noch bedeutend teurer, denn Aya bietet die **Nr. 1** auch mit *Round Action* an. In dem Fall liegt der Preis deutlich über 20.000 Euro. Eine solche Flinte steht einem Modell aus den englischen Nobel-Flintenschmieden kaum nach. Die günstigere **No. 2** ist mit einem Preis von etwa 8000 Euro eine der meistverkauften Jagdflinten in England.

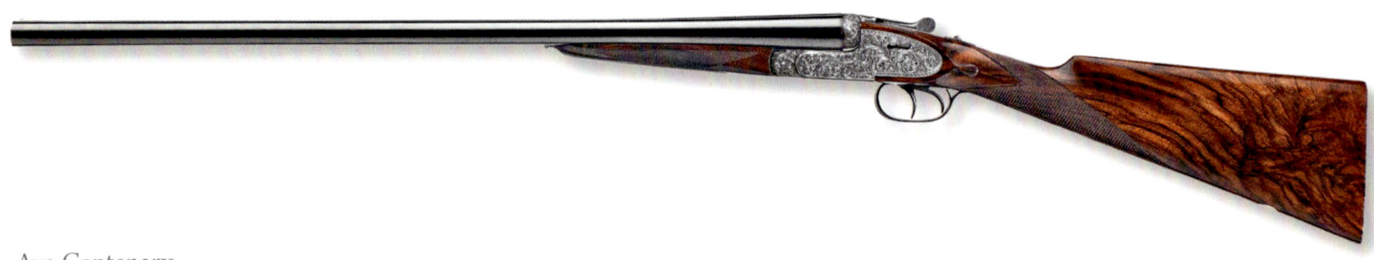

Aya Centenary

Etwas ganz Besonderes ist die **Aya Sfera**, die nicht nur einen *Round Action* besitzt, sondern auch abgerundete Schlossplatten der Seitenschlosse. Verriegelt wird die **Sfera** über doppelte Laufhaken. Die Läufe sind ebenfalls im *Chopper-Lump*-Verfahren zusammengelegt. Für etwa 15.000 Euro deutlich günstiger als eine **Nr. 1** mit *Round Action*. Das Modell **VVX** ist der **Churchill-Kurzlaufflinte** nachempfunden und besitzt 25-Zoll-Läufe (63,5 Zentimeter). Diese sind ebenfalls im *Chopper-Lump*-Verfahren zusammengelegt und verfügen über eine Verriegelung mit doppelten Laufhaken. Die **Modelle 53** und **56** sind Wettbewerbsflinten, wie sie früher zum Lebendtauben-Schießen eingesetzt wurden, heute aber wohl nur noch zum Wurftaubenschießen. Die **Nr. 56** wird seit 1941 hergestellt und ist eine schwere Wettkampfflinte mit Seitenschlossen und langen 30-Zoll-Läufen (76 Zentimeter). Der Kasten ist massiv ausgeführt und neben den doppelten Laufhaken hat der Verschluss noch eine zusätzliche Purdey-Nase. Bei der Schäftung geht der Hersteller in diesem Fall vom traditionellen englischen Schaft ab und verwendet einen Pistolengriffschaft sowie einen *Beavertail*-Vorderschaft, um dem Schützen besseren Halt zu geben, was bei einer Wurftaubenflinte, mit der am Tag mehrere Hundert Schuss abgegeben werden, auch sehr sinnvoll ist. Die **Nr. 53** ist seit den frühen 1950er-Jahren im Programm, entspricht technisch der **Nr. 56**, hat aber einen Kasten in Standardgröße, wodurch sie leichter ist.

Das **Modell Imperial** ist eine **Nr. 1**, die besonders veredelt wurde. Die Seitenschlosse sind penibel von Hand poliert, um einen besonders feinen Abzug zu bekommen. Der Anteil an Handarbeit ist sehr hoch. In jeden Arbeitsschritt wird zusätzliche Zeit investiert, um die perfekte Flinte zu bauen. *Round Action* ist in diesem Fall Standard und für die Schäfte wird nur edelstes Walnussholz verwendet. Kasten und Schlossplatten sind bunt gehärtet sowie aufwendig graviert. Die **Imperial** wird ausschließlich in Großbritannien durch die von den Gebrüdern King gegründete Firma ASI (*Anglo Spanish Imports*) vertrieben. Der Preis liegt bei etwa 35.000 Euro.

Die **Aya Jubiläum** ist eine Hahnflinte und wurde entwickelt, um die 50 erfolgreichen Jahre von AYA auf dem britischen Markt zu feiern. Es basiert auf der ersten Schrotflinte, die für die King-Brüder hergestellt wurde, die seit 1958 AYA-Flinten in Großbritannien vertreiben. Das ursprüngliche Modell wurde von Agustin Aranzabal Peter King zum Beginn der Geschäftsbeziehungen vorgestellt. Die **Jubiläum** ist eine klassische Lebendtauben-Flinte schwerer Bauart mit Ejektoren sowie 30-Zoll-Läufen. Auch sie wird exklusiv in Großbritannien vertrieben. Die übrigen Seitenschloss-Modelle sind Modifikationen mit besonderen Gravuren oder Schäften.

Die Kastenschloss-Modelle basieren alle auf der **Aya Nr. 4**. Die **Nr. 4/53** ist seit 1960 die Standard-Kastenschloss-Flinte von AYA. Sie basiert auf der Westley-Richards-Flinte, die von den King-Brüdern nach Spanien gebracht wurde. Die Anson & Deeley-Schlosse wurden 1875 von zwei Mitarbeitern von Westley Richards kreiert. Der **Nr. 4** ist mechanisch sehr einfach, zuverlässig sowie langlebig. Es wird ein Verriegelungs-System mit doppelten Laufhaken und austauschbarem Scharnierstift verwendet. Auch bei den *Boxlock*-Modellen legt Aya die Läufe im *Chopper-Lump*-Verfahren zusammen. Der Kasten ist bunt gehärtet und besitzt eine leichte Roll-Gravur. Der heutige Neupreis liegt bei etwa 7000 Euro, was für eine recht einfache Kastenschloss-Flinte schon recht ambitioniert ist. Die **Nr. 4 de Luxe** ist das luxuriöseste *Boxlock*-Modell und auch als **Best Quality Boxlock** bekannt. Von der Qualität her entspricht sie dem Seitenschloss-Modell **Nr. 1**. Der Kasten verfügt nicht über einen geraden Abschluss, sondern präsentiert kleine Kreisbögen, wie sie bei den Suh-

Aya Imperial

ler-Flinten zu finden sind. Der Preis liegt bereits im fünfstelligen Euro-Bereich. Das gilt auch für die **Nr. 4 RA**, die zwar den geraden Kasten-Abschluss der **Nr. 4/53** hat, dafür aber auch ein *Round Action* und eine sehr schöne Blumengravur im Altsilber-Finish besitzt. Die **Aya 4L** hat eine handgeschnittene Lasergravur und ebenfalls ein Altsilber-Finish.

Die Aya-Querflinten werden in den Kalibern 12, 16 und 20 gebaut, einige Modelle zusätzlich in 28 und .410. Auf Wunsch fertigt Aya auch Schwesternflinten. Viele Modelle haben eine automatische Sicherung, wie sie auf dem englischen Markt beliebt ist. Bei Bestellung kann aber auch die manuelle Sicherung geordert werden.

Aya-Flinten werden auf dem Gebrauchtwaffenmarkt oft sehr günstig angeboten. Dabei sollte der potenzielle Käufer auf das Baujahr achten. Besonders in den 1960er- und 1970er -Jahren hat Aya auch viele Flinten der unteren Preisklasse gefertigt, die nicht sehr hochwertig sind. Die durchweg hochwertige Qualität gibt es erst seit etwa 20 Jahren. Seitdem sind diese Flinten mit hohem Anteil an Handarbeit ihr Geld aber auch wert.

BAIKAL

Baikal Mod. Tundra

„Baikal" ist die Verkaufsbezeichnung, unter der die Flinten des russischen Herstellers **Izhevsky Mekhanichesky Zavod** in Deutschland vom Jagdausrüster Frankonia vermarktet wurden. Mit der Waffenproduktion wurde bereits 1885 begonnen, als die russische Regierung die Produktion von militärischen Waffen an den Standorten Tula, Izhevsky und Sestroretsk in Auftrag gab. Nach der russischen Revolution wollte die Rote Armee moderne Waffen.

Im Zuge dessen wurde der Standort Izhevski gefördert und ausgebaut. Zwischen 1918 und 1920 wurden beinahe 1,3 Millionen Militärwaffen gefertigt. Zudem stieg die Firma auch in die Munitionsfertigung ein. Im Zweiten Weltkrieg spielten die riesigen Fertigungskapazitäten in Izhevsky eine große Rolle. Nach dem Ende des Krieges wandte sich das zu *Izhevsky Mekhanichesky Zavod* umfirmierte Staatsunternehmen der Zivilwaffen-Produktion zu. Flinten spielten dabei eine große Rolle. Dabei lehnten sich die russischen Ingenieure an bewährte Konstruktionen an. So entsprach etwa die Querflinte **IZH-49** ziemlich genau der **Sauer & Sohn Modell 9**. Im Jahre 1954 kam dann mit der **IZH-54** eine von den Waffen-Ingenieuren Leonid Pugachyev und Anatoly Klimov entwickelte Eigenkonstruktion heraus, die für die weiteren Modelle wegweisend war. Bis 1969 wurden fast 500.000 Stück davon hergestellt und 70.000 ins Ausland exportiert. Die für den Export gefertigten Waffen waren von besonders guter Qualität. Erkennen lässt sich so ein Modell an der Aufschrift *Made in UDSSR* in lateinischen Buchstaben.

In Deutschland war die von Frankonia als **Baikal Taiga** vermarktete Flinte in den 1970er-Jahren sehr beliebt. Die doppelte Laufhaken-Verriegelung sowie die Purdey-Nase machten sie robust. Durch die innen hartverchromten Läufe war sie pflegeleicht. Die Anson & Deeley-Schlosse mit untenliegenden Stangen ließen aber kaum vernünftige Abzugswiderstände zu, wobei im Werk auch wenig Mühe auf das Polieren der Schlossteile investiert wurde. Die Taiga wurde mit 72 Zentimeter langen Läufen in den Kalibern 16 und 12 hergestellt. Für den Liebhaber klassischer Hahndoppelflinten importiere Frankonia auch eine **Baikal mit Hahn-Seitenschlossen** sowie Greener-Verschluss mit doppelter Laufhaken-Verriegelung. Die kostete in den 1970er-Jahren gerade einmal 250 Mark und ist heute ein gesuchtes Modell bei den Westernschützen. Für 50 Mark mehr gab es sie auch mit silbergrauem Systemkasten und Arabeskengravur als **Baikal Hahndoppelflinte de Luxe**.

Die bekannteste und erfolgreichste Baikal-Flinte ist aber wohl das Modell **IZH-27**, eine Bockflinte, die in Deutsch-

Baikal-Hahnflinte

land unter dem Modellnamen **Tundra** vermarktet wurde. Die 73 Zentimeter langen Läufe waren innen hartverchromt und mit einer ventilierten Laufschiene ausgestattet. Verriegelt wurde über einen starken Keil-Verschluss und die Kastenschlosse mit bruchsicheren Schraubenfedern hatten obenliegende Stangen mit Sicherheitsfangstangen. Wahlweise gab es einen Doppelabzug oder einen Einabzug mit Umschaltung. Hier ließ man sich etwas Besonderes einfallen. Um die Schussfolge zu ändern, muss der vordere Abzug wie bei einem Rückstecher nach vorn gedrückt werden. Dann steht die Schussfolge auf oberer/unterer Lauf. Wird der Verschlusshebel kurz nach rechts gedrückt, ist die Schussfolge wieder unten/oben. Das nächste technische Schmankerl der **Tundra** sind die abschaltbaren Schraubenfeder-Ejektoren. Durch Drehen der Schrauben über dem Scharnierbolzen ließen sich die automatischen Auswerfer außer Funktion setzen. Die **Tundra** gab es als Jagd- und Sportmodell im Kaliber 12 mit verschiedenen Gravur-Varianten. Top-Modell war die **Tundra Silver** mit einer in Silber eingelegten Tierstückgravur.

Berühmt und berüchtigt waren auch die **Baikal-Einlaufflinten**, mit denen manche Jagdherren versuchten, dem Jungjäger das disziplinierte und verantwortungsvolle Schrotschießen beizubringen. Bei der Doppelflinte steht ja der schnelle zweite Schuss zur Verfügung, was dazu verführen kann, den ersten Schuss überhastet abzugeben. Einfacher und preisgünstiger lässt sich eine Flinte nicht bauen. Erstaunlich, dass davon trotzdem eine ganze Menge in Deutschland abgesetzt wurden. Die **Tundra-Modelle** waren bis in die 2000er-Jahre hinein bei Frankonia im Programm. Als dann das Waffenembargo gegen Russland in

Baikal Mod. Taiga

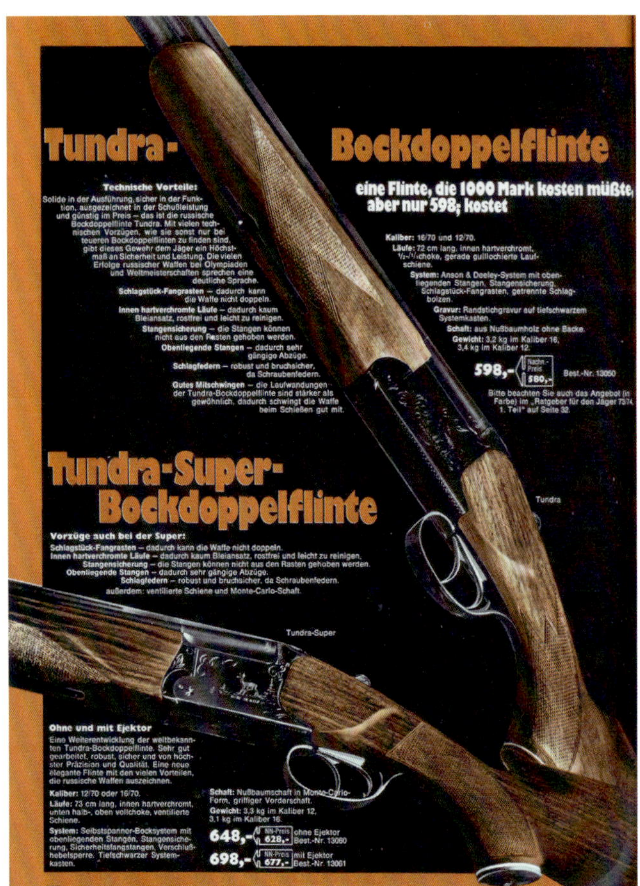

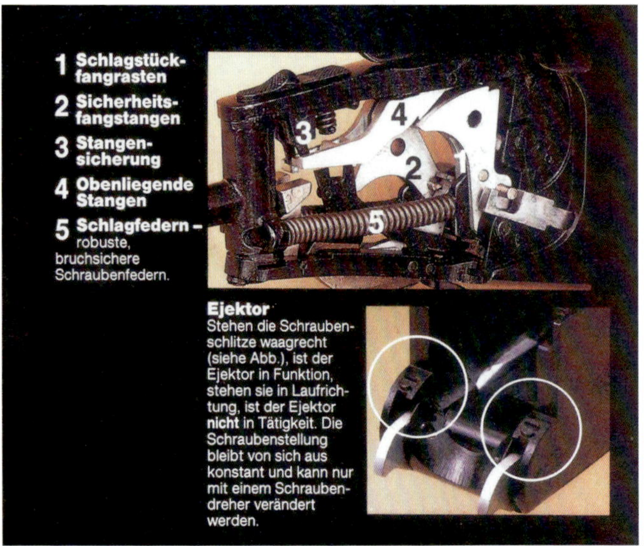

Oben: Frankonia-Katalog von 1973

Oben rechts: Die Baikal-Bockflinte hatte abschaltbare Ejektoren

Kraft trat, wurde sich den türkischen und italienischen Herstellern für die Eigenmarken zugewandt. Um die russischen Schrotflinten aus Izhevsky wurde es seitdem ruhig. Als Gebrauchtwaffen finden sie sich heute noch recht häufig, doch die Ersatzteilversorgung dürfte ein Problem sein. Auch solch robuste Flinten können kaputtgehen. Baikal produzierte noch eine ganze Menge anderer Modelle, darunter auch Pumpflinten und mit der **IZH-81KM** sogar eine sehr interessante Pumpflinte mit herausnehmbarem Kastenmagazin. Viele **IZH-Modelle** gelangten aber nie nach Deutschland.

Benelli Raffaello mit Gravuren

BENELLI

Benelli wurde Anfang des 20. Jahrhunderts in Urbino (Italien) gegründet und wurde bekannt als Hersteller von Motorrädern. 1967 stiegen die Südeuropäer in die Waffenproduktion ein und bauten zunächst hauptsächlich Pistolen sowie Selbstladeflinten. Heute gehört Benelli zum Beretta-Konzern. Die halbautomatischen Flinten von Benelli genießen einen sehr guten Ruf wegen ihrer hohen Funktionssicherheit und ihres eleganten Designs. Während die meisten anderen Hersteller auf Gasdrucklader setzten, blieb Benelli stets dem Rückstoßlader treu und verbesserte dieses Prinzip stetig. Die heutigen Modelle verdauen Schrotpatronen mit unterschiedlichen Vorlagegewichten problemlos. Ein großer Wurf gelang Benelli mit dem **Modell M-3 Super 90**, einer Selbstladeflinte, die sich auch auf das Vorderschaft-Repetiersystem umschalten lässt. Diese Flinte ist besonders bei Sportschützen und als Behördenwaffe beliebt. Im Jahre 2015 kam dann mit der **Benelli 828U** die erste und bisher einzige Bockflinte hinzu. Ein Modell, das sowohl optisch als auch technisch Akzente setzt.

Das Rückstoß-Ladesystem von Benelli

Auf der Webseite von Benelli sind bei den halbautomatischen Flinten zurzeit nicht weniger als 86 verschiedene Modelle und Ausführungen gelistet. Sie funktionieren aber im Prinzip bis auf kleine Modifikationen alle nach demselben technischen Prinzip, das Benelli Inertia-System nennt. Bereits 1966 meldete Bruno Civolani, ein für Benelli arbeitender Ingenieur, ein Patent an, das eine verbesserte Version

Edle Aufmachung mit Jagdgravur

des Rückstoß-Ladesystems beschreibt. Hierbei handelt es sich um einen Rückstoßlader, bei dem der Masse-Verschluss aber verriegelt wird. Der Verschlussblock mit Riegelstange am Ende hat vorne einen vom Verschlussblock getrennten Verschlusskopf mit Drehwarze sowie Auszieher. Zwischen Verschlussblock und Verriegelungskopf befindet sich eine sehr starke Torsionsfeder, die Inertia-Feder genannt wird. Durch den Rückstoß des Schusses wird die Masse des Verschlusses in Bewegung gesetzt und hebt so nach einigen Millimetern Bewegung die Verriegelung des zwangsgesteuerten Drehkopfverschlusses auf. Der Verschluss kann dann vollständig zurückfahren, die leere Hülse ausstoßen und den Nachladevorgang ausführen. Das Inertia-System besteht also im Wesentlichen aus dem Verschlussblock, dem zwangsgesteuerten Verschlusskopf und der Inertia-Feder. Das ermöglichte ein kompaktes, einfaches und langlebiges System, das keinen beweglichen Lauf mehr braucht. Herstellung und Wartung wurden dadurch spürbar einfacher als bei den vorhandenen halbautomatischen Flinten-Systemen, die auf dem Rückstoß-Ladesystem basierten.

Beim **Modell Vinci** hat Benelli das Inertia-System überarbeitet und mit dem *In-Line*-Inertia-System einen Rückstoßlader entwickelt, der die höchstmögliche Energie des Rückstoßes kompensiert und in den Wiederladeprozess ableitet. So wird nicht nur der Rückstoß spürbar reduziert, sondern es ist auch problemlos möglich, Patronen mit sehr geringer Vorlage von etwa 24 Gramm zu verschießen, was im Sportbereich heute Standard ist. Selbst die geringe Rückstoßenergie dieser leichten Patronen genügt für den Nachladevorgang. Alle Teile bewegen sich beim Vinci-Inertia-System nur in die Längsrichtung. Das System der **Vinci** besteht aus drei Hauptmodulen, die sich ohne Werkzeug leicht zerlegen und wieder zusammensetzen lassen. Bei der neuen **Auto 5** hat Browning das System übernommen.

Rückstoßdämpfung ist ein großes Thema bei Benelli und bei feuerstarken halbautomatischen Flinten auch recht sinnvoll. Um eine schnelle Schussfolge zu erzielen, hat Benelli den *Comfort-Tech*-Schaft entwickelt, einen Kunststoffschaft, der Rückstoß und Hochschlag um 47 Prozent dämpft. Ein

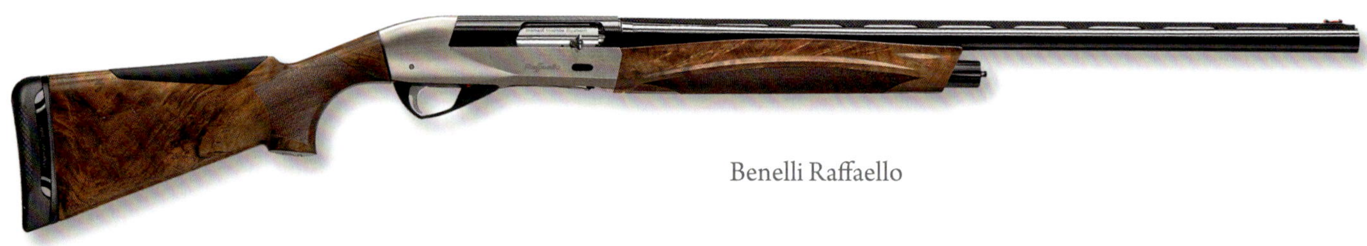

Benelli Raffaello

kombiniertes System aus Schaft, Schaftkappe sowie Kolbennase mit hoher Deformationsfähigkeit absorbiert einen Teil der beim Schuss auftretenden Rückstoßenergie. Der Schaft besteht aus einer speziellen Kunststoffmischung und verfügt auf jeder Seite über zwölf halbkreisförmige Ausfräsungen, die ihn flexibler machen. Die Geometrie wurde so entwickelt, dass der Rückstoß absorbiert wird, bevor er an der Schulter des Schützen ankommt. Das geht natürlich nur bei Kunststoffschäften, aber auch für Holzschäfte hat Benelli mit dem *Progressive-Comfort*-System eine Rückstoßreduzierung. Bei diesem im Schaftinneren hinter der Schaftkappe integrierten System absorbieren mehrere Reihen ineinander verzahnter Kunststofflamellen einen guten Teil des Rückstoßes.

Der überwiegende Teil der Benelli-Selbstladeflinten wird mit Kunststoffschäften verkauft, wenngleich für den konservativen Jäger auch Modelle mit schönen Nussbaumschäften und gravierten Systemkästen zur Verfügung stehen. Besonders die leichten sowie eleganten 20er-Modelle erfreuen sich als Jagdflinten großer Beliebtheit. Selbst für das kleine Schrotkaliber 28 richtet Benelli die halbautomatischen Flinten ein. Ebenso gibt es Modelle mit gezogenen Läufen zum präzisen Verschießen von Flintenlaufgeschossen, Modelle mit Camouflage-Beschichtung für die Wasserjagd sowie martialisch aufgemachte Flinten für Freunde der *Black Guns*. Um den Marktanforderungen wirklich vollauf zu genügen, bietet Benelli auch Modelle in einer Linkshänder-Version an. Der wichtigste Unterschied ist in diesem Fall das Auswerfen der Patronenhülse nach links. Damit ist für Linkshänder die Zeit vorbei, in denen Hülsen durchs Sichtfeld flogen. Benelli bedient mit den 86 Modellen wirklich jeden Geschmack und zwar in hochwertiger Qualität. Alle Selbstladeflinten sind für Wechselchokes eingerichtet. Die Gehäuse werden aus leichtem Aluminium gefräst, eine 12er-Benelli wiegt gerade einmal drei Kilogramm. Viele

Ganz oben: Benelli im Kaliber 28

Oben: Benelli Super Vinci

Modelle werden mit einem Set von Plättchen geliefert, mit denen sich Senkung und Schränkung des Schaftes verändern lassen, um die Flinte an die Statur des Schützen anzupassen.

Benelli Nova und Supernova

Mit den Baureihen **Nova** und **Supernova** hat Benelli auch Vorderschaft-Repetierflinten im Programm. Dabei hat der Käufer die Wahl zwischen acht verschiedenen Ausführungen. Alle haben ein stahlverstärktes Polymer-Gehäuse, einen direkt im Lauf verriegelnden Drehkopfverschluss und sind für das starke Kaliber 12/89 eingerichtet. Benelli liefert allerdings keine Holzschäfte. Die Vorderschaft-Repetierer kommen grundsätzlich mit schwarzen Kunststoffschäften, bei einigen Varianten auch in jagdlichen Tarnmustern.

Die beiden Baureihen unterscheiden sich vor allem in Hinterschaft und Gehäuse. Bei der günstigeren **Nova** sind Kolben und Systemkasten aus einem Guss gefertigt, bei der **Supernova** nutzt Benelli separate Bauteile, sodass der Schaft vom Gehäuse abgenommen werden kann. Die **Supernova** ist mit dem rückstoßdämpfenden *Comfort-tech*-System ausgestattet. Austauschbare, weiche Wangen-

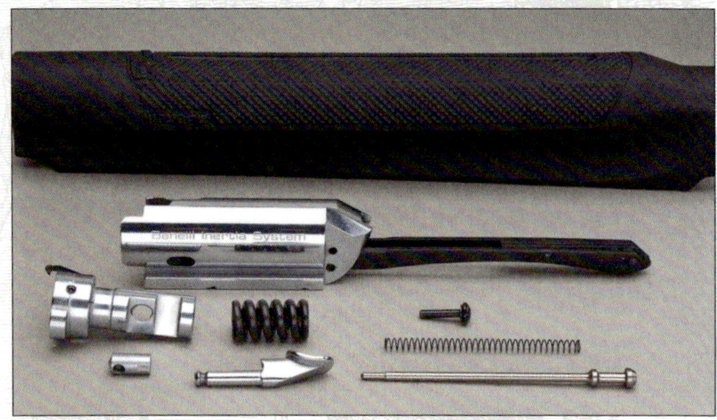

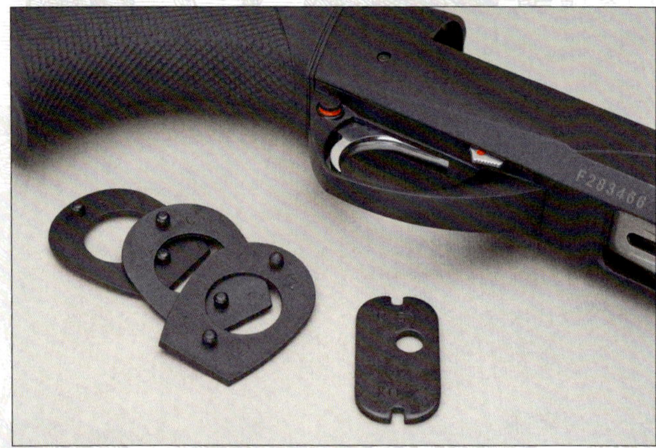

Oben: Drehkopfverschluss der Vinci

Mitte: Schaftanpassung durch austauschbare Distanzstücke

Unten: Das Inertia-System der Vinci

auflagen lassen eine Schaftanpassung in mehreren Höhen zu, um den Anschlag individuell zu optimieren. Das ist besonders dann interessant, wenn Leuchtpunktvisiere montiert sind. Die **Nova**- und **Supernova**-Vorderschaft-Repetierer sind moderne sowie hochwertige Pumpflinten. Sie liegen jedoch gegenüber den amerikanischen Modellen im deutlich höheren Preissegment.

Die Benelli 828 U

Mit der **828U** – die Modellbezeichnung verdankt die Flinte ihrer Herkunftsstadt Urbino in der Provinz Marche in Mittelitalien (828 ist die Nummer der Stadt auf der Weltkulturerbe-Liste der UNESCO) – brachte Benelli eine völlig neue und sowohl technisch als auch vom Design her revolutionäre Bockflinte auf den Markt. Durch den lediglich 62 Millimeter hohen Kasten und die geschwungenen Linien wirkt die **828U** ausgesprochen schnittig. Die Kontur der schwarzen Basküle folgt einem kurvenreichen Design mit sich abwechselnden matten und polierten Flächen. Vollkommen ebene Flächen sucht man hier vergeblich. Der Pistolengriff geht ganz schmal in das System über und verleiht der Flinte ein ausgefallenes sowie modernes Design. Wem die schwarze Eleganz nicht zusagt, der kann die Benelli **828U** auch mit einer silbernen, vernickelten Basküle haben. Im Hinterschaft aus geöltem Nussbaumholz wurde als Wangenauflage ein schwarzes Elastomerstück eingesetzt. Der Schaft ist mit dem *Progressive-Comfort*-System ausgestattet, welches den Rückstoß der Waffe je nach Schrotvorlage mindert. Senkung und Schränkung lassen sich mit Distanzstücken aus Kunststoff und Stahl anpassen. Es lassen sich drei und sechs Millimeter Schränkung nach rechts oder links einstellen. Die Senkung lässt sich in 2,5-Millimeter-Schritten von 42,5 bis 65 Millimeter einstel-

Benelli M2

len. Der Schaft ist in verschiedenen Längen erhältlich (345, 355, 365, 375 sowie 385 Millimeter). Insgesamt sind 40 verschiedene Variationen möglich.

Die innen hartverchromten Läufe sind nur an der Mündung und am Monoblock verlötet und liegen sonst frei. Der Monoblock nimmt auch die impulsgesteuerten Ejektoren auf. Zum Aktivieren der Ausstoßer-Stangen wird der Impuls der sich im Patronenlager ausdehnenden Hülse genutzt. Somit wird auch nur die Hülse aus einem abgefeuerten Lauf ausgestoßen. Zu der Flinte werden fünf Wechselchokes mitgeliefert. Es ist eine austauschbare Laufschiene aus Karbon montiert. Die Abzugsgruppe ist mittels beiliegendem Werkzeug herausnehmbar.

Das technisch Interessanteste ist aber der Verschluss der **828U**. Die Waffe verriegelt über einen Block-Verschluss. Eine gewinkelte stählerne Verschlussplatte greift in eine Aussparung am oberen Lauf und umschließt den unteren im verriegelten Zustand. Das Laufbündel wird oben wie unten von der Blockplatte umschlossen und verriegelt die Läufe somit nahezu umlaufend. Zusätzlich greifen zwei konische Arretierungsbolzen in die jeweils links und rechts am oberen Lauf angesetzten Aussparungen. Sie wirken wie ein Flanken-Verschluss. Die auftretenden Kräfte werden beinahe vollständig vom Block aufgenommen und wirken nicht wie sonst üblich auf Laufhaken und Scharnierwelle. Damit dient der stählerne Block als Stoßboden und nicht die Basküle, wie bei anderen Verschluss-Konstruktionen. Das ermöglicht nicht nur die sehr leichte Basküle aus Aluminium, sondern führt auch zu einem sehr ruhigen Schussverhalten. Im Kippblock des Verschlusses sind auch die federgelagerten Schlagbolzen untergebracht. Mit der **828U** ist Benelli der Einstieg in den Bockflintenmarkt eindrucksvoll gelungen. Eine Flinte, die polarisiert.

Benelli M4

Benelli 828U

828U mit vernickeltem Kasten

BERETTA

Die *Fabbrica d'Armi Pietro Beretta* mit Sitz in Gardone Val Trompia ist einer der größten und bekanntesten Hersteller von Handfeuerwaffen und wohl auch das älteste Rüstungs-Unternehmen weltweit. Beretta wurde im Jahr 1526 das erste Mal urkundlich erwähnt, als der Büchsenmacher Bartolomeo Beretta aus Venedig einen Auftrag über Arkebusenläufe für das städtische Arsenal erhielt. Seit fast einem halben Jahrtausend ist das Unternehmen im Besitz derselben Familie und im Laufe der Zeit kamen zum Beretta-Konzern bekannte Firmen wie Sako, Tikka, Benelli, Franchi, Burris und Steiner hinzu. Neuestes Mitglied in der Beretta Holding ist der belgische Waffenhersteller Chapuis Arms. Heute umfasst die Beretta Holding Group insgesamt 26 Unternehmen aus der Waffenbranche. Der gesamte Konzern beschäftigt rund 2600 Mitarbeiter und stellt Waffen für Sportschützen und Jäger, Polizei und Armee her. Zusätzlich zum Hauptsitz in Brescia wurden Niederlassungen in Frankreich, Griechenland und Spanien gegründet. 1978 entstand zudem eine Niederlassung in den USA. Die Strategie des Konzerns ist, so automatisiert wie möglich die größtmögliche Qualität zu erreichen. Das soll aber keineswegs bedeuten, dass Beretta nur Massenware fertigt. Die alte Kunst der Büchsenmacher hat man sich besonders bei den Flinten bewahrt. Beretta ist bekannt für die Herstellung von luxuriösen Einzelstücken für Jäger. Schaftgröße und Motiv werden hierbei individuell auf die Wünsche des Kunden abgestimmt und in tagelanger Feinarbeit fertiggestellt.

Gerade mit den Seitenschlossflinten **SO5** und **SO10** zeigt Beretta, dass in der industriellen Fertigung auch immer noch ein gutes Stück Büchsenmacherkunst steckt. Flinten nahmen im Programm des erfolgreichen italienischen Herstellers stets eine besondere Stellung ein. Das Hauptgeschäft macht Beretta bei den Bockflinten, doch es sind auch Querflinten und Selbstladeflinten im Programm. Mit der im Jahre 1955 vorgestellten Bockflinte mit Flanken-Verschluss wurde eine Waffe geschaffen, die sich bis heute mehr als zwei Millionen Mal verkaufte. Diese Ur-Beretta wurde ständig verbessert und weiterentwickelt. Mitunter nur Kleinigkeiten und Design-Merkmale, häufig aber auch echte technische Innovationen.

Beretta verwendet bei den Bockflinten seit Jahrzehnten einen Flanken-Verschluss mit tief im Verschlusskasten eingebettetem Laufbündel sowie zwischen den Läufen eingreifenden Riegelbolzen. Die Läufe werden in einen Monoblock eingeschoben. Dieser hakenlose Verschluss hat sich bestens bewährt und ist sehr stabil. Der Kasten

Die 686er-Baureihe ist Berettas Erfolgsmodell

benötigt keine Durchbrüche für Laufhaken. Die Riegelbolzen sind konisch und selbst nachstellend, sodass sich auch nach jahrelangem Gebrauch kein Verschlussspiel einstellen dürfte. Wird der Verschluss dann doch einmal locker, lässt er sich sehr einfach und kostengünstig nachdichten, indem Scharnierwelle und Verriegelungsbolzen gegen die jeweils größeren Ersatzteile ausgetauscht werden. Damit gibt es bei diesem Verschluss praktisch keine Verschleißgrenze. Der Beretta-Flanken-Verschluss ist altbewährt. Auch die mit hohen Schusszahlen belasteten Beretta-Sportflinten besitzen diesen Verschluss.

Das erfolgreichste und meist verkaufte Bockflinten-Modell ist die **686er-Serie**, die es in verschiedenen Modellversionen für Jagd und Sport gibt. Die **686 Silver Pigeon** ist eine in Deutschland sehr beliebte Jagdflinte und auch die **686 Black Onyx** hat viele Anhänger. Die Aufmachung der **Black Onyx** wirkt edel. Gutes Holz mit feinem Ölschliff und eine fein geschnittene Fischhaut erfreuen das Auge. Die Passung von Holz- und Metallteilen ist einwandfrei. Der Systemkasten aus Stahl verfügt über ein schwarzes Nickelfinish mit einer Zirkopolitur im vorderen Bereich. Das Beretta-Logo und der Beretta-Schriftzug sind an den Kastenseiten und auf der Unterseite des Kastens goldfarben eingelegt. Das sieht alles sehr gediegen aus. Die **686er-Mo-**

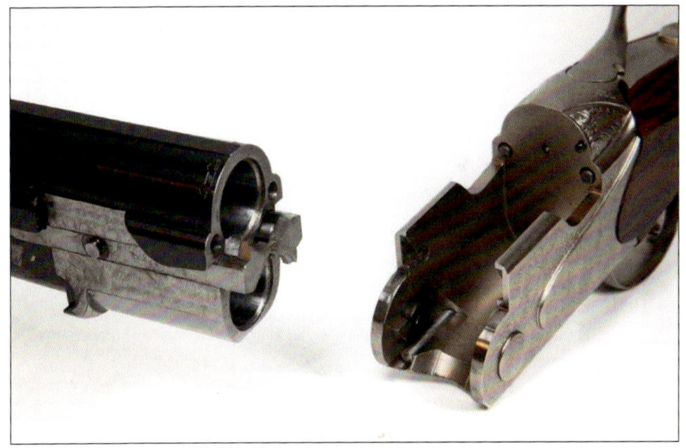

Oben: Modifiziertes Blitzschloss-System

Unten: Der hakenlose Flanken-Verschluss ist seit vielen Jahren Standard bei den Beretta-Flinten

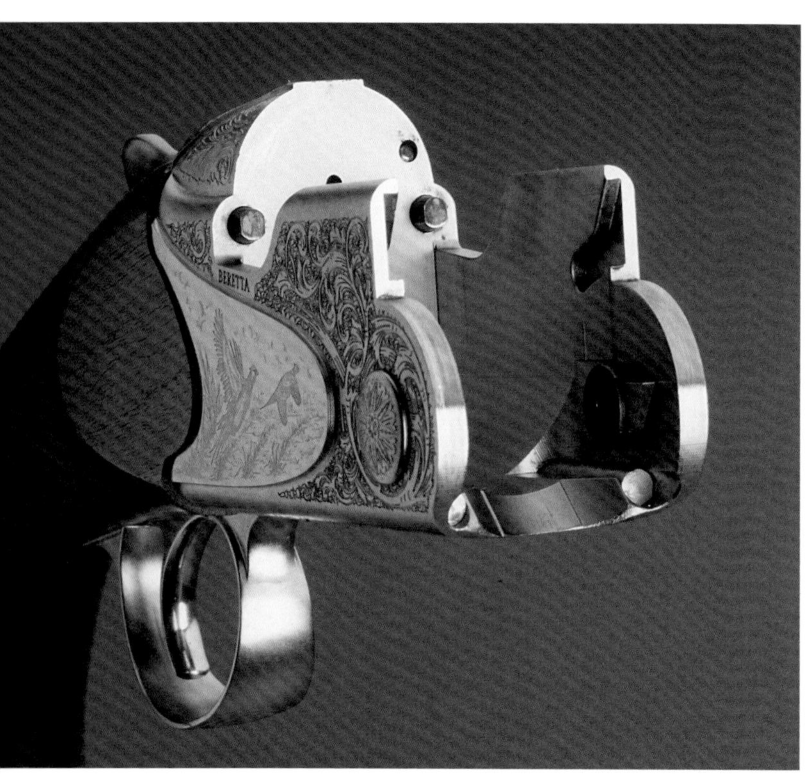

Die Riegelbolzen sind konisch und selbst nachstellend

delle besitzen innen hartverchromte Läufe sowie Wechselchokes. Fünf Stück liegen jeder Flinte bei. Beim Abzug dominiert der umschaltbare Einabzug. Sicherung und Laufumschalter liegen auf dem Kolbenhals. Der Umschalter ist als Querschieber in den Sicherungsschieber integriert. Die Schlagenergie des modifizierten Blitzschlosses wird aus Schraubenfedern bezogen. Neben dem dominierenden Kaliber 12/76 gibt es die **686** auch in 20/76, was sie besonders bei Jägerinnen beliebt macht.

Technisch einen Schritt nach vorn machte Beretta mit der **SV10 Perennia**, bei der sechs verschiedene Patente für technologische Neuheiten umgesetzt wurden. So hat die **SV10** etwa einen mechanischen Rückschlag-Hinderer. Auch die **SV10 Perennia** ist sofort als typische Beretta-Bockflinte zu erkennen. Der niedrige Systemkasten und die seitlichen Eingriffe des Monoblocks in den Kasten sind charakteristisch. Der Name **SV Perennia** setzt sich aus der Abkürzung für *Sovraposto* (italienisch für Bockflinte) sowie dem lateinischen Perennia (für Jahre) zusammen. Damit will Beretta auf die hohe Lebensdauer der Flinte hinweisen. Bei der **SV10** hat Beretta den Verschluss nochmals verstärkt. Gegenüber der Modellreihe **686** ist die Anlagefläche im Bereich der Flanken um etwa 14 Prozent größer. Mit Sicherheit einer der stabilsten Flinten-Verschlüsse auf dem Markt, der dazu noch eine sehr elegante und niedrige Kastenform erlaubt.

Beim Schlosswerk finden sich auf den ersten Blick kaum Veränderungen zur **686er-Serie**. Das mit stabilen und langlebigen Schraubenfedern arbeitende modifizierte Blitzschloss hat sich bestens bewährt. Es handelt sich jedoch um ein neu entwickeltes Schloss, auch wenn das Arbeitsprinzip gleich ist. Die Teile sind nicht mit denen der **686er-Serie** kompatibel. Der Einabzug arbeitet mit einer mechanischen Umschaltung, sodass der Schütze nicht auf den Rückstoß angewiesen ist. Der Abzug selbst ist aus einem Stück Titan

gefertigt und die gesamte Abzugseinheit lässt sich zum leichten Reinigen aus dem Kasten entnehmen. Dazu ist allerdings die Abnahme des Schaftes erforderlich, denn die zu lösende Schraube sitzt an der Hinterseite des Kastens. Als Werkzeug zum Ausbau der Abzugseinheit wird der Schaftschlüssel benutzt.

Das neue Lauf- und Chokeprofil der **SV10**, *Optima High Performance* genannt, soll eine optimale Deckung auch bei der Verwendung von Weicheisenschroten und schweren Jagdladungen erreichen. Die herkömmlichen modernen Laufprofile, wie auch das von Beretta bei der **686** verwendete *Back-Bored*-Profil, sind auf eine optimale Entwicklung der Schrotgarbe von Bleischroten ausgelegt und dazu noch auf die bei Sportflinten eingesetzten Vorlagegewichte von 24 bis 28 Gramm. Weicheisenschrote sowie schwere Jagdladungen mit Bleischroten verhalten sich aber etwas anders und haben auch andere Gasdruckspitzen. Das neue Laufprofil soll diese bei der Schussentwicklung nach hinten verlagern. Durch den längeren Übergangskonus der Chokes wird ein verringerter Reibungswiderstand erreicht. Das soll eine bessere Deckung bei hohen Vorlagen und Weicheisenschroten erbringen.

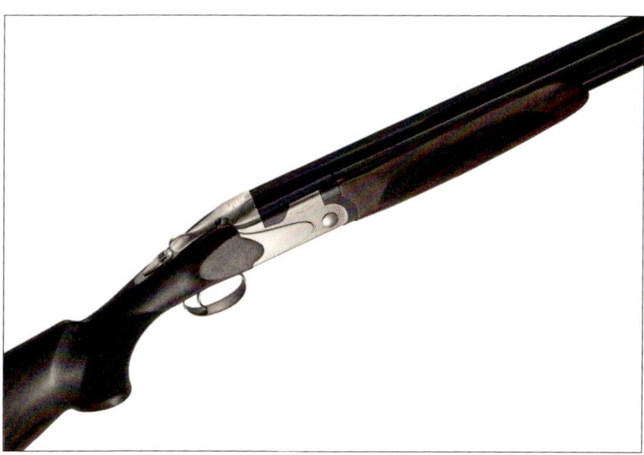

Oben: Beretta SV10 mit Gravuren

Unten: Die SV10 hat viele innovative Neuheiten zu bieten

Berettas *Kick-Off*-System

Eine Innovation ist die Fertigung des sonst üblichen Eisenvorderschaftes aus Nano-Keramik. Verbunden mit einer federnden Lagerung sorgt diese neue Technologie dafür, dass sich die Waffe schon ab dem ersten Schuss geschmeidig und weich öffnen lässt. Durch die hohe Verschleißfestigkeit der Keramik bleibt dieser Zustand auch lange Zeit erhalten.

Eine weitere Neuheit sind die manuell abschaltbaren Patronenauswerfer. Die **SV10** hat geteilte, automatische Ejektoren, die nur die abgefeuerte Patronenhülse auswerfen. Das Ejektor-System der **SV10** lässt sich abschalten. Allerdings nur mit einem Schraubenzieher bei abgenommenem Vorderschaft. Dazu werden die beiden Schrauben an der Vorderseite des Monoblocks um eine halbe Umdrehung verdreht. Damit werden die dahinterliegenden Federn des Ejektors gesperrt.

Die Schäftung ist typisch für eine Bockflinte. Zum Einsatz kommt ein Pistolengriffschaft ohne Backe sowie ein fülliger Jagdvorderschaft. Der Pistolengriff hat rechts eine handfüllende Verdickung. Ein Pistolengriffkäppchen herkömmlicher Bauart findet sich hier nicht, dafür ist eine gefederte Klappe vorhanden, denn die **SV10** hat ein neuartiges Schaftbefestigungs-System, das durch den Pistolengriff zugänglich ist. Auffällig ist das Ende des Hinterschaftes, da dort das neue Rückschlagminderungs-System installiert ist. Die Abnahme des Hinterschaftes funktioniert bei der **SV10** sehr einfach und bequem. Es ist nicht notwendig, die Schaftkappe zu entfernen. Der Pistolengriff verfügt über eine Klappe, durch die sich die Verschraubung des Hinterschaftes mit einem Torxschlüssel in wenigen Sekunden lösen lässt. Nach dem Lösen der Spannschraube lässt sich der Hinterschaft einfach abziehen. So können Schäfte schnell und einfach gewechselt werden, außerdem kann die Abzugseinheit zu Reinigungszwecken entnommen werden. Diese Q-Stock-System genannte Schaftbefestigung ist sehr komfortabel. Rückstoß-Minderer sind nichts wirklich Neues, aber die **Beretta SV10** ist die erste Bockflinte, die optional ab Werk mit einem speziellen Rückstoß-Minderer ausgestattet werden kann.

Das Beretta-*Kick-Off*-System hat seinen Ursprung in der **Beretta Xtrema Selbstladeflinte** im Kaliber 12/89, wo zum Teil Schrotpatronen bis über 70 Gramm Vorlage verwendet werden. Der gemessene Rückstoß soll bis zu 69 Prozent reduziert werden. Zwischen Schaft und Schaftkappe ist eine bewegliche Einheit montiert, die über Federn und zwei Hydraulikzylinder verfügt. Die Funktion ist sehr einfach. Beim Abfeuern der Waffe wird der Rückstoß nicht direkt und ungebremst auf die an der Schulter liegende Schaftkappe übertragen, sondern die vor der Schaftkappe liegende Druckplatte schiebt sich gegen den Druck der beiden ölgefüllten Hydraulikzylinder in den Schaft und zehrt einen Großteil des Rückstoßes auf. Die drei Rückholfedern sorgen dafür, dass das System für einen schnellen Folgeschuss wieder unverzüglich in die Ausgangsposition kommt. Durch den Umstand, dass die Rückstoßkräfte zunächst die Hydraulikzylinder zusammendrücken müssen, gelangt nur ein kleiner Teil der Rückstoßkräfte an die eigentliche Schaftkappe und wird in die Schulter des Schützen übertragen.

Das Beretta-Schnellwechsel-System für Schaftkappen ist serienmäßig montiert. Es reicht, einen kleinen Drahtbügel an der Unterseite der Schaftkappe herauszuziehen, um die Kappe abnehmen zu können. Umständliche Schrauberei ist nicht mehr nötig. Die Waffe wird mit einer mit Gel gefüllten Gummikappe ausgeliefert, die den Rückstoß sehr gut dämpft. Eine dünnere Kunststoffkappe liegt bei. Die **SV10** ist wohl eine der modernsten und komfortabelsten Bockflinten auf dem Weltmarkt.

Aktuell bei den Bockflinten ist die **690er-Baureihe**, die wohl die **686er** ablösen wird. Damit schlägt Beretta wieder ein neues Flintenkapitel auf. Gegenüber der **686** finden sich bei der zuerst vorgestellten **692** drei auffällige Änderungen: die breitere Basküle, die Steelium-Plus-Läufe und das B-FAST-System. Die **692** ist als Sportflinte konzipiert. Um so viel Gewicht wie möglich in das Zentrum der Waffe zu bringen und um die Balance zu verbessern, wurde die Basküle breiter gebaut, wobei die **692** mit einer Breite von 41,6 Millimeter zwischen der **682/DT10** und der **DT11** liegt.

Die alten Steelium-Läufe der Modelle **DT10/682/686/687** besaßen alle einen gleich langen Übergangskonus von 65 Millimeter bei den 76er-Läufen. Der Übergangskonus der Steelium-Pro-Läufe der **692** wurde auf 360 Millimeter verlängert. Die Beretta-Ingenieure versprechen sich davon wegen der sanfteren Gasdruckentwicklung innerhalb des Laufes eine höhere ballistische Leistung. Rückstoß und Mündungshochschlag sollen ebenfalls verringert werden.

B-FAST steht für *Beretta Fast Adjustment System Technology*. Unter diesen Begriff fallen bei Beretta jetzt und in Zukunft alle Maßnahmen, die im weitesten Sinne der Anpassung der Flinte dienen. Bei der **692** kann die Balance mit einem Handgriff geändert werden. Das ist besonders wichtig, wenn der Schaft gekürzt oder verlängert werden muss. Nach Entfernen der Schaftkappe wird ein Kanal im Hinterschaft frei, in dem fünf Gewichte à 20 Gramm hintereinander angeordnet sind. Durch die Anordnung der Gewichte am Ende des Schaftes so weit wie möglich von den Scharnierbolzen entfernt, hat jedes Gewicht wegen der Hebelwirkung einen maximalen Einfluss auf die Balance. Die **692** ist eine kompromisslose Sportflinte und wird auch als kleine Schwester der **DT11** bezeichnet.

Im September 2019 präsentierte Beretta dann die **694**, die als Nachfolgemodell der **692** noch konsequenter auf die Wünsche der Sportschützen eingeht. Die Basküle wurde neu gestaltet und das Gewicht nochmals um 25 Gramm erhöht. Das B-FAST-System wurde von der **692** übernommen, anstelle des Patentschnäppers hat die **694** aber einen Schieber mit keilförmigem Riegel zur Befestigung des Vorderschaftes. Zwischen den Läufen befindet sich eine Aufnahme für als Zubehör erhältliche Laufgewichte. Neben dem 76er- und 81er-Laufbündel gibt es für die **694** auch noch eine dritte Variante mit 71 Zentimeter Lauflänge. Die Beretta **694** ist eine schwere Sportflinte mit Vollausstattung in bester Qualität.

Die Legende DT10/DT11

Die legendäre **Beretta DT10 Trident** hat mehr Medaillen gewonnen als jede andere *Competition*-Flinte. Die **DT10** kam im Jahr 2000 als Nachfolgerin der **ASE90** auf den Markt und war Berettas Antwort auf die **Perrazi MX8**. Die aktuelle **DT11** knüpft nahtlos an diese Tradition an. Bei den **DT10/DT11**-Modellen handelt es sich um reinrassige Wettkampfflinten für Profischützen und solche, die sich dafür halten. Über das nötige Kleingeld sollte man allerdings verfügen. Los geht es ab etwa 8000 Euro. Bei der **DT11** verwendet Beretta ein Querrast-System als Verschluss, das einfach komplett ausgetauscht werden kann, falls es nach vielen Jahren und sehr hohen Schusszahlen zu Ermüdungserscheinungen kommen sollte. Die Laufhaken bzw. Rastschultern werden mit jeweils einer Schraube am Laufbündel fixiert und sind leicht wechselbar. Bei der **DT11** wurde das System noch um 3 Millimeter breiter als das des Vorgängermodells und 50 Gramm schwerer. Dieses Mehrgewicht im Zentrum war durchaus erwünscht. Alle Teile, die im Blickfeld des Schützen liegen, werden mit einer reflexfreien Oberfläche versehen.

Der austauschbare Abzug steht traumhaft trocken und die Position kann mit einer Schraube variiert werden. Das Finish der **DT11** ist edel und zurückhaltend. Bei der Entwicklung der **DT11** hat Beretta eng mit Profi-Sportschützen von Weltrang zusammengearbeitet. Die Steelium-Pro-Läufe der Waffe werden aus einer eigens entwickelten Stahllegierung gefertigt und erreichen so extreme Haltbarkeit sowie überlegene ballistische Leistung. Der Übergangskonus ist mit 480 Millimetern nochmals länger als bei der **694**. Dazu bedarf es aber eines besonderen Verfahrens zur Laufherstellung. Beretta bohrt die Flintenläufe nicht, sondern hämmert sie. In einen Laufrohling wird eine Form eingeschoben und dann mit einer Hämmermaschine,

Beretta DT10

Die Beretta SO10 liegt ganz am oberen Ende der Preisskala

die über vier Hämmer verfügt, gleichzeitig von außen auf den Stahl geschlagen. Da das ohne Hitze passiert, wird auch von kalt gehämmerten Läufen gesprochen. Um den Stahl nach dieser Tortur wieder zu entspannen, werden die Läufe im Anschluss erhitzt.

Die Verarbeitung ermöglicht im Gegensatz zum Bohren auch eine Taillierung der Läufe im Inneren genau nach Vorgabe. Die Steelium-Pro-Läufe verengen sich nach dem Patronenlager auf einer Länge von 480 Millimetern. Das Laufinnere wird nicht verchromt, sondern erhält eine Nitrocarburierung. Dabei handelt es sich um eine thermochemische Diffusionsbehandlung, die als Verschleiß- und Korrosionsschutz dient. Dieses Verfahren ist sehr verzugsarm und kommt ohne umweltschädliches Chrom aus. Beretta bietet sein Topmodell **DT11** in verschiedenen Modellvarianten an. Das Grundmodell **DT11 Sporting** ist mit 71, 76 sowie 81 Zentimeter langen Läufen erhältlich, ebenso mit Linksschaft und optional zudem mit verstellbarem Schaftrücken. Die **DT11 Trap** hat eine hohe verstellbare Laufschiene, die **DT11 Skeet** wird ausschließlich mit 71-Zentimeter-Läufen angeboten. Die **DT11 ACS** besitzt eine verstellbare, leicht erhöhte Laufschiene und soll als Allrounder das Programm abrunden. Wer seine Freude an wirklich schönen Waffen hat und auf eine Sportflinte nicht verzichten möchte, kann zur **DT11 L** greifen. Das L steht für Luxus. Die Basküle dieses Modells wird mit aufwendigen Gravuren versehen.

Berettas Seitenschlossflinten

Die schon legendären Seitenschlossflinten **SO5**, **SO6** und **SO10** bilden die absolute Spitze des Beretta-Flintensegments. Beretta-SO-Seitenschlossflinten werden seit den 1930er-Jahren gebaut. Sie sind in Jagd- und Sportausführungen erhältlich. Die günstigste **S05** ist ab 24.000 Euro zu bekommen.

Mit der **SO5** wurden fünf Goldmedaillen bei den Olympischen Spielen geschossen. Bei der **SO5** und **SO6** handelt sich um Monoblock-Konstruktionen, die kompromisslos auf das Verschießen Hunderttausender von Patronen ausgelegt sind. Die Entwicklung von **SO3**, **SO4** bis hin zur **SO5** betraf hauptsächlich die Reduzierung der Pins in den Seitenschlossen. Die neueren Modelle **SO5/6** sind damit wartungsfreier. Der Austausch von Ejektoren, Schlagfedern und Verschlussteilen ist zudem denkbar einfach. Die Waffen sind mit Doppelabzug, Einabzug sowie selektivem Einabzug zu bekommen. Wer auf besondere Robustheit Wert legt, sollte auf den selektiven Einabzug verzichten, da dieser aufgrund seiner Komplexität die Schaft-System-Verbindung schwächt. Die Läufe bestehen aus kaltgeschmiedetem Böhler-Antinit-Stahl. Schäftung, Ausstattung und Gravur erfolgen individuell nach Kundenwunsch. Die **SO6** beginnt bei etwa 40.000 Euro.

Das absolute Top-Modell ist die **SO10**. Diese Premium-Flinte ist in vier Systemgrößen erhältlich, optimal

Beretta 486 Parrallelo

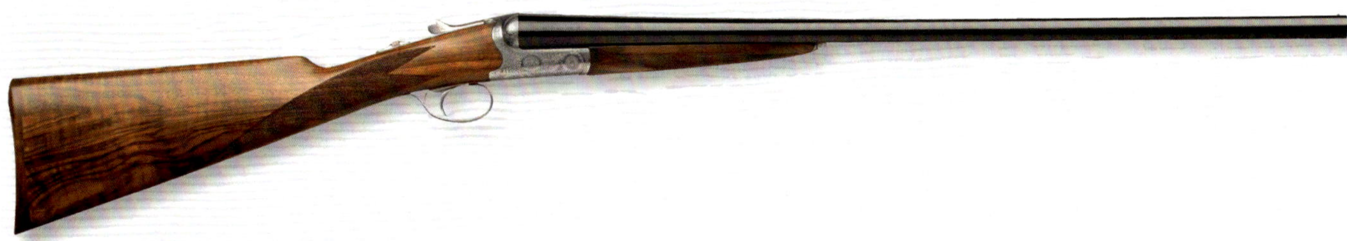

angepasst an die Kaliber 12, 20, 28 sowie .410, um die jeweils perfekte Proportion einer Jagdflinte zu erreichen. Die Basküle der **SO10** wird aus einem einzigen Block hochfesten, dreifach legierten Stahls gefräst. Nichts ist gegossen oder geschweißt. Danach wird die Basküle außen und innen von Hand auf Hochglanz poliert und ist bereit für die Gravur. Die herausnehmbaren Seitenschlosse ermöglichen einen Blick ins Innenleben des Systems und schaffen den Zugang, um sogar die Innenflächen zu gravieren. Und weil das System ohne sichtbare Schrauben oder Stifte auskommt, können die Linien der Basküle frei fließen, ohne dass die Gravur behindert wird. In eine typische Vollgravur einer **SO10** investieren die Meistergraveure von Beretta über 200 Stunden akribische Arbeit. Der Preis für ein solches Schmuckstück liegt dann aber auch bei deutlich über 80.000 Euro. Mit der **SO10** wurden fünf Goldmedaillen bei fünf verschiedenen Olympischen Spielen gewonnen.

Beretta offeriert ein sehr umfangreiches Programm an Bockflinten und bietet sowohl dem Jäger als auch dem Sportschützen eine reichhaltige Auswahl. Billigmodelle gibt es nicht. Alles bewegt sich im mittleren und hohen Preisbereich. Für den Freund klassischer Jagdflinten hat Beretta aber auch eine Querflinte im Programm:

Beretta 486 Parallelo

Im Jahre 2013 überraschte Beretta die Fachwelt mit einer klassischen Querflinte. Um in der heutigen Zeit so eine Konstruktion für 4000 Euro an den Mann zu bringen, muss der Hersteller sich schon etwas einfallen lassen. Nur Optik reicht da nicht, auch Technik und Ausstattung müssen den heutigen Ansprüchen genügen. Moderne Jäger wollen Wechselchokes, Einabzug und die Flinte muss stahlschrottauglich sein. Beretta hat seine Hausaufgaben dahingehend gut gemacht und diese Anforderungen alle erfüllt. Optisch ist die **Parallelo** zudem ein echter Hingucker. Sie ist an die Erscheinung klassischer englischer Jagdflinten angelehnt und verfügt sogar über einen *Round Body*, dem Erkennungsmerkmal der englischen Spitzenflinten.

Der unten abgerundete Systemkasten sorgt für eine elegante Kastenform. Neben dem typischen englischen Hinterschaft besteht auch noch die Option auf einen Pistolengriffschaft. Sieht sicher nicht so elegant aus, wäre in Verbindung mit dem Einabzug aber sicher die bessere Wahl. Parallel dazu sind zwei Vorderschäfte erhältlich. Neben dem typischen schmalen Jagdvorderschaft bietet Beretta auch noch einen etwas breiteren Semi-Biberschwanz-Vorderschaft an. Der silbergrau gebeizte Kasten ist flächendeckend mit einer feinen Blumen- und Arabesken-Gravur versehen. „Graviert" ist allerdings etwas übertrieben, da es sich um eine Lasergravur handelt. Sie macht allerdings einen erstaunlich guten Eindruck. Das Gesamtgewicht von 3,3 Kilogramm ist nicht gerade wenig für so eine Flinte. Dafür ist sie jedoch gut ausbalanciert. Vorderschaft mit Laufbündel und Hinterschaft mit System sind beinahe gleich schwer.

Beretta stattet die **Parallelo** mit modifizierten Blitzschlossen aus, die schnelle V-Schlagfedern besitzen. Bei einem Federbruch können sie schnell und einfach gewechselt werden. Der Sicherungsschieber auf dem Kolbenhals blockiert die Abzüge, zusätzlich ist eine interne schwerkraftgesteuerte Sicherung vorhanden, die eine ungewollte Schussauslösung in einem anormalen Schusswinkel (Rücklage 0 bis 20 Grad) verhindert. Der Laufumschalter ist im Sicherungsschalter als kleiner Querschieber eingesetzt. Umgeschaltet wird der Einabzug durch den Rückstoß des ersten Schusses.

Bei teuren Flinten werden die Läufe im sogenannten Demiblock-Verfahren zusammengelegt. Dazu wird zunächst ein halber Verschlusshaken an einen Schrotlauf angeschmiedet. Danach werden die beiden Läufe und die halben Haken zusammengelötet, und zwar mit Hartlot. Am Ende bestehen Läufe und Haken aus einem Stück und sind sehr haltbar miteinander verbunden. Dieses Verfahren ist eleganter und hochwertiger, als wenn die beiden Schrotläufe von vorn in ein Hakenstück eingeschoben werden. Dafür ist das Demiblock-Verfahren aber auch sehr aufwendig, bedarf einer Menge Handarbeit erfahrener Fachleute und kostet viel Geld. Für die **Parallelo** hat Beretta ein modernes industrielles Verfahren entwickelt, um Läufe im Demiblock-Verfahren zusammenzulegen. In Gardone geht das jetzt mittels Laserschweißtechnik fast automatisch, und zwar so gut, dass keine Nahtstelle zu sehen ist. Die Triblock-Verbindung, wie Beretta die neue Technik getauft hat, bringt das gleiche Ergebnis deutlich schneller und kostengünstiger.

Die **Parallelo** besitzt massive, elf Millimeter breite Haken. Beide Laufhaken haben einen Keileintritt. Auf zusätzliche Verriegelungen nach Purdey oder Greener kann getrost verzichtet werden. Das 71 Zentimeter lange Laufbündel (wahlweise auch 76 Zentimeter) ist für Wechselchoke-Einsätze eingerichtet. Der Flinte liegen fünf Chokeeinsätze mit den Verengungen Zylinder, ¼, ½, ¾ sowie Vollchoke bei. Die Läufe verfügen über 76er-Patronenlager und einen Stahlschrotbeschuss. Visiert wird über eine Hohlschiene, die mit einem drei Millimeter durchmessenden Perlkorn versehen ist. Die hinten noch zehn Millimeter breite Schiene wird nach vorn hin schmaler und misst an der Mündung nur noch 5,5 Millimeter. Optisch entsteht so der Eindruck längerer Läufe.

Das Ejektor-System ist im Vorderschaft untergebracht und arbeitet nach dem System Holland & Holland. Es kann bei Bedarf ausgeschaltet werden. Zum Abschalten muss der Vorderschaft abgenommen und der Umschaltschieber betätigt werden. Steht er auf „E“, arbeitet der Ejektor, wird er auf „M“ geschoben, sind die Schlaghämmer blockiert.

Mit der **Parallelo** erhält der Käufer eine moderne Querflinte mit Vollausstattung, die optisch aussieht wie eine englische oder belgische *Best Gun* aus der guten alten Zeit. Wer bevorzugt Querflinten bei der Jagd führt, kann mit ihr eine Waffe erwerben, die keinerlei Stahlschrot-Einschränkungen hat und über Wechsel-Chokes universell einsetzbar ist.

Die Beretta-Selbstladeflinten

Halbautomatische Flinten haben bei Beretta eine lange Tradition. Die **AL390-Baureihe** erschien 1992 und wurde 1999 durch die **391** abgelöst, die mit über 1,5 Millionen verkauften Flinten ein großer Wurf war. Die **AL391** ist eine Baukastenflinte, die sowohl in Jagd- als auch in Sport-Ausführungen im Programm war. Bei den Lauflängen konnte zwischen 56, 61, 66, 71 sowie

76 Zentimeter bei den Jagdflinten und 71 sowie 76 Zentimeter bei den Sport-Ausführungen gewählt werden. Die Sportflinten hatten höhere sowie breitere Schienen. Auch ein Sluglauf mit Visierung war im Programm und für die Wasserjagd gab es die **AL391** mit Kunststoffschaft, auf Wunsch auch in Camouflage. Wahlweise konnte anstatt eines festen Chokes auch das Beretta-Mobilchoke-System gewählt werden. Der Waffe lagen dann fünf Chokeeinsätze bei. Für die äußere Gestaltung hatte Beretta den bekannten italienischen Designer Giugiaro verpflichtet, der der Flinte besonders im Bereich des Abzugsbügels, des Vorderschaftes und der Abdeckung des Gasregulierungs-Systems seinen Stempel aufdrückte. Auch der im Preis enthaltene Kunststoffkoffer wurde von Giugiaro entworfen. Die **AL391** wirkt durch die fließenden, runden Übergänge vom Kasten zum Schaft und dem übergangslos angepassten Abzugsbügel im Vergleich zu anderen halbautomatischen Flinten schnittig und elegant.

Der Verschluss-Mechanismus der **AL391** wird durch den Gasdruck einer abgefeuerten Patrone betätigt. Um Verbrennungsgase zur Verschlussbewegung abzuzapfen, ist der Lauf 22 Zentimeter vor dem Patronenlager mit einem schmalen Schlitz versehen, durch den die Gase nach Passieren der Vorlage zum Kolbensystem geleitet werden. Der auf dem Magazinrohr geführte Kolben betätigt über eine Übertragungsstange den Verschlussblock. Von einer modernen Selbstladeflinte wird erwartet, dass sie mit möglichst allen gängigen Laborierungen funktioniert. Das ist nur möglich, wenn der auf den Verschluss wirkende Gasdruck möglichst immer gleich gehalten wird. Damit schlappe *Subsonic*-Patronen oder 24-Gramm-Sportpatronen ebenso sicher den Verschluss betätigen wie Standardpatronen und selbst Magnum-Laborierungen mit 57 Gramm Vorlage verschossen werden können, ist eine Regulierung des Gasdruckes erforderlich.

Beretta hat dieses Problem schon im Vorgängermodell **AL390** gelöst und dieses System ohne große Veränderungen übernommen. Ein Ventil leitet die für die Selbstladefunktion nicht benötigte Gasdruckmenge ab und öffnet sich zwangsgesteuert je nach verwendeter Laborierung mehr oder weniger. Bei schwachen Patronen bleibt das Ventil geschlossen und der gesamte Gasdruck kann für die Verschlussbewegung genutzt werden. Bei Standard-Jagdpatronen macht das Ventil etwas auf und bei Magnum-Laborierungen öffnet das Ventil ganz. Das Beretta-Gasregulierungs-System vermeidet so Druckspitzen und hat seine Zuverlässigkeit bereits in der **AL390** unter Beweis gestellt. Das Gasdrucksystem ist nach Herstellerangabe selbstreinigend und bedarf keiner Wartung. Das eigentliche Schloss sitzt auf dem Abzugsblech und ist vom Prinzip her ein einfaches Hahnschloss mit Schraubenfeder. Der Kasten besteht aus hochfestem Duraluminium und sorgt für das geringe Gewicht von lediglich 3010 Gramm.

Die Bedienelemente sind angeordnet wie bei Selbstladeflinten üblich. Der Verschlussauslöser sitzt rechts am Kasten, die Magazinsperre links. Über die Magazinsperre lässt sich die Patronenzufuhr aus dem Röhrenmagazin unterbrechen. So kann im Bedarfsfall schnell eine Patrone mit anderer Schrotgröße oder ein Flintenlaufgeschoss direkt und ohne Umwege über das Magazin in das Patronenlager eingelegt werden. Geladen wird das Röhrenmagazin über die Ladeklappe in der Kastenunterseite. Durch verschiedene Distanz- und Zwischenstücke lässt sich der Hinterschaft individuell an den Schützen anpassen. Über eine Schraube im Schaft lässt sich die Schränkung verändern und sowohl für Rechts- als auch für Linksschützen einstellen. Je nach eingesetzter Zwischenplatte zwischen Systemkasten und Schaft lässt sich die Senkung von 50 bis 65 Millimeter variieren. Die Hinterschaftlänge wird durch verschieden dicke Abschlusskappen verändert. Neben der

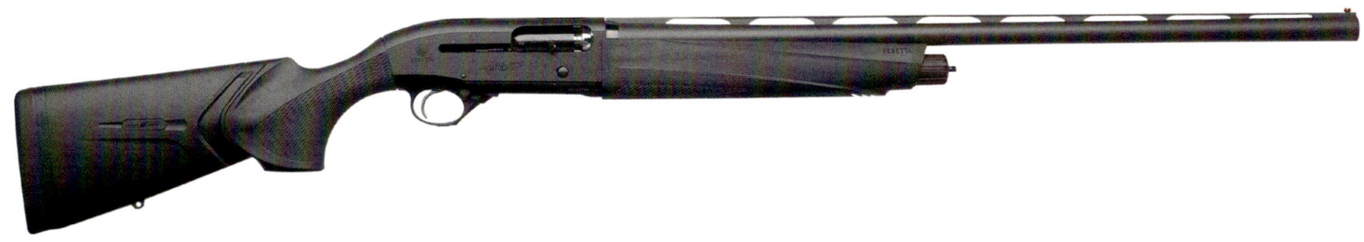

installierten dünnen Kunststoffkappe wird eine 17 Millimeter dicke Gummikappe mitgeliefert. Die **AL391** ist eine elegante und zuverlässige Selbstladeflinte.

Abgelöst wurde sie 2009 durch die aktuelle **AL400-Baureihe**, die den Beinamen **Unico** hat. Die neue Beretta-Selbstladeflinte ist für die Patrone 12/89 Magnum eingerichtet und soll auch alle 12er-Schrotpatronen von der 24 Gramm leichten Sportpatrone bis hin zur 64 Gramm schweren Magnum verdauen. Durch das mittlerweile in vielen Ländern herrschende Bleischrotverbot bei der Wasserwildjagd sind leistungsstarke Schrotpatronen sehr gefragt, die es ermöglichen, eine große Menge von Weicheisenschroten unterzubringen. Die 12/89 steht hier am bisherigen Ende der Entwicklungskette und gilt als optimal für Weicheisenschrote, da die lange Hülse jede Menge der im Vergleich zu Bleischroten zwar notwendigerweise größeren, aber dafür leichteren Stahlschrote schluckt. 64 Gramm wiegt in diesem Fall eine Jagdvorlage. Soll aus der gleichen Flinte auch auf dem Schießstand mit leichten Sportschrotpatronen geschossen werden, bringt das Probleme mit sich, zumindest wenn es sich bei der Waffe um eine halbautomatische Flinte handelt. 24 und 64 Gramm Schrotvorlage sorgen für deutlich unterschiedliche Druckverhältnisse in

Oben: Beretta A400 Lite

Unten: Beretta Urika Gold in der Jagdversion

Urika Sporting

einem Selbstlade-System. Wenn alles sauber funktionieren soll, muss der Hersteller sich konstruktiv einiges einfallen lassen.

Das zweite Problem einer solchen Waffe ist der Rückstoß, denn 64 Gramm Vorlage, egal ob Weicheisen oder Blei, wirken in beide Richtungen, auch der Schütze merkt davon eine Menge. Die Technik der **A400 Unico** basiert grundsätzlich auf dem System der alten **A391**, besitzt aber ein neu entwickeltes Gasdruck-Regulierungssystem, das „Blink" genannt wird. Es handelt sich um einen Drehwarzenverschluss mit zwei kräftigen Warzen, die beim Vorlauf des Verschlusses in eine an den Lauf geschraubte Führungshülse mit entsprechender Steuerkulisse eingreifen. Dadurch wird die Drehung des Verschlusskopfes zwangsgesteuert. Das zur Verschlussbewegung benötigte Gas wird durch Bohrungen am Ende des ersten Laufdrittels abgezapft und in ein Gasdruck-Regulierungssystem geleitet. Je nach Gasmenge und -druck wird das Ventil entsprechend weit geöffnet und nur die zur Verschlussfunktion notwendige Gasmenge weitergeleitet. Das nicht benötigte Gas wird durch Öffnungen am Ende des Vorderschaftes nach unten abgeleitet.

Das neue System der **Unico** hat einen verkürzten Verschlussrücklauf, was die Nachladezeit verkürzt. Es soll deutlich schneller arbeiten als das alte **391er**-System. Beretta spricht von einer theoretischen Feuergeschwindigkeit von vier Schuss in weniger als einer Sekunde. „Blink" steht in diesem Fall für ein Augenblinzeln. Außerdem ist der Gaskolben mit einem sogenannten *Scraper*-Band ausgestattet, das für die Abdichtung des Ventils zuständig ist und gleichzeitig den Gasdruckzylinder innen reinigt. Im Kolben ist ein Hydraulik-System installiert, das den Schlag des Verschlusses in das Systemgehäuse reduziert. Das schont einerseits den Systemkasten und mildert andererseits den Rückstoß. Beim Holzschaft kann zusätzlich ein *Kick-Off*-System gewählt werden, bei dem zwei hydraulische Dämpfungselemente in der Schaftkappe arbeiten. Der Rückstoß presst sie zunächst zusammen, wodurch Kräfte abgebaut werden.

Richtig interessant wird es aber, wenn ein Kunststoffschaft verwendet wird. Hier ist das *Kick-Off-Mega*-System in den Schaft selbst eingebaut, der dazu zweigeteilt ist. Zwei Hydraulikzylinder pressen nicht nur die Schaftkappe, sondern den ganzen Schaft zusammen. Das ist nochmals effektiver und soll eine Rückstoßreduzierung um mehr als 60 Prozent erbringen. Die Trennstelle des Hinterschaftes ist mit einer Gummimanschette abgedeckt. Der Schaft ist mit gelieferten Distanz- und Zwischenstücken an die Statur und Anschlagsgewohnheiten des Schützen individuell justierbar. Die Schränkung wird über eine Schraube im Schaft eingestellt und kann sogar bis zum Linksschaft verändert werden. Die Senkung wird über Regulierungsplatten zwischen Pistolengriff und Systemkasten angepasst. Die möglichen Senkungen: 50, 55, 60 oder 65 Millimeter. Die Schaftlänge

Beretta Xplore

von 36,2 Zentimeter lässt sich über Zwischenstücke um 25 Millimeter verlängern.

Die **AL400** funktioniert tadellos mit verschiedenen Schrotvorlagen und schießt sich dazu auch noch angenehm weich. Es gibt verschiedene Modelle mit Holz- und Kunststoffschaft, auch in Camouflage für die Jagd auf Wasservögel sowie taktische Modelle.

Die **AL400** ist allerdings preislich am oberen Ende des Marktes für Selbstladeflinten angesiedelt, was Beretta dazu bewog, mit der **A300-Serie** 2013 ein deutlich günstigeres Modell auf den Markt zu bringen. Das Gasdrucklade-System wurde von der **AL400** übernommen, die **A300** verfügt aber nur über 76er-Lager. Die **A300 Outlander** zeichnet sich durch eine besonders geringe Anzahl an Einzelteilen aus. Die Waffe besteht aus fünf Hauptgruppen, die sich schnell zerlegen und reinigen lassen. Ein Rückstoßdämpfungs-System gibt es nicht und der Abzugsbügel ist aus Kunststoff gefertigt. Eine funktionssichere Selbstladeflinte zum günstigen Preis.

Noch etwas Besonderes von Beretta

Ideen hatten die italienischen Waffendesigner ja schon immer, aber mit der **UGB25Xcel** haben sie etwas ganz Besonderes entwickelt, eine Selbstlade-Trapflinte mit Kipplauf. Das Prinzip, eine Selbstladeflinte mit abkippbarem Lauf auszustatten, ist nicht neu. Cosmi hat dieses System seit vielen Jahren im Programm. Die Beretta **UGB25 Xcel** ist aber keinesfalls eine abgewandelte Cosmi, sondern ein ganz neu entwickeltes und gänzlich anders funktionierendes System. Es handelt sich um eine reine Sportflinte und nicht um eine Jagdwaffe. Sie hat daher auch kein Magazin im herkömmlichen Sinne, sondern ist generell nur zweischüssig.

An der Waffe ist eigentlich alles anders, und sie weicht vom gewohnten Bild völlig ab. Der Lauf liegt extrem tief und ist mit einer entsprechend hohen Laufschiene ausgestattet. Beretta verspricht sich davon ein wesentlich angenehmeres Schussverhalten und reduzierten Mündungshochschlag. Der Lauf ist im Mündungsbereich zusätzlich verstärkt. Der Systemkasten erinnert noch an eine Selbstladeflinte, doch es fehlt die übliche seitliche Auswurföffnung. Dafür ist rechtsseitig eine Halterung für die zweite Patrone angebracht, die außen am Systemkasten frei sichtbar festgeklemmt wird. An der linken Seite fällt ein großer Öffnungshebel ins Auge, der in dieser Form bei keiner anderen Selbstladeflinte zu finden ist. Der Hinterschaft mit verstellbarem Schaftrücken und auf einer einstellbaren Platte montierter Schaftkappe ist ganz auf den sportlichen Einsatz abgestimmt. Anstelle einer Fischhaut am Pistolengriff und Vorderschaft sind ovale Vertiefungen ins Holz geschnitten, die an eine Punzierung erinnern. Die ganze Waffe ist matt brüniert, nur am Systemkasten sorgen polierte Flächen und

der goldene Schriftzug für Kontraste. Berettas Chefdesigner Giugiaro hat hier eine futuristische Flinte mit zunächst geheimnisvoller Technik geschaffen.

Um die Waffe schussfertig zu machen, wird der linksseitige Öffnungshebel betätigt, wodurch der an einen Greenerriegel erinnernde Querbolzen oben am Systemkasten betätigt wird und die Schienenverlängerung freigibt. Gleichzeitig wird der Verschlussblock ein Stück zurückgezogen und damit die Verriegelung aufgehoben. Die Waffe kann dann aufgeklappt werden und das Patronenlager ist frei zugänglich. Wird die Waffe geschlossen, gleitet der Verschlussblock automatisch in die Verriegelungsposition und der Querriegel schnappt ein. Nach dem Schließen der Waffe wird die zweite Patrone in den rechts am Systemkasten angebrachten Patronenhalter eingelegt. Hinter der Klemmvorrichtung ist eine große Drucktaste angebracht, die eingedrückt den Halter etwas nach außen schwenkt, sodass sich die Patrone einfach von oben einlegen lässt. Feuert der Schütze die Waffe nicht ab, lässt sie sich nach Druck auf die Taste genauso einfach wieder entnehmen. Die eingelegte Patrone sitzt fest in der Klemmvorrichtung und ein Herausfallen beim Hantieren mit der Waffe ist ausgeschlossen.

Die Waffe ist jetzt fertig geladen und schussbereit, wenn der Druckknopf der Sicherung rechts am Abzugsbügel herausschaut, sodass der rote Ring sichtbar ist. Die neue Beretta ist aber kein Gasdrucklader, sondern arbeitet

Linke Seite: Berettas UGB25 Xcell ist eine Selbstladeflinte, die man aufklappen kann

Unten: Die UGB lässt sich auch wie eine Kipplaufflinte zerlegen

mit einem kurzen Laufrücklauf. Kurz ist hier wörtlich zu nehmen. Der Lauf bewegt sich gerade einmal 3,7 Millimeter zurück. Wird die Flinte abgefeuert, geschieht Folgendes: Lauf und Verschluss laufen gemeinsam kurz zurück, der Lauf wird abgestoppt und die Verriegelung von Lauf und Verschlussblock aufgehoben. Der Verschlussblock trennt sich vom Lauf und macht die Rückwärtsbewegung allein weiter. Der Verschlussblock gleitet ganz bis zum Ende des Systemkastens zurück und zieht dabei über den unten am Block angebrachten Patronenauszieher die abgefeuerte Hülse aus dem Patronenlager. Der Verschlussblock hat an der Oberseite eine Längsfräsung und wird über eine im Lauffortsatz angebrachte Nase geführt. Unten liegt er auf einer beweglichen Platte auf, die den Systemkasten bei verriegelter Waffe abschließt. Beim Zurückgleiten des Verschlussblockes wird diese Abschlussplatte mitgenommen und gibt die Auswurföffnung an der Unterseite der Flinte frei. Ein seitlicher Auswurf ist bei dieser Konstruktion nicht möglich, da rechts ja die zweite Patrone wartet. Hat der Verschlussblock seine Endstellung erreicht, wird die abgefeuerte Hülse nach unten ausgeworfen und die Patronenhalterung mit der zweiten Patrone schwenkt zwangsgesteuert in den Systemkasten ein. Im Schaft sitzt eine Feder, die den Verschlussblock wieder nach vorn drückt. Auf seinem Weg nach vorn nimmt der Verschlussblock die Patrone von der Zuführung mit, schiebt sie in das Patronenlager und den Lauf wieder in die Ausgangsstellung, wobei die Verriegelung wieder wirksam wird. Der Patronenschlitten schnappt automatisch in seine Ausgangsposition zurück. Die Flinte ist jetzt für den zweiten Schuss bereit. Wird der nicht gebraucht, kann sie über den Öffnungshebel aufgeklappt und die Patrone aus dem Patronenlager entnommen werden.

Die **UGB25 Xcel** ist eine echte Neukonstruktion und verbindet Selbstladeflinte sowie Kipplaufwaffe auf bemerkenswerte Weise. Ein großer Erfolg war ihr dennoch nicht beschieden.

Die Blaser F3 ist eine Baukastenwaffe mit vielen Möglichkeiten

BLASER

Der in Isny ansässige deutsche Waffenhersteller Blaser stieg erst im Jahre 2003 mit dem Modell **F3** in den Flintenmarkt ein. Im Jahre 2016 folgte dann die **F16**. Diese beiden Flintenmodelle werden in zahlreichen Varianten gefertigt. Die Unterschiede beziehen sich auf Schäftung und Lauflänge.

Blaser F3

Die Blaser **F3** ist eine äußerlich konventionelle Bockflinte mit verlöteten Läufen, Einabzug, Ejektor sowie traditioneller Schäftung. Das Innenleben ist dagegen wirklich innovativ. Die **F3** hat etliche Details, die sie von herkömmlichen Bockflinten unterscheidet. Die schnittig profilierte Basküle ist lediglich 60,6 Millimeter hoch. Herzstück einer Flinte ist der Abzug, der gut sein muss. Blaser garantiert für den rein mechanischen Einabzug ein Abzugsgewicht von 1500 Gramm. Bei einer Flinte ist das ein absoluter Spitzenwert und garantiert eine Schussabgabe ohne Verreißen. Das Abzugszüngel ist stufenlos in der Länge verstellbar und der Abzug lässt sich exakt im Winkel des Schießfingers anlegen. Eine Weltneuheit ist das Blaser IBS (*Inertial Block System*), wodurch zuverlässig das sogenannte manuelle Doppeln verhindert wird. Durch eine sehr kurze Verzögerungsschaltung wird verhindert, dass der Schütze unbeabsichtigt einen zweiten Schuss auslöst. Jeder, der schon einmal eine doppelnde Flinte an der Schulter hatte, wird dieses System zu schätzen wissen.

Typisch für Blaser ist auch die Sicherung. Sie arbeitet sogar, wenn die Flinte eigentlich entsichert ist. Die Schlagstücke werden im Fall eines Rastenbruchs sowie bei Stoß oder Fall in der Sicherheitsfangrast gefangen, unabhängig davon, ob gesichert oder entsichert ist. Als Verschluss dient eine massive Keilverriegelung mit groß dimensionierter Verriegelungsfläche in Kombination mit einer Druckplatte im Baskülenboden. Die **F3** ist von Grund auf für den Einsatz von Stahlschrot konzipiert und mit Stahlschrot staatlich beschossen. Die Läufe sind innen hartverchromt und außen plasmanitriert. Blaser arbeitet mit dem sogenannten *Overbore*-Laufprofil, das einen weiteren Innendurchmesser hat (18,65 statt 18,2 Millimeter). Alle **F3**-Modelle haben mündungsbündige Wechselchokes von Briley. Die Läufe sind bei den Chokeeinsätzen leicht verdickt, sodass im Bereich der Wechselchokes die gleiche Laufwandstärke zur Verfügung steht wie dahinter. Die Ejektoren werden durch separate Ejektorbolzen (Ejektor-Pins) aktiviert. Der Ejektor hat aber noch eine technische Besonderheit, denn die Federn werden bei der **F3** erst nach erfolgter Schlossauslösung beim Öffnen der Waffe gespannt. Damit wird deren Ermüdung beim Lagern ausgeschlossen.

Bei der Schäftung muss zwischen den Jagdflinten und Sportflinten unterschieden werden. Der Hinterschaft der Jagd-Modelle ist für den jagdlichen Anschlag spezialisiert, sprich für Jagd, jagdliches Schießen, Jagdparcours und Olympisches Skeet. Die Trap-Version besitzt hingegen einen Hinterschaft mit Monte-Carlo-Effekt sowie einen sportlichen Vorderschaft mit Griffmulde. Es sind auch Hinterschäfte mit verstellbarem Schaftrücken und verstellbarer Schaftkappe erhältlich.

Eine weitere Besonderheit ist der sogenannte Blaser-Balancer, eine Gewindestange mit zwei Massezylindern, welche die normale Schaftschraube im Hinterschaft ersetzt.

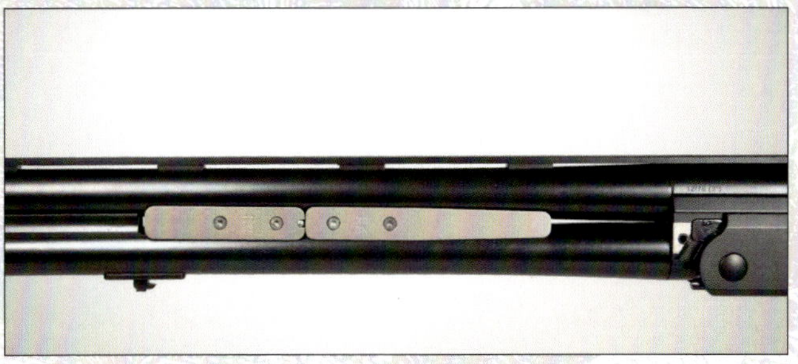

Oben: Die Basküle ist nur 60,6 Millimeter hoch

Mitte: Als Verschluss dient eine massive Keilverriegelung

Unten: Balancer-System

Die F16 ist keine abgespeckte F3, sondern eine völlig neu konstruierte Flinte

Er wird – je nach Präferenz – ohne Massezylinder, mit einem oder zwei Massezylindern eingesetzt. Der Balancer ermöglicht eine individuelle Justierung der Waffenbalance. Bei den Sport-Modellen ist er serienmäßig, bei den Jagd-Ausführungen optional erhältlich. Eine feine Sache, denn damit lässt sich die Gewichtsverteilung der Flinte auf die Anschlagsgewohnheiten des Schützen abstimmen. Mit etwa 7500 Euro für die Standardversion der **F3** ist die Blaser-Flinte schon im höheren Preisbereich angesiedelt, bietet technisch dafür aber auch eine ganze Menge. Zudem hat der Käufer die Möglichkeit, sich seine Flinte im Online-Konfigurator zusammenzustellen.

Blaser F16

Mit der **F16** wagte sich Blaser in das hart umkämpfte Marktsegment der 3000-Euro-Flinten. Hier gibt es jede Menge etablierte Konkurrenz. Die **F16** ist nicht etwa eine abgespeckte **F3**, sondern eine völlig neu konstruierte Flinte, auch wenn sich einige technische Details der **F3** auch hier finden. Bei den Jagdmodellen **Game** werden 71 oder 76 Zentimeter lange Läufe angeboten, während die Sportflinten mit 76er- oder 81er-Lauflänge zu haben sind. Alle Modelle werden mit drei Wechselchokes ausgeliefert.

Zwei Flinten *Made in Germany* aus demselben Werk, die sich optisch sehr ähnlich sehen und auch bei der Ausstattung auf den ersten Blick nur wenig Unterschiede zeigen. Wie geht das? Bei der **F3** wurde ein hoher Aufwand getrieben, um sehr kurze Zündzeiten zu erzielen. Dazu wurde sie mit einer linearen Schlagstückführung ausgestattet, mit der die Schlagbolzen in gerader Linie getroffen werden. Bei der **F16** kommen die Schlagstücke wie üblich von unten mit einem tiefergelegenen Drehpunkt. Die Zündverzugszeit ist daher im Vergleich zur **F3** etwas höher. Bei der **F3** lassen sich die Laufbündel ohne Anpassarbeiten einfach wechseln. Das ist in der Herstellung sehr aufwendig und kostenintensiv, da mit absoluten Minimaltoleranzen gearbeitet werden muss und die Teile im bereits gehärteten Zustand auf Maß gebracht werden. Bei der **F16** wurde darauf verzichtet, denn bei einer Flinte mit Wechselchokes kauft kaum jemand später noch ein zweites Laufbündel, wenn er nicht gerade ausgesprochener Wettkampfschütze ist. Das Laufbündel der **F3** ist plasmanitriert, bei der **F16** wird es mit Keramikkugeln gestrahlt und dann auf herkömmliche Weise brüniert.

Beim Abzug garantiert Blaser für den rein mechanischen Einabzug ein Abzugsgewicht von 1650 Gramm. Auch die **F16** hat das IBS (*Inertial Block System*) der **F3**. Verriegelt wird über Laufhaken sowie einen gabelförmigen Keil im Hakenstück. Der Laufhaken taucht in eine Ausfräsung des Baskülbodens ein. Die Rückstoßkräfte werden von einem überdimensionierten Scharnierstift aufgenommen. Ein sehr stabiler Verschluss, der dem **F3**-System in Haltbarkeit nicht nachstehen dürfte, aber wesentlich einfacher zu fertigen ist. Auch die **F16** ist von Grund auf für den Einsatz von Stahlschrot konzipiert und dahingehend staatlich beschossen. Die Läufe sind innen hartverchromt.

Die **F16** ist eine interessante Bockflinte, bei der einige bewährte Details der **F3** übernommen, aber gleichzeitig auch die Produktionskosten im Auge behalten wurden.

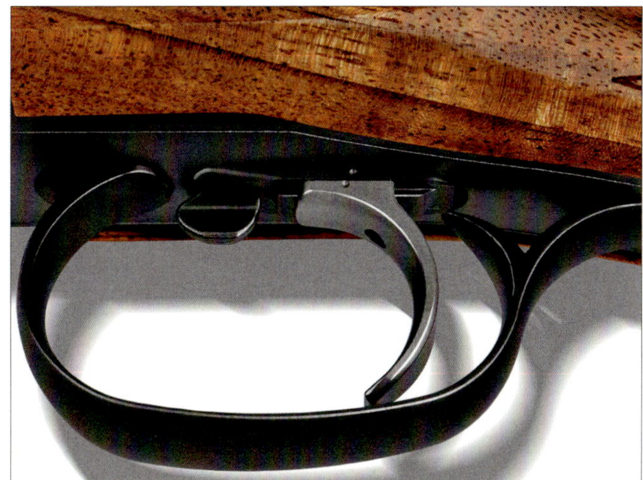

Laufumschaltung vor dem Abzug

Luxusjagdversion der F3 mit Gravur

Rechts: Bei der Sporting-Version hat auch die F16 ein Balancer-System

Unten: Blaser F16 Heritage

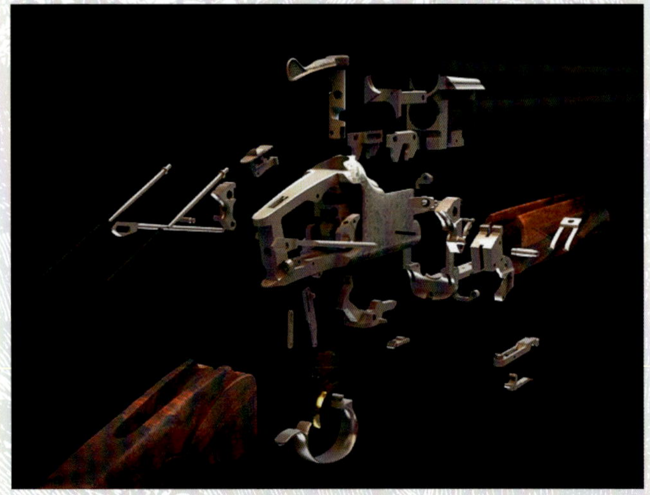

Die Browning-Bockflinten basieren technisch auf der legendären B25

BROWNING

Browning mit Sitz in Utah (USA) wurde am 14. November 1927 als Browning Arms Company in Ogden gegründet (ab 1972 Namensänderung in Browning). Das Unternehmen wurde von John Moses Browning, einem der wichtigsten Entwickler der Waffenindustrie im 20. Jahrhundert testamentarisch gegründet, um seine zahlreichen Patente wahrzunehmen. Er erhielt 128 Patente für 80 verschiedene Waffen. Heute sind unter dem Dach der Herstal Group die Marken FN Herstal, Browning und Winchester vereint. Seine wohl wegweisendsten und interessantesten Entwicklungen auf dem Flintensektor, die Bockflinte **FN B25** sowie die Selbstladeflinte **Auto 5** wurden bereits eingehend besprochen.

Die Browning-Bockflinten

Als John Moses Browning im Jahre 1925 eine Bockflinte konstruierte, die er einfach **B25** nannte, schrieb er Waffengeschichte. Aus dem ersten Modell entstand eine ganze Modellpalette an Jagd- und Sportflinten und es gab nach dem zweiten Weltkrieg, als FN diese Flinte auf den Mark brachte, sowohl in den USA als auch in Europa wohl kaum ein Wurftaubenschießen, bei dem eine **FN B25** nicht beteiligt war. Die **B25** erlangte infolge ihrer Robustheit und guten Schussleistung schnell Weltruhm. Die ursprüngliche **B25** wurde bis Anfang der 1980er-Jahre gefertigt. Dann folgte 1985 die **B125**, 1991 die **B325**, 1995 die **B425**, ab 2003 schließlich die **B525**, die heute noch in Produktion ist, und 2012 folgte dann die **B725**, die an die bewährte Baureihe anknüpft, jedoch auch einige signifikante Veränderungen aufweist.

Gefertigt werden die Browning-Serienmodelle bei Miroku in Japan. In den USA vermarktete Browning die B-Serie unter dem Beinamen **Citori**. Die ursprüngliche **B25** ist auch heute noch erhältlich, gefertigt vom Browning Custom Shop in Belgien und zu Preisen, die für den Normaljäger unerschwinglich sind. Im Jahre 2004 betrat die Firma mit der **Cynergy** ganz neuen Boden und wendete sich vom ursprünglichen **B25**-Konzept ab. Nicht sehr erfolgreich allerdings. Die **Cynergy** ist zwar noch im Programm, aber nur mit einer einzigen Modellvariante.

Die Baureihe B525

Bei der **B525**-Serie listet Browning zurzeit 15 Modelle für Jagd, Sport und Parcoursschießen. Sie unterscheiden sich hauptsächlich in Schäftung, Gravur und Lauflänge.

Browning verwendet ein modifiziertes Anson & Deeley-Schlosswerk, das in einer Art Rahmen gelagert ist, bestehend aus dem Kasten an sich, dem Kreuzstück, der verlängerten Scheibe sowie der Abzugsplatte. Unten im Kasten sitzt ein Hebel, der beim Abkippen des Laufbündels die Schlaghähne spannt. Die Stangen sind oben gelagert. Bei diesem Schloss ist der Winkel, der aus der Hahnachse, der Raste und der Stangenraste gebildet wird, größer als 90 Grad. Das hat den Effekt, dass die Stangen in die Rasten hineingezogen werden. Zusätzlich haben die Schlagstücke eine Sicherheitsrast. Sollte wirklich einmal durch einen derben Stoß die Stange aus der Rast springen, wird das Schlagstück in dieser Sicherheitsrast gefangen, bevor es den Schlagbolzen erreichen kann. Die Schiebesicherung auf

Browning 525 Field Grade

Oben: Browning B725 Hunter

Unten: B725 Luxus

dem Kolbenhals trennt Abzug und Stange. Erst nach dem Entsichern greift das Abzugsblatt unter die für den ersten Schuss vorgewählte Abzugsstange. Als zusätzliche Sicherung ist eine Auslösesperre installiert, die verhindert, dass bei geöffnetem System die Schlosse ausgelöst werden. Der Sicherungsschieber sitzt auf dem Kolbenhals und ist gleichzeitig für die Laufvorwahl zuständig. Der breite Schieber wird zur Laufwahl komplett nach links oder rechts bewegt. Der Einabzug funktioniert über eine Rückstoß-Umschaltung und nicht mechanisch wie bei den beiden vorherigen Modellen.

Die Laufhaken sind am unteren Lauf angeschmiedet, und die Läufe sind mit Hartlot verbunden. Der vordere Laufhaken stützt sich am acht Millimeter starken Scharnierbolzen ab, wobei der Scharnierdrehpunkt unterhalb des Laufes liegt. Die Verriegelungsarbeit übernehmen die beiden parallel angeordneten hinteren Laufhaken. Sie werden durch einen 27 Millimeter breiten Keil, der über die gesamte Breite in die Haken eingreift, bei geschlossener Waffe festgelegt. Betätigt wird der Keil wie gewohnt über den oben auf der Scheibe liegenden Verschlusshebel. Durch die seitlich hochgezogenen Kastenbanden hat das Laufbündel eine fast spielfreie Führung im Baskül. Die Ejektoren arbeiten nach dem System Holland & Holland. Die Schlaghähne sind im Vorderschaft installiert, arbeiten hier aber nicht wie beim Original mit Schenkelfedern, sondern mit modernen Schraubenfedern. Auch die **B525** hat die bei Browning seit einigen Jahren üblichen *Back-Bored*-Läufe. Durch diese spezielle Art der Laufgestaltung soll die Schrotgeschwindigkeit erhöht, der Rückstoß reduziert und die Deckung verbessert werden. Die Läufe sind mit Wechselchokes ausgestattet.

Oben: B725 Sporter Unten: Browning Ultra

Die B725

Gegenüber der **B525** ist die Basküle der **B725** um vier Millimeter niedriger. Möglich wurde das durch kompaktere Schlagstücke im neuen Modell. Dieses niedrigere Profil macht sich angenehm beim Schießen bemerkbar. Der Rückstoß wird geradliniger in die Schulter übertragen und der Hochschlag fällt geringer aus. Hatte die **B525** einen rückstoßgesteuerten Einabzug, so findet sich bei der **B725** nun ein mechanischer Abzug, der beim Auslösen des ersten Schlosses automatisch umschaltet und keinen Rückstoß braucht. Auch die erste **B25** hatte einen solchen Abzug. Das Schloss-System der **B725** soll gegenüber den alten Modellen schneller sein, was durch eine neu konzipierte Geometrie der Schlossteile erreicht wird. Fühlbar ist das jedoch kaum. Verschluss-Technik und Laufbündel entsprechen den **525er**-Modellen. Die **725er**-Baureihe umfasst aktuell 20 Modelle.

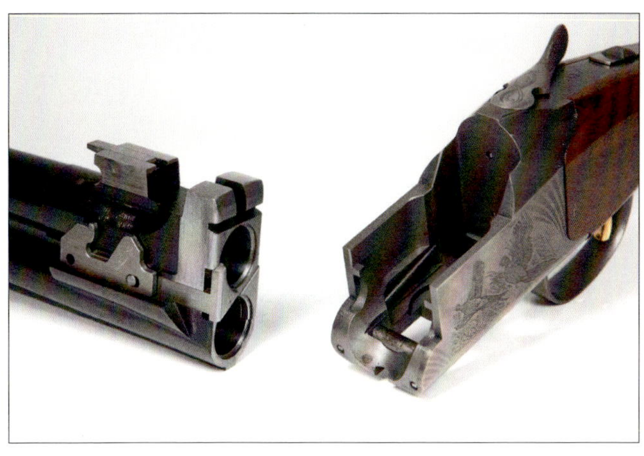

Der klassische Browning-Verschluss wurde bei den Bockflinten benutzt, bis die Cynergy kam

Die Browning Cynergy

Das Herz eines Rennwagens, das Aussehen eines Supermodels und die Seele einer Browning – so stellten die belgischen Waffenbauer auf der IWA 2004 ihre neue Bockflinte **Cynergy** vor. Sie baut nicht auf der bewährten **B25**-Reihe auf. Verschluss, Abzugssystem, Ejektor sowie viele weitere Details wurden völlig neu entwickelt. Auch beim Design verließen die Konstrukteure eingefahrene Bahnen. Neben

Browning Cynergy: Sie besitzt einen hakenlosen Verschluss

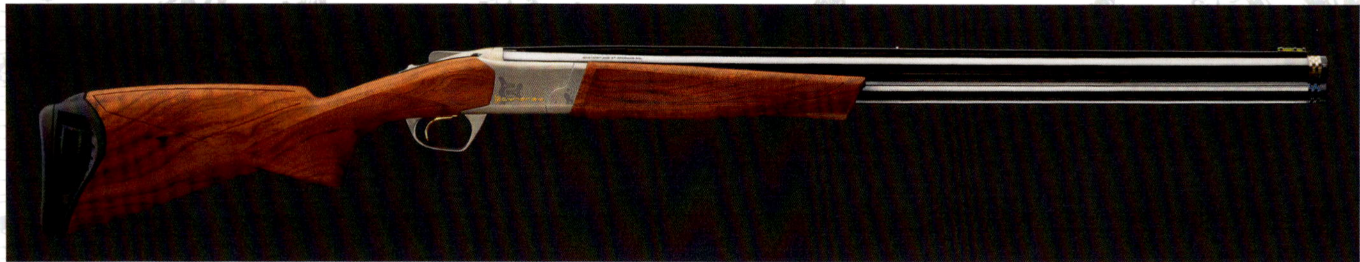

einer **B25** wirkt die **Cynergy** wie ein Wesen vom anderen Stern. Sicher nichts für traditionsbewusste Jäger, sondern vielmehr für Sportschützen gedacht, die ein modernes Gerät mit revolutionärem Innenleben wollen.

Den ersten Blick zieht die ungewöhnliche Schaftkappe auf sich, die stark geschwungen ist und regelrecht in den Schaft eingreift. An ihrer breitesten Stelle ist sie 60 Millimeter dick. Der Systemkasten ist mit einer Bauhöhe von lediglich 48 Millimetern extrem niedrig, wodurch die **Cynergy** sehr schlank wirkt. Zumindest vorn, denn der Pistolengriff geht ohne Absatz in den Hinterschaft über und macht dadurch einen etwas klobigen Eindruck. Hier ist das „Supermodel" um die Hüften herum etwas zu mollig geraten. Die in den Hinterschaft eingefrästen Linien haben nur optische Gründe und sollen etwas auflockern. Auch der Vorderschaft weicht von gewohnten Formen ab. Er verjüngt sich von oben und unten zur Spitze hin. Der gerade Vorderschaftabschluss verläuft schräg nach oben, wodurch der Vorderschaft sehr kantig wirkt und sich von den sonst gewohnten runden Formen markant unterscheidet. Befestigt wird er in gewohnter Weise mit einem Patentschnäpper am Lauf. Der Schaft liegt aber nicht am Lauf direkt an. Am Lauf ist eine gerippte Kunststoffschiene befestigt, die den direkten Kontakt verhindert. Durch die Rippung der Schiene ergeben sich Lüftungsschlitze, die für eine bessere Wärmeableitung bei langen Serien sorgen sollen.

Browning nennt den neuen Verschluss *Monolock Hinge*. Wörtlich übersetzt also Einzelverriegelungs-Scharnier. So ganz neu ist diese Verschluss-Technik aber nicht. Zumindest hat sie sehr große Ähnlichkeit mit dem Kreis-Segment-Verschluss der schwedischen **Caprinus**-Bockflinte, die zwar nie in großen Stückzahlen gebaut wurde, aber dafür schon einige Jahre alt ist. Der Verschluss besteht im Wesentlichen aus zwei kreisförmigen Ausfräsungen am Monoblock und der Innenseite der Basküle, die im geschlossenen Zustand ineinandergreifen und so eine formschlüssige Auflage bilden. Durch den langgezogenen Kreisbogen entsteht hier eine sehr große Verriegelungsfläche mit entsprechend hoher Stabilität. Verriegelt wird über zwei Keile, die in entsprechende Ausfräsungen links und rechts neben dem unteren Lauf eingreifen. Laufhaken im herkömmlichen Sinne, also unter dem Lauf, gibt es hier nicht. Dadurch ist ein sehr flacher Kasten möglich und der Schwerpunkt liegt entsprechend tief, was sich günstig auf den Hochschlag der Waffe im Schuss auswirken dürfte. Die Kastenhöhe der **Cynergy** beträgt nur sechs Zentimeter. Das setzt bei einer 12er-Bockflinte Maßstäbe.

Bei einem Blick ins Innenleben der **Cynergy** fallen sofort die weit zurückliegenden Schlagstücke und die demzufolge sehr langen Schlagbolzen auf. Browning hat für die **Cynergy** ein gegenläufiges Federsystem entwickelt. Die Schlagbolzenfedern schlagen also nach hinten. Diese

Browning A5 Sweet Sixteen

Umlenk-Konstruktion soll die Zündzeit erheblich verkürzen. Das ist auch gelungen. Browning gibt eine Zündzeit von sensationellen 0,0019 Sekunden an. Bei herkömmlichen Schlossen beträgt die Zündzeit etwa 0,03 Sekunden. Im Vergleich dazu ist die **Cynergy** damit wirklich ein Rennwagen.

Das Abzugssystem ist ebenfalls völlig neu und bietet die Möglichkeit, geringe Abdrücke bei höchster Sicherheit einzustellen. Es handelt sich hier um einen umschaltbaren, mechanischen Einabzug. Der Sicherungsschieber dient als Umschalter. Er ist nur im gesicherten Zustand zu betätigen. Ist das „O" sichtbar, wird zuerst der obere Lauf abgefeuert, bei sichtbarem „U" dementsprechend zunächst der untere Lauf. Die Position des Abzugszüngels ist in der Länge verstellbar und das Züngel kann nach Lösen einer Schraube leicht ausgewechselt werden. Die **Cynergy** hat geteilte, automatische Ejektoren, die nur die abgefeuerte Patronenhülse auswerfen. Bei der Anordnung der Ejektorfedern weicht Browning von gewohnten Wegen ab. Statt der kurzen, verdeckten Federn werden hier freiliegende 65 Millimeter lange Schraubenfedern installiert, die zwischen den Läufen liegen. Abgedeckt vor Beschädigungen werden sie nur durch den Vorderschaft. Bei zerlegter Waffe ist also etwas Vorsicht geboten. Vorteile hat eine solche Federanordnung kaum.

Technisch finden sich in der Browning **Cynergy** einige fortschrittliche Neuerungen. Die kurzen Schlosszeiten sind konkurrenzlos und der hakenlose Verschluss ist nicht nur extrem stabil, sondern ermöglicht auch eine elegante Bauweise mit flachem Kasten. Auch das Abzugs-System verdient Anerkennung. Über das Design mag der eigene Geschmack entscheiden. Ein großer Verkaufserfolg war die **Cynergy** aber anscheinend nicht. Es gibt nur noch die Ausführung **Composite Black** mit schwarzem Kunststoffschaft.

Die Browning-Selbstladeflinten

Die legendäre **Auto 5** wird im Prinzip immer noch gebaut, nun aber in neuer Ausführung mit kurzem Rohrrücklauf. Dieses Modell, von dem es vier Ausführungen gibt, wurde bereits eingehend beschrieben. Nach Einstellung der ursprünglichen **Auto 5** im Jahre 1998 war die Browning **Gold**, die Mitte der 1990er-Jahre vorgestellt wurde, das Brot-und-Butter-Modell von Browning. Die **Gold** ist ein kombinierter Gasdruck-Rückstoßlader mit einem zweiteiligen Verschluss. Ein Trägerteil mit langer Stange läuft in Verschlussbahnen im Verschlussgehäuse und liegt mit der Stange hinten an einem gefederten Bolzen an. Nach dem Rücklauf drückt der Federbolzen den Verschlussträger wieder nach vorn. Die Verriegelung erfolgt über eine große Warze am Riegelblock, die in eine entsprechende Ausfräsung am Lauffortsatz eingreift.

Zur Gasabnahme ist der Lauf 23 Zentimeter vor dem hinteren Laufende angebohrt. Die Verbrennungsgase strömen durch eine schräg nach hinten gerichtete Bohrung und wirken auf ein Kolbensystem mit Ventilsegment ein, das auf dem Magazinrohr angeordnet ist. Im Schuss wird der Verschluss durch das Steuergestänge etwas zurückgeschoben, sodass die Verriegelungswarze über eine Steuerkurve nach unten bewegt wird und der Verschluss entriegelt. Die austretenden Gase bewirken hier aber nur die Öffnung des Verschlusses und die Einleitung der Rückwärtsbewegung. Das vollständige Öffnen des Verschlusses erfolgt durch den Rückstoß der Patrone. Das System der Browning **Gold** ist damit die Kombination von Gasdruck- und Rückstoß-Ladeprinzip. Die Funktion der Waffe war hervorragend. Die **Gold** verdaute Vorlagen von 28 bis 56 Gramm. 24-Gramm-Patronen funktionierten auch häufig, doch dafür übernahm Browning keine Garantie. Wie bei vielen Selbstladeflinten üblich, besitzt die Waffe ein

Browning Gold

einfaches Hahnschloss, das auf dem Abzugsblech montiert und mit einer Sicherung verbunden ist, die als Druckknopf im Abzugsbügel sitzt. Durch Unterlegscheiben lässt sich die Senkung des Hinterschaftes verändern.

Browning fertigte die **Gold** in vielen Ausführungen und auch für sehr starke Magnum-Patronen wie die 12/89 oder 10/89. Als dann die neue **Maxus** auf den Markt kam, wurde die **Gold** fast vollständig eingestellt. Heute gibt es nur noch ein Modell, die **Gold Camo Mossy Oak** im Kaliber 10/89. Die dicken 10er-Patronen lassen sich in der **Maxus** offenbar nicht unterbringen und amerikanische Gänse- sowie Truthahnjäger mit dieser Kaliber-Präferenz sollten als Kunden nicht verloren gehen.

Die Browning Maxus

Die aktuelle Selbstladeflinte bei Browning ist die **Maxus**, die in neun unterschiedlichen Modellvarianten mit Holz- und Kunststoffschäften angeboten wird. Sie wird nur für die beiden 12er-Kaliber 12/76 und 12/89 eingerichtet. Die Winchester **SX3** ist technisch praktisch baugleich und wird ebenfalls bei Browning gefertigt. Die **Maxus** ist ein echter Gasdrucklader mit einem neu entwickelten System, das Browning *Power Drive* nennt. Hier ist nicht nur eine Gasbohrung im Lauf, sondern gleich eine ganze Reihe von Bohrungen. Je nach Patrone (die **Maxus** verschießt alle 12er-Patronen von der 12/70 bis zur 12/89) wird nur die

Browning Maxus
Black Gold

Browning Maxus

Browning Maxus One Composite

passende Anzahl Bohrungen geöffnet. Die Gase wirken dann auf den Kolben. Nicht benötigte Pulvergase werden einfach abgeleitet, was zu einer Reduzierung des Rückstoßes führt. Winchester spricht von bis zu 20 Prozent Rückstoßreduzierung.

Das bei der **Maxus** verbaute *Lightning Trigger System* weist eine gute Abzugscharakteristik auf und besitzt eine sehr schnelle Schlaggeschwindigkeit, wodurch eine höhere Schussfolge möglich ist. Wie schon die **Gold** verfügt auch die **Maxus** über das *Back-Bored*-Laufprofil und ist für Wechselchokes eingerichtet. Bei den Bedien- und Sicherungselementen gibt es keine Unterschiede. Völlig neu ist allerdings die Befestigung des Vorderschaftes. Es gibt keine Schraubkappe am Ende des Magazinrohres mehr. Der Vorderschaft lässt sich einfach durch Eindrücken eines Knopfes an der Unterseite und Zug an dem darunterliegenden Schnäpper abnehmen. Um den Rückstoß noch weiter zu reduzieren, hat die **Maxus** eine neue Schaftkappe, die als Inflex-Technologie bezeichnet wird. Die Schaftkappe hat eine innenliegende Struktur, die den Schaftkolben beim Schuss von der Backe des Schützen weg zieht. Die **Maxus** ist eine moderne sowie sehr funktionssichere Selbstladeflinte, die im mittleren Preissegment rangiert.

CHAPUIS

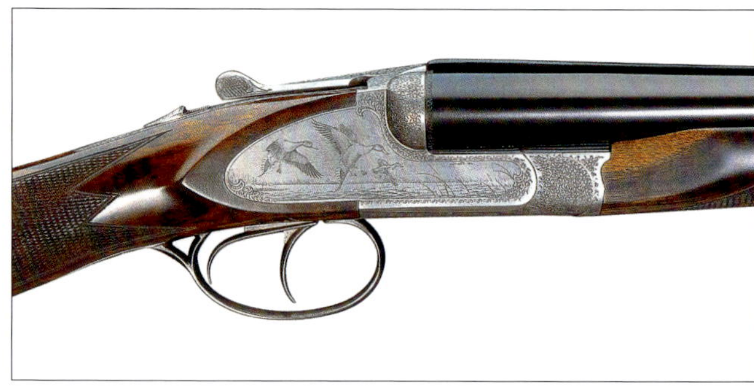

Oben: Chapuis Royal Unten: Gravur Royal

Chapuis ist der größte französische Hersteller von Flinten und Doppelbüchsen mit Sitz in der kleinen Stadt *Saint Bonnet le Château*, nicht weit weg vom Zentrum der französischen Waffenindustrie *St. Etienne*. Im 18. und 19. Jahrhundert gab es rund um *St. Etienne* viele Büchsenmacher, die Rohteile wie Läufe und Basküle in ihren Werkstätten als Zulieferer für die großen Waffenfabriken fertigten. Andre Chapuis war einer dieser Büchsenmacher und seine Spezialität war die Fertigung von Läufen und Systemen für Kipplaufwaffen. Als dann auch sein Sohn Jean in die Waffenbranche einstieg, gründeten Vater und Sohn einen Familienbetrieb und fertigten weitgehend in Handarbeit komplette Waffen.

Der Zweite Weltkrieg unterbrach die Produktion, die aber nach 1945 direkt wieder aufgenommen wurde. Unter Rene Chapuis stieg das Unternehmen dann in die semi-handwerkliche Herstellung von Waffen ein und konnte dadurch die Fertigungszahlen erheblich steigern. In den 1990er-Jahren übernahmen Vincent und David Chapuis den Familienbetrieb. In der Firma sind nun etwa 65 Mitarbeiter beschäftigt. Sie hat sich besonders der handwerklichen Fertigung von Doppelbüchsen und Flinten des Luxussegments verschrieben. Im Jahr 2012 wurde dieses Engagement von Chapuis Armes mit dem Label *Entreprise du Patrimoine Vivant* (EPV) belohnt. Dieses Label für ein „Lebendiges Erbe" wird nur an Unternehmen vergeben, die es verstehen, Tradition mit Innovation zu kombinieren. Seit 2019 gehört Chapuis zur Beretta Holding.

Die Doppelbüchsen von Chapuis sind auch bei uns sehr bekannt, während sich das von den Flinten weniger behaupten lässt. Der Grund ist ganz einfach. Frankreich ist der größte europäische Markt für Flinten und französische Jäger sind sehr traditionsbewusst. Ein großer Teil der produzierten Flinten wird im Land selbst verkauft. Chapuis baut sowohl Quer- als auch Bockflinten. Technisch sind die Modelle gleich, sie unterscheiden sich nur in der äußeren Aufmachung. Die Einstiegsklasse **Classique Collection** kommt mit einer Lasergravur, die Mittelklasse **Artisan Collection** wird von Hand graviert und die Luxusklasse **Grand Luxe Collection** wartet mit äußerst aufwendigen Handgravuren sowie Goldeinlagen auf. Bei der Verarbeitung des Innenlebens gibt es keine Unterschiede. Bereits bei der Einstiegsklasse wird genauso hochwertig gearbeitet wie in der Luxusklasse.

Die Chapuis-Querflinten

Die Flinten werden für die Kaliber 12, 16 und 20 eingerichtet, wobei die geschmiedeten Kästen auf das Kaliber abgestimmt sind. Als **Classique Collection** gibt es sowohl die Bock- als auch die Querflinte auch noch im Kaliber 28, was den Bau von besonders zierlichen Waffen ermöglicht.

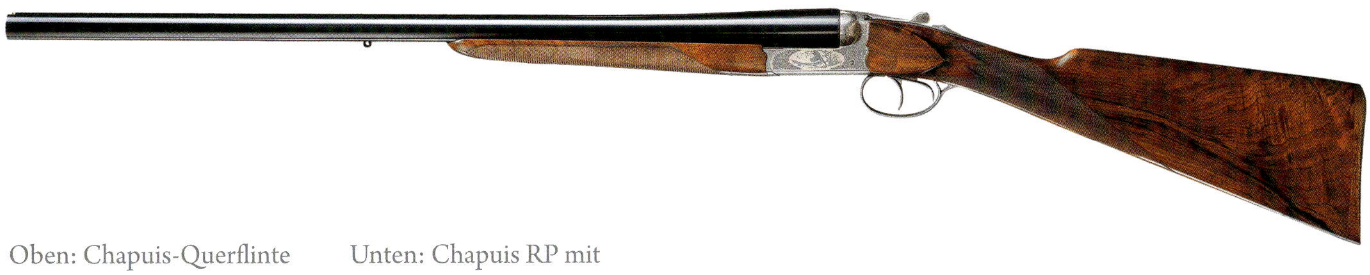

Oben: Chapuis-Querflinte UGP mit Blitzschlossen

Unten: Chapuis RP mit langen Seitenplatten

Vom Design her sind die Chapuis-Querflinten der **UGP-RGP**-Baureihe an englische Luxusflinten angelehnt. Sie haben auch den runden Systemkasten, der englische Nobelflinten auszeichnet. Die Läufe sind am Laufhakenstück angelötet und haben nebeneinander liegende Haken für die Scharnier-Abstützung. Es werden Lauflängen von 600, 680 sowie 700 Millimeter angeboten. Der Verschluss ist den Chapuis-Doppelbüchsen sehr ähnlich. Der Unterschied besteht darin, dass bei den Doppelbüchsen ein Hakenstück mit doppelter Brille eingesetzt wird, während bei den Flinten das Hakenstück als Hakenplatte eingeschoben und hart angelötet ist. Für die Abstützung gegen den Scharnierbolzen ist ein Doppelhaken angebracht, der sich genau unterhalb der Laufseelenachsen befindet. Dadurch ergibt sich beim Schuss eine Aufnahme der seitlich wirkenden Kräfte durch die Kastenflanken. Eine ähnliche Hakenanordnung findet sich auch beim Suhler Simson-Jäger-Verschluss.

Chapuis stattet die Flinten mit Schraubenfeder-Ejektoren eigener Konstruktion aus. Die Mechanik ist mit den Auswerfer-Federn im Hakenstück untergebracht. Die Auswerfer-Raststücke werden dann über Spannstangen im Kastenboden gesteuert. Eine etwas eigenwillige Konstruktion, aber dafür sind französische Waffenbauer bekannt. Auch die Blitzschlosse sind eine Eigenentwicklung. Beim Abkippen des Laufbündels werden die Schlagstücke nicht durch Hebel gespannt, sondern durch im Kastenboden liegende Schubstangen. Die Schlagstück-Federn werden auf Stangen geführt. Chapuis versteht es, diese Blitzschlosse sehr gut zu justieren und erreicht Abzugswiderstände von etwa zwei Kilogramm. Dieses Schlosswerk wird in allen Modellen eingesetzt. Seitenschlosse gibt es nicht, dafür aber bei den teuren Flinten lange Seitenplatten mit herrlichen Bulino-Gravuren.

Modern wird es bei den Chokes, denn Chapuis richtet auch die Querflinten optional für Wechselchokes ein. In der heutigen Zeit sicher eine durchaus richtige Entscheidung, die die Waffe universeller macht. Die Querflinten werden klassisch mit Doppelabzügen ausgestattet, passend zum englischen Schaft. Optional gibt es gegen Aufpreis auch einen Einabzug. Als Holz kommt sehr gutes französisches Walnussholz zur Anwendung. Bereits die einfachen Modelle haben exklusive Hölzer und einen penibel ausgeführten Ölschliff. Die Fischhaut an Vorder- und Hinterschaft wird sorgfältig von Hand geschnitten. Die gut ausbalancierten sowie eleganten Flinten wiegen im Kaliber 12 etwas über 3 Kilogramm und sind sehr führig. Wer es richtig leicht haben will, wählt die 28er, die gerade einmal 2,5 Kilogramm auf die Waage bringt. Für eine Jagd auf getriebene Grouse in den schottischen Highlands sicher das richtige Werkzeug. Preislich sind die französischen *Side by Side* durchaus interessant. In der Standard-Ausführung geht es bei 3500 Euro los und selbst das Luxusmodell mit langen Seitenplatten liegt noch unter 5000 Euro.

Die Chapuis-Bockflinten

Auch bei den Bockflinten hat Chapuis einen unten abgerundeten Systemkasten, was die Waffen sehr edel aussehen lässt. Und hier gibt es technisch ebenfalls nur ein Konzept. Die Modellunterschiede sind rein optischer Natur. Wahlweise gibt es die Kaliber 12, 16 oder 20. Bei den Lauflängen besteht die Option zwischen 600, 680, 700, 760 und 800 Millimetern, auf Wunsch mit Wechselchokes. Die Waffen

Chapuis C240 mit Bulinogravur

Modell C30 mit Leichtmetallkasten

Chapuis C40

Chapuis C60 Light Beccassier

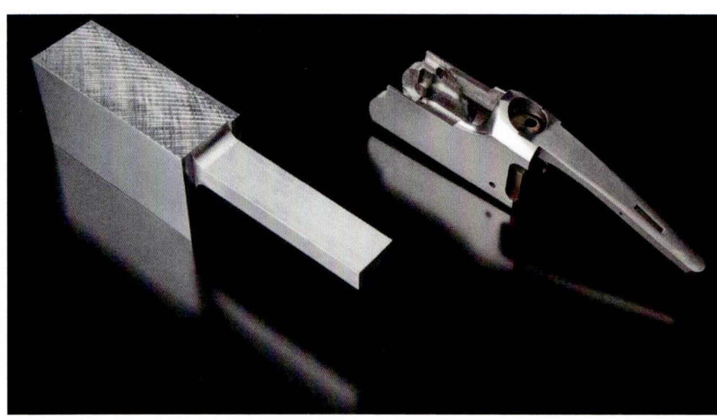

Die Basküle wird aus einem massiven Block herausgearbeitet, bei den C30-Modellen aus Fortal 7075

haben einen Beschuss für Weicheisenschrot. Die **Super Orion** genannten Bockflinten sind leicht und elegant ausgeführt, vornehmlich für die Jagd gedacht und weniger als Sportflinten. Selbst die 12er wiegt gerade einmal 3,2 Kilogramm. Verriegelt wird über einen Boss-Verschluss und auch die Bockflinten haben Blitzschlosse mit Schraubenfedern. Wahlweise mit und ohne Ejektoren, was heute schon fast eine Seltenheit ist. Der Doppelabzug ist Standard, einen Einabzug gibt es gegen Aufpreis.

Wer eine wirklich leichte Bockflinte sucht, wird bei Chapuis beim Modell **C30/C35 Light Upland** fündig. Hier wird der Kasten aus einem Block der Ultraleichtlegierung Fortal 7075 herausgearbeitet. Diese Superlegierung wird in vielen Bereichen der Luftfahrt verwendet und ist in der Festigkeit vergleichbar mit den besten Stählen. Sie kann auch in der mechanischen Elastizität mithalten, ist dabei aber drei Mal leichter als Stahl. Durch eine PVD-Schutzwärmebehandlung im Vakuum-Abscheidungsprozess werden die mechanischen Teile gegen Reibungsverschleiß geschützt. In den Leichtmetallkasten ist eine austauschbare Rückstoßplatte aus Stahl eingesetzt. Die **Light Upland** ist ein halbes Kilogramm leichter als die **Super Orion** mit Stahlkasten. Es gibt sie in den Kalibern 12 und 20.

Auch die Bockflinten sind preislich sehr interessant. Los geht es bei etwa 3300 Euro für die einfache Ausführung mit Doppelabzug. Auch hier findet man schon sehr gutes Schaftholz und ansprechende Gravuren. Der französische Waffenbauer liefert elegante sowie handwerklich gut verarbeitete Jagdflinten zum annehmbaren Preis.

Nicht elegant, aber robust und günstig – die ZH

CZ BRNO

Die *Zbrojovka Brno AG* entstand im Jahre 1918 aus den ursprünglichen österreichisch-ungarischen Artilleriewerkstätten und war ein tschechoslowakischer Staatsbetrieb. Von 1924 bis 1925 wurden Gebäude zur Produktion von Handfeuerwaffen, Maschinengewehren, Automobilen für den Bedarf der Maschinenwerkstatt und des Werkzeugbaus errichtet. Es wurde ein perfekt durchorganisierter Vorzeigebetrieb gebaut, der für moderne Serien- und Präzisionsproduktion ausgelegt war. BRNO wuchs ständig und erwarb Beteiligungen an Betrieben mit ähnlicher Produktion in Tschechien, der Slowakei, Rumänien und Jugoslawien. In der Zeit ihrer Konjunktur hatte *Zbrojovka* über 70 Werke und Betriebe.

Nach der Besetzung der Tschechoslowakei im Zweiten Weltkrieg wurde das Werk den Hermann-Göring-Werken unter dem deutschen Namen Waffenwerke Brünn angegliedert. Während des Zweiten Weltkrieges fertigte das Unternehmen für die Wehrmacht Gewehre wie den Mauser Karabiner **98K** und das Gewehr **33/40**. In der Nachkriegszeit durften in der zentralistisch geleiteten Wirtschaft keine Militärwaffen mehr gebaut werden und es blieben nur Sport- sowie Jagdwaffen. Hier bewies die Firma viel Geschick und schaffte eine interessante Produktpalette.

Die Waffen mit dem Markenzeichen „Z im Kreis“ wurden schnell bekannt und gelangten über den Waffenversender Frankonia Jagd auch nach Deutschland. 1959 standen die tschechischen Kipplaufwaffen, zunächst die **ZH**, erstmals im Katalog und waren weitaus günstiger als Kombinierte von Krieghoff, Sauer, Merkel oder Heym. Die Bockwaffenserie **ZH** war zudem eine Baukastenwaffe und ließ sich durch Wechselläufe beliebig ausbauen. Besonders die Kombination Bockbüchsflinte mit Flintenwechsellauf war ein Renner. Angeboten wurden die **ZH**-Waffen bis 2001. Die Produktion dürfte aber schon etwas früher eingestellt worden sein.

Welche Grundwaffe erworben wurde, sagt die dreistellige Modellnummer hinter der Bezeichnung **ZH** aus. Daraus lässt sich aber noch mehr erkennen, etwa Kaliber und Lauflänge. Die Tabelle gibt eine Übersicht der **ZH**-Flinten.

PZH und Nummer	Kaliber	Lauflänge
301	12/70 und 12/70	70 cm
302	12/70 und 12/70	66 cm
303	12/70 und 12/70	76 cm
321	16/70 und 16/70	60 cm

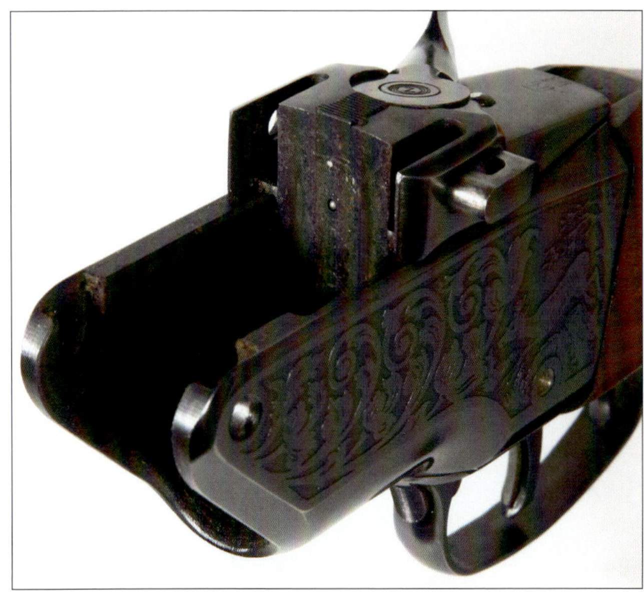

Oben: Die ZH war eine eigenwillige Konstruktion

Unten: Baskül der ZH

Die **ZH** war eine eigenständige Konstruktion mit vielen Besonderheiten und hat nichts mit anderen Brünner-Modellen zu tun. Eine **Brünner Super** ist keinesfalls eine **ZH** mit Seitenschlossen, sondern hat eine ganz andere Verschluss-Technik. Auch die Brünner-Modelle **500** und **Tatra** sind selbstständige Konstruktionen und stammen nicht von der **ZH** ab.

Die **ZH** besitzt eine sehr interessante sowie innovative Verschluss-Konstruktion, bei welcher der sonst verwendete Scharnierstift durch zwei am Laufblock angebrachte Zapfen ersetzt wird, die sich in Lagern der Basküle drehen. Durch diese Technik war es möglich, die Zapfen zwischen den Läufen zu platzieren und so einen optimalen Drehpunkt zu erhalten, der die Abkippbestrebungen des Laufbündels auf ein bei Bockgewehren überhaupt mögliches Minimum reduziert. Durch den identischen Abstand des Drehpunktes von den Seelenachsen der Läufe ist das Kippmoment praktisch gleich groß. Durch die Lage des Drehpunktes zwischen den Läufen ist ein herkömmlicher Verschluss natürlich nicht möglich. Die **ZH** hat ein axial bewegliches Verschlussstück, das beim Abkippen des Laufbündels nach hinten gedrückt wird. Das verursacht zwar eine etwas ungewöhnliche Optik des Kastens, ist aber technisch sehr gelungen und ausgereift. Verriegelt wird über einen massiven Schieber, der in eine entsprechende Ausfräsung an der Unterseite des Laufblockes eingreift und über einen doppelten Querriegel nach Kersten. Weil sich der Verriegelungsschieber nicht direkt im Kasten, sondern an einem separaten Verschlussstück befindet, ist die Neigung zum Abziehen der Läufe deutlich geringer als bei herkömmlichen Verschlüssen. Eine Vergrößerung des Stoßbodenabstandes bei häufigem Gebrauch ist hier technisch so gut wie ausgeschlossen. Ein sehr massiver Kipplaufwaffen-Verschluss, der kaum klapprig werden kann.

Beim Öffnen der Waffe ist ein ungewohnt hoher Widerstand spürbar. Das ist technisch bedingt und hat nichts mit Fertigungsmängeln zu tun. Das Verschlussstück gleitet geführt in einer Prismenschiene im Kasten und wird durch zwei Rückholfedern nach vorn gedrückt und in verriegelter Stellung gehalten. Wird der Verschluss geöffnet und das Laufbündel abgekippt, muss auch der Widerstand dieser beiden Federn überwunden werden. Recht wartungsfreundlich sind die in das Verschlussstück eingesetzten Schlagbolzen. Sie sind mit einer Schraube befestigt, die gleichzeitig den Stoßbodenschieber hält. Wird diese Schraube gelöst, kann der Schieber nach oben entnommen werden und defekte Schlagbolzen oder Schlagbolzen-Federn sind einfach auswechselbar. Auch zum Reinigen und Ölen sehr praktisch. Hier muss nicht erst das ganze Schloss zerlegt werden.

Das Schlosswerk ist wie beim Blitz-System auf dem Abzugsblech montiert, hat aber einige interessante Veränderungen erfahren. Es werden bruchsichere Schraubenfedern verwendet. Zudem verfügt nur der vordere Abzug über eine separate Abzugsstange, die des hinteren Abzuges ist integral gefertigt. Der hintere Abzug kann als Einabzug betätigt werden. Sind beide Schlosse gespannt, befindet

Die Tatra war moderner als die ZH

CZ Upland Ultralight aus aktueller Produktion

Ein speziell für die Waffenproduktion entwickelter Stahl, der auf höchste Verschleißfestigkeit ausgelegt ist. Die Läufe werden in den Laufblock eingeschraubt und mit zwei Schienen weich verlötet. Die Weichverlötung bedingt eine Streichbrünierung des Laufbündels, während die Basküle tauchbrüniert wird. Bei manchen Waffen sichtbare geringe Farbunterschiede sind also normal.

sich die Abzugsstange des vorderen Abzuges außerhalb der Reichweite des Einabzughebels. Wird der hintere Abzug zuerst betätigt, legt sich der Einabzughebel mit einem seitlichen Fortsatz unter die Abzugsstange des vorderen Abzuges. Wird der hintere Abzug jetzt nochmals durchgezogen, wird die Stange des vorderen Abzuges mit dem Einabzughebel aus der Schlagstückrast gedrückt. Ein sehr funktionssicherer sowie rein mechanisch arbeitender Einabzug, der mit wenigen Bauteilen auskommt. Die Sicherung ist im Abzugsbügel gelagert und als Drücker ausgeführt. Ist die Waffe gesichert, befindet sich der Drücker innerhalb des Abzugsbügels und wird zum Entsichern nach vorn gedrückt. Der Widerstand des Drückers wird über eine federbelastete Stahlkugel gesteuert. Im gesicherten Zustand sind die Abzugsstangen festgelegt und können nicht aus der Schlagstückrast austreten. Wird die Waffe geöffnet, drückt ein unten am Verschlussstück angebrachter Zapfen die Sicherung automatisch in die gesicherte Position. Eine gut funktionierende und auch recht verlässliche Sicherung. Das Laufbündel besteht aus Poldi-Spezial-Gewehrlaufstahl und kann sich, was die Materialeigenschaften angeht, durchaus sehen lassen, wie die nachfolgende Tabelle zeigt:

Poldi-Spezial-Gewehrlaufstahl	
Streckgrenze	55 kg
Zugfestigkeit	85–105 kg/mm²
Dehnung	15%
Einschnürung	35%
Kerbschlagzähigkeit	3

Die Brünner Super

Die **Brünner Super** wird konventionell über einen Kersten-Verschluss sowie doppelte Laufhaken verriegelt. Die Seitenschlosse sind mit bruchsicheren Schraubenfedern und Sicherheitsfangstangen ausgestattet. Seitliche Signalwellen zeigen an, ob die Schlosse gespannt sind. Das Laufbündel aus Poldi-Spezialstahl ist innen hartverchromt. Die Standardausführung hat schwarze Seitenplatten mit Arabesken- und Jagdstück-Gravur. Dann gab es noch drei Luxus-Ausführungen, wobei die beste Version eine tief gestochene Arabesken- sowie erhabene Eichenlaub-Gravur auf den Muscheln besaß. Der Schaft war als Pistolengriffschaft mit Backe und schottischer Fischhaut ausgeführt, der Vorderschaft besonders lang gehalten.

Brünner Tatra

Die **Tatra** kam 1970 und war eine schlichte Bockflinte mit Kersten-Verschluss, doppelten Laufhaken und Blitzschlossen. Auch hier war das Laufbündel aus Poldi-Elektro-Gewehrlauf-Stahl gefertigt. Die **Tatra** gab es in 16/70 sowie 12/70, sie hatte einen Ejektor und einen Pistolengriffschaft mit Backe. Wahlweise war sie mit Doppel-, gegen Aufpreis auch mit Einabzug erhältlich. Die Form des Systemkastens

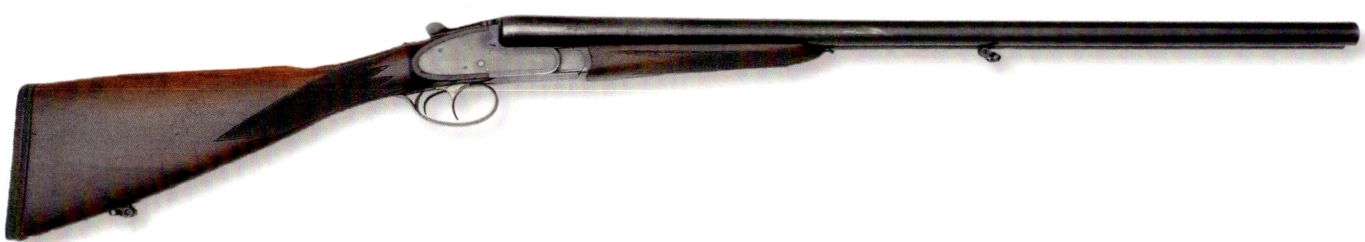

war moderner und maschinengerecht gestaltet. Neben der Jagd- gab es auch eine Trap- und Skeet-Version.

Die Brünner-Bockwaffen wurden nur selten als reine Flinte gekauft. Es war sehr beliebt, die Waffe als Kombination mit einem Laufbündel Bockbüchsflinte und Bockflinte zu erwerben. Wer es sich leisten konnte, kaufte auch noch die Bockdoppelbüchsläufe. Die Waffen waren sehr robust und langlebig, aber auch recht schwer und wenig elegant.

Ganz oben: Die Brünner Super war das Topmodell mit echten Seitenschlossen

Oben: Querflinte mit Seitenschlossen

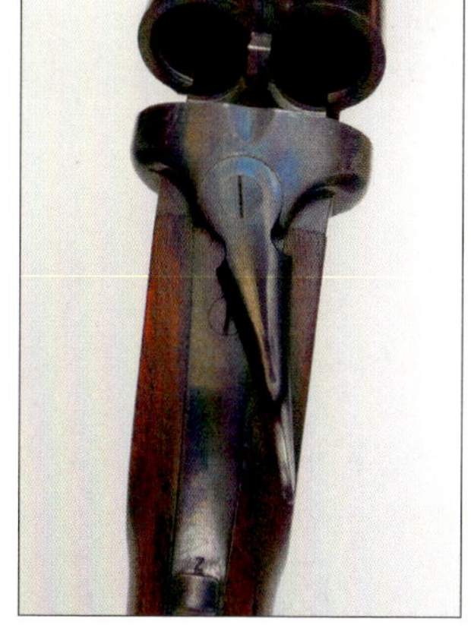

Rechts: Purdey-Verschluss

Die Brünner-Seitenschloss-Doppelflinte

Die *Side by Side* von Brünner war wesentlich eleganter als die Bockflinten. Die Läufe aus Poldi-Elektrostahl waren aufwendig im Demiblock-Verfahren zusammengelegt, verriegelt wurde über einen Purdey-Verschluss mit doppelten Laufhaken. Der Vorderschaft war mit einem Purdey-Drücker befestigt, beim Hinterschaft bestand die Wahl zwischen englischer Schäftung oder Pistolengriffschaft mit Backe. Wahlweise mit oder ohne Ejektor. Im Kaliber 12 waren die Läufe 72 Zentimeter lang, bei der 16er 70 Zentimeter. Im Kaliber 16 brachte die Brünner gerade einmal etwas über 3 Kilogramm auf die Waage und war überaus führig. Die Seitenschlosse waren mit bruchsicheren Schraubenfedern bestückt. Um die Schlosse zu entnehmen, musste lediglich eine Schraube gelöst werden. Die Brünner war zur damaligen Zeit eine der günstigsten Seitenschloss-Doppelflinten auf dem Markt und wurde gut verkauft. Heute gibt es unter der Bezeichnung **CZ** noch Bockflinten, die in der Türkei bei Huglu gebaut werden. Mit den alten Waffen haben sie nichts gemeinsam.

Oben: Fabarm Elos

Unten: Keil-Verschluss der Elos

FABARM

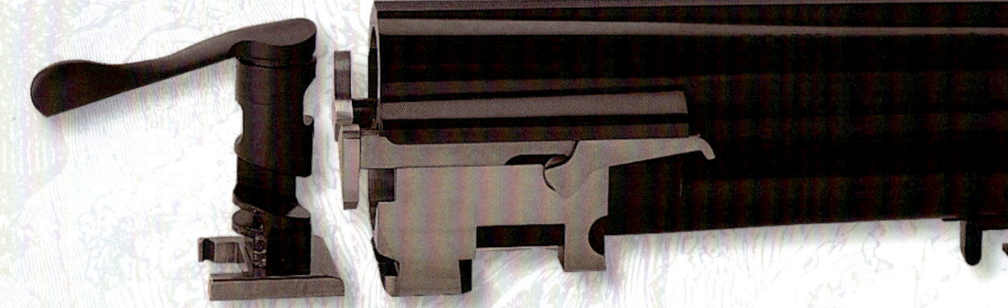

Die *Fabbrica Bresciana di Armi*, abgekürzt Fabarm, wurde Anfang des 20. Jahrhunderts von den Erben der Galesi-Familie, einer bedeutenden Dynastie italienischer Waffenschmiede, in Brescia gegründet. Zunächst wurden Pistolen und Querflinten produziert, nach dem Zweiten Weltkrieg erweiterten die Italiener das Sortiment schnell um Bockflinten und Schonzeitwaffen. Ende der 1960er-Jahre brachte Fabarm mit der **Goldenmatic 125** eine halbautomatische Flinte heraus, die als Rückstoßlader arbeitete. In den 1970er-Jahren widmete Fabarm sich hauptsächlich der Herstellung von Sportflinten für das Wurfscheibenschießen und mit dem Modell **STL** kam eine Pumpgun hinzu. Die halbautomatische Schrotflinte **Ellegi** mit Gehäuse aus leichtem Ergal 55 war ein Verkaufserfolg in Italien und auch im Ausland.

Mitte der 1970er stieg die Familie Galesi aus dem Unternehmen aus. Es kam zu einer enormen Restrukturierung und Modernisierung des Betriebes. Die Produktion stieg zeitweise auf über 3000 Flinten im Monat. Nach der Jahrtausendwende konzentrierte sich die Produktion auf halbautomatische Flinten sowie Vorderschaft-Repetierer, die weltweit bei Sicherheitskräften sehr gefragt waren. 2004 kam die Selbstladeflinte **Lion H35 Titan** auf den Markt und ein Jahr später die Bockflinte **AXIS**.

Elos im Kaliber 20

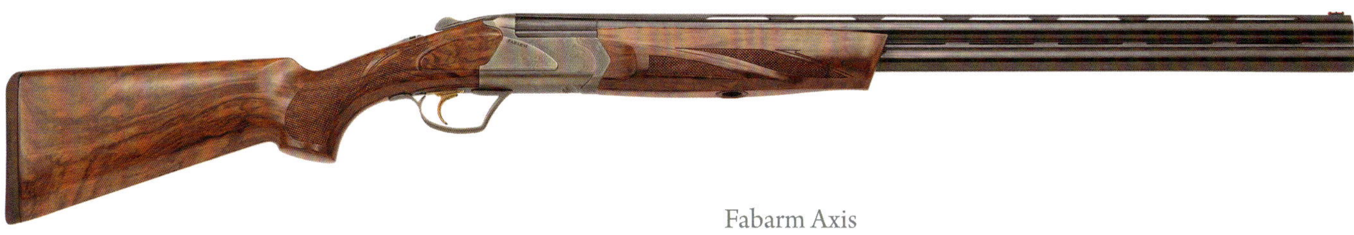

Fabarm Axis

Fabarm Axis Luxus

2011 stieg das Unternehmen Caesar Guerini als Miteigentümerin bei Fabarm ein. Die Verbindung beider Waffenfirmen brachte neue interessante Entwicklungen. Mit der **XLR 5 Velocity** kam eine Selbstladeflinte für das Wurfscheibenschießen auf den Markt, die bei US-Schützen großen Anklang fand. John Yeiser brach damit 2013 den Geschwindigkeitsweltrekord in der Disziplin Trap AT, indem er in 64,14 Sekunden 25 Ziele traf. 2014 wurde die Abteilung Fabarm Professional gegründet, die sich speziell der Entwicklung und Produktion von Vorderschaft-Repetierern für den militärischen und polizeilichen Gebrauch widmet. Pumpguns, wie die **S.A.T. 8** mit Röhrenmagazin für acht Schuss, die **Martial** und die ultramoderne **STF/12** sind weltweit bei Sicherheitskräften im Einsatz. 2015 übernahm Caesar Guerini Fabarm komplett und ist nun Alleineigentümer.

Das aktuelle Sortiment von Fabarm umfasst neben den Polizei- und Militärflinten moderne Bockflinten sowie stilvolle Querflinten in einer Vielzahl von Modell-Varianten. Die Bockflintenserie **Elos** beinhaltet alleine 14 Varianten im Kaliber 12, drei in den Kalibern 20, zwei in 28 sowie eine im Kaliber 36. Darunter auch ausgefallene Sondermodelle wie die **Elos B2 Classic AL Paradox Gold**, die speziell für die Jagd auf Waldschnepfen konzipiert wurde. Sie besitzt einen Systemkasten aus Aluminium, um das Handling im Wald und den Tragekomfort bei Buschierjagden zu verbessern. Der erste Lauf verfügt über eine Paradox-Zugbohrung auf den letzten 15 Zentimetern, was spontane Schüsse auf kurze Distanzen erleichtert und die Streuung der Garbe beschleunigt. Der zweite Lauf ist mit vier austauschbaren HP-Innenchokes ausgestattet. Die Flinte wiegt dabei lediglich 2,7 Kilogramm.

Die Fabarm-Bockflinten Elos

Die **Elos**-Bockflinten gehören in der Grundversion zu den preiswerten Waffen und sind bereits ab etwa 1200 Euro zu haben. Dem Stahlsystem sieht man die Fertigung auf hochmodernen CNC-Maschinen aber nicht an, denn es ist nicht kantig, sondern elegant gerundet. Die Oberfläche erhält eine PVD-Titanbeschichtung. PVD steht für *Physical Vapour Deposition*, bei der verdampftes Titan durch ein Plasma-Verfahren an die Oberfläche gebracht wird, wodurch eine dünne, sehr harte Schutzschicht entsteht. Das Laufbündel ist im Monoblock-System zusammengelegt. Fabarm stellt die Laufrohlinge im Tiefbohr- und nicht im Hämmerverfahren her. Davon verspricht sich der Hersteller weniger Spannungen im Stahlgefüge. Die Laufverbindung wird unter Verwendung von Silberlot in speziellen Durchlauföfen hergestellt.

Beta Classis

Nobile Grade 3

Classis Grade 4

Fabarm verwendet ein verbessertes *Tribore*-Laufprofil, das den Zusatz HP hat. Dieser bezieht sich auf die neuen Chokeeinsätze. Fabarm teilt den Lauf in vier Abschnitte ein. Ein langer Übergangskonus soll den Reibungswiderstand der Schrote verringern. Dann folgt ein auf 18,8 Millimeter Innendurchmesser vergrößerter Laufteil, bevor die Schrote in einen konischen Bereich von 205 Millimeter Länge wieder sanft auf den üblichen Innendurchmesser von 18,4 Millimeter bis zum Eintritt in den Choke zurückgeführt werden. Dadurch soll sich die Deckung verbessern und eine höhere Schrotgeschwindigkeit erreicht werden. Die 82 Millimeter langen HP-Chokeeinsätze werden aus einem massiven Stück Molybdänstahl gebohrt und haben ein hyperbolisches Profil. Dadurch wird der Anpressdruck der Schrotkörner im Choke verringert und die Deckung verbessert. Selbst der 9/10-Chokeeinsatz ist mit jeder Schrotgröße stahlschrottauglich. Die Läufe werden innen hartverchromt.

Es stehen verschiedene Lauflängen zur Verfügung, Stahlschrotbeschuss ist obligatorisch. Verriegelt wird über einen massiven Keil-Verschluss und die Kastenschlosse mit obenliegenden Stangen sind mit Schraubenfedern bestückt. Der Einabzug arbeitet mit Rückstoß-Umschaltung, gewechselt wird über einen Querschieber im Sicherungsdrücker auf der Scheibe. Mit der **Elos**-Baureihe bietet Fabarm solide Bockflinten mit konventioneller Technik zum günstigen Preis an und hat eine große Auswahl an Varianten für jede Gelegenheit.

Die Fabarm-Axis-Baureihe

Die **Axis**-Bockflinten sind vornehmlich für den sportlichen Einsatz gedacht, wobei es mit der **Axis Grey** auch eine Jagd-Ausführung gibt. Zurzeit sind 14 Modelle gelistet. Verriegelt wird über einen breiten Keil. Auch die **Axis** besitzt

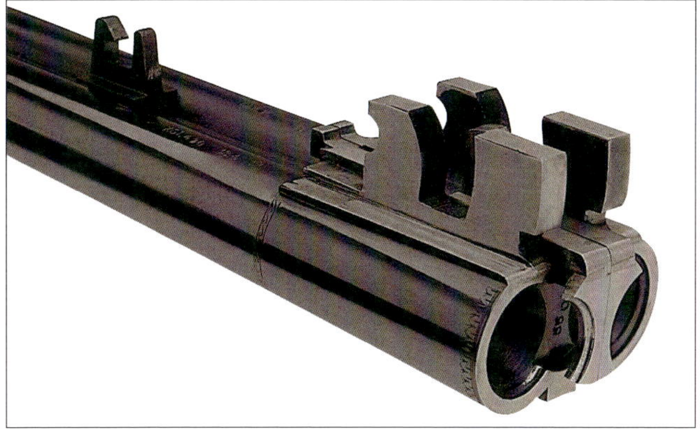

Oben: Laufwahlschalter im Sicherungsschieber

Unten: *Four-Locks*-Verschluss

ein Kastenschloss. Der Scharnierstift ist nicht durchgehend, sondern geteilt. Der Kasten ist etwas breiter als bei der **Elos** und hat verstärkte Seitenflächen, die halbkreisförmig im Schaftholz weitergeführt werden. Der Abzug ist längsverstellbar, es kann ein Balancer-System installiert werden und die Spannung des Vorderschaftes lässt sich einstellen. Die Fischhaut ist lasergeschnitten, das Schaftholz verfügt über ein schützendes *Triwood*-Finish, ein Verfahren, das einen perfekten, wasserdichten Schutz des Holzes gewährleistet. Mit der **Axis**-Serie bietet Fabarm preisgünstige Sportflinten mit guter Ausstattung an.

Die Fabarm-Querflinten

Bei der **Classis-Line** genannten Querflinten-Baureihe gibt es drei 12er- und zwei 20er-Modelle. Die beiden 20er unterscheiden sich im Schaft, einmal englischer, einmal Pistolengriffschaft, was auch bei den 12ern der Fall ist, nur dass es hier noch zusätzlich eine **Classis Grade Five** mit langen Seitenplatten und aufwendiger Gravur gibt. Auch die Querflinten warten mit einem unten formschön abgerundeten Stahlkasten auf sowie Kastenschlössern mit obenliegenden Stangen. Beim Verschluss gehen die Italiener jedoch andere Wege. Sie verwenden vier Laufhaken, die paarig angeordnet sind. Das Laufbündel wird im Monoblock-Verfahren zusammengelegt. Die Läufe haben innen das HP-*Tribore*-Profil und sind für Wechselchokes ausgelegt. Bei den Lauflängen werden 61, 66, 71 sowie 76 Zentimeter angeboten. Alle Modelle haben einen selektiven Einabzug und abschaltbare Ejektoren. Die Schäfte aus gutem Nussbaumholz sind handgeölt und besitzen ein ansprechendes Finish. Gegen Aufpreis gibt es auch höhere Schaftholzklassen. Die Fabarm-Querflinten sind hervorragende klassisch aufgemachte Flinten mit modernem Innenleben, die ein gutes Preis-Leistungs-Verhältnis bieten.

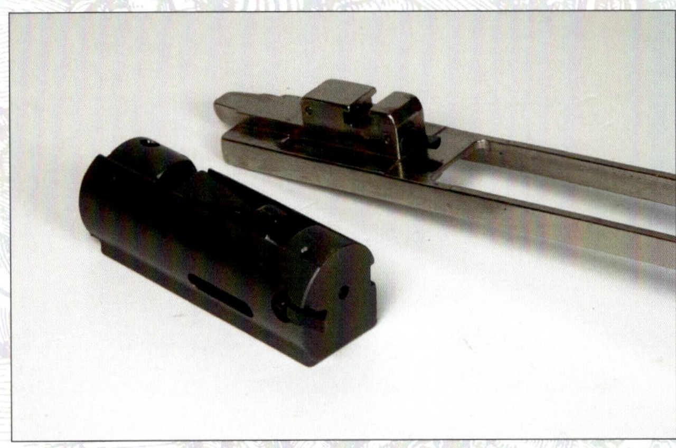

Oben: Abschaltbarer Ejektor bei den Querflinten

Mitte: Gaszylinder der Fabarm

Unten: Verschluss mit Kippblock

Die Fabarm-Selbstladeflinten

In dieser Kategorie hat der Käufer die Wahl zwischen 20 verschiedenen Modellen, in denen die speziellen Militär- und Behörden-Ausführungen noch nicht einmal vorkommen. Fabarm verwendet keinen Drehwarzenverschluss, wie viele andere Hersteller. Stattdessen greift ein durch Zwangssteuerung abkippendes Riegelelement in vorderster Stellung oben in eine Verlängerung des Laufes direkt hinter dem Patronenlager ein. Der Verschlussblock ist auf einen Schlitten montiert und lässt sich zum Reinigen ganz leicht entfernen. Dazu muss lediglich der Durchladehebel entfernt werden, um den kompletten Verschluss nach Abnahme des Laufes nach vorn aus dem Systemkasten ziehen zu können.

Ein intelligentes Gas-System, dass es ermöglicht, Schrotpatronen mit unterschiedlichen Vorlagegewichten störungsfrei zu verschießen, ist bei modernen Selbstladeflinten üblich. Fast alle Hersteller arbeiten hier mit einem Ventil. Je nach Gasmenge und -druck wird das Ventil entsprechend weit geöffnet und nur die zur Verschluss-Funktion notwendige Gasmenge weitergeleitet. Das nicht benötigte Gas wird durch Öffnungen des Vorderschaftes abgeleitet. Anders bei Fabarm: Dort ersetzt ein Polymer-Einsatz das Gasventil. Bei schwachen Patronen wird der gesamte Gasdruck für den Repetiervorgang verwendet, während bei starken Laborierungen der hier höhere Druck zunächst das Polymer-Element komprimiert, das dann wie eine Bremse wirkt. So steht immer der Druck zur Verfügung, der für einen sicheren Repetiervorgang benötigt wird. Fabarm nennt dieses System *Pulse Piston* und führt als weiteren Vorteil eine deutliche Rückstoßreduzierung ins Feld. Der Zubringer wird über den Abzug gesteuert. Erst bei durchgezogenem Abzug wird die nächste Patrone im Magazin freigegeben. Das hat den Vorteil, dass sich schnell die im

Oben: Verschlusskasten mit Fräsungen für die Montage einer optischen Visierung

Darunter: Fabarm H38 Hunter

Patronenlager befindliche Patrone auswechseln lässt, indem lediglich der Verschluss geöffnet wird. Eine neue Patrone aus dem Magazinrohr rutscht dann nicht nach.

Auch die Selbstladeflinten haben das *Tribore*-Laufprofil und die HP-Chokes. Die Fabarm-Selbstladeflinten verdauen 12/70er- sowie 12/76er-Patronen mit allen gängigen Vorlagegewichten. Bei den Schäften besteht die Auswahl einer ganzen Reihe von Holz- oder Kunststoffschäften, auch in Camouflage. Für die Wasserwildjagd werden zudem komplett mit Tarnmuster beschichtete Flinten angeboten. Der eher konservative Jäger, sofern er denn eine halbautomatische Flinte führt, findet zudem sehr schön aufgemachte Jagd-Modelle mit gravierten Kästen und gut gemaserten Nussbaumschäften. Auch bei den Selbstladeflinten bewegt sich Fabarm eher im unteren Preisbereich.

Die Fabarm-Behördenmodelle

Fabarm genießt einen sehr guten Ruf bei halbautomatischen und Pumpflinten für den taktischen Einsatz. Die Flinten gelten als extrem funktionssicher und sehr robust. Aber auch Sportschützen schätzen die schwarzen Fabarms für das dynamische Schießen. Bei den Pumpflinten ist besonders die **SDASS** sehr beliebt. **SDASS** steht für *Special Defence And Security Shotgun*. Verriegelt wird über einen Block mit obenliegender Verriegelungswarze. Wie bei der **Remington 870** wird der Vorderschaft über zwei Schubstangen bewegt, um ein verkantungsfreies Repetieren zu ermöglichen. Der Lauf hat auch das *Tribore*-Profil und ist für Multichokes eingerichtet. Fabarm bietet zudem jede Menge Zubehör an, wie etwa Mündungsbremsen oder Aufsätze zum Aufschießen von Türen.

Das unter dem Lauf liegende Röhrenmagazin fasst je nach Lauflänge bis zu acht Patronen. Bei den Schäften besteht eine Auswahl an Kunststoffschäften mit und ohne Pistolengriff sowie einschiebbaren Teleskopschäften im **AR-15**-Stil. Wer gern eine Pumpflinte jagdlich führen möchte, kann auch das haben, denn Fabarm hat die **SDASS** ebenso in zwei Jagd-Versionen im Programm. Einmal als **Chasse Grey** mit hellem, gravierten Systemkasten und geöltem Holzschaft sowie als **Chasse Composite** mit schwarzem Kunststoffschaft.

Die **Martial**-Serie umfasst ultrakurze Pumpflinten für Personenschützer oder die Heimverteidigung, wo es erlaubt ist. Der Name **Martial** ist hier Programm, die Waffen sehen wirklich sehr martialisch aus. Die Läufe haben gelochte Hitzeschilder und die Kästen sind mit einer oliv- oder bronzefarbenen Cerakote-Beschichtung versehen.

Bei den halbautomatischen Flinten ist die 2011 vorgestellte **P.S.S.10** die aktuelle Waffe für den Dienstgebrauch. Technisch lehnt sie sich an die jagdlichen Selbstladeflinten an. Ursprünglich wurde sie für den kompromisslosen südafrikanischen Polizeieinsatz konzipiert und ausgeliefert. Die **P.S.S.10** besitzt einen Mündungsfeuerdämpfer sowie Picatinnyschienen oben auf dem Kasten und an den Seiten. Das Magazin fasst neun Patronen des Kalibers 12/76 bei 68 Zentimeter Lauflänge. Die Flinte wird mit einer LPA-Visierung ausgestattet, vorne mit rotem Tritiumeinsatz und hinten mit *Ghost Ring*. Fabarm bietet zurzeit das größte Angebot an taktischen Schrotflinten.

XLR 5

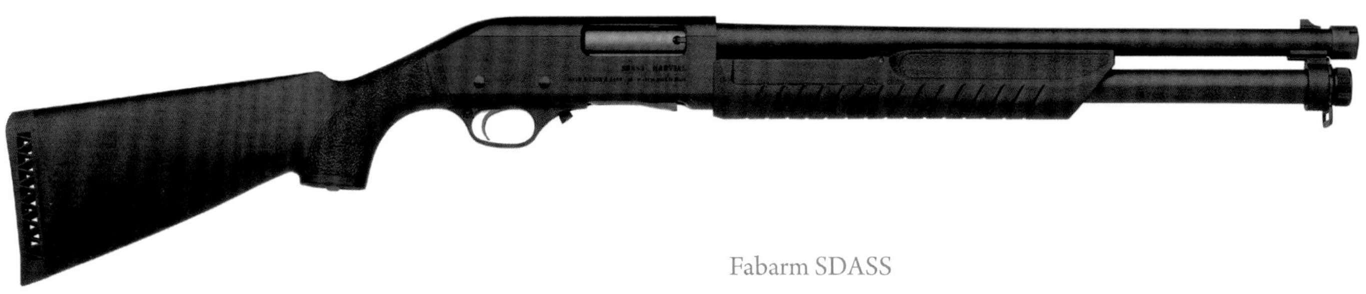

Fabarm SDASS

S.A.T. 8

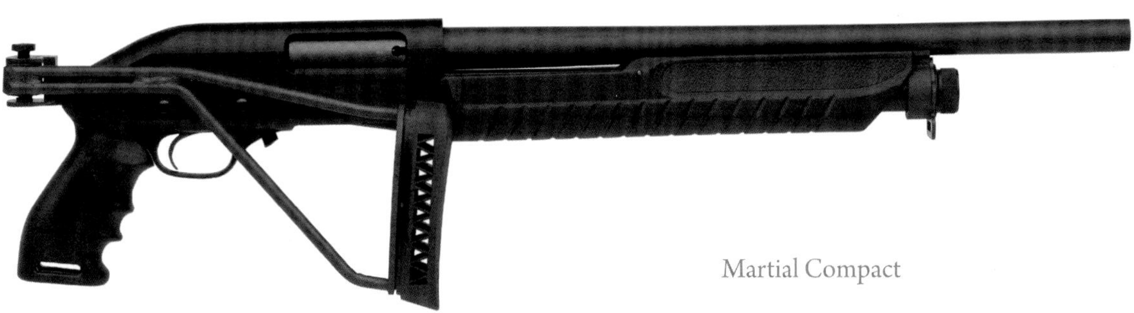

Martial Compact

Fausti-Bockflinten

FAUSTI

Die Firma Fausti blickt auf eine lange Tradition zurück. Bereits seit 1940 baute Stefano Fausti, damals mit nur einem Mitarbeiter, in Marcheno, nur wenige Kilometer von Gardone entfernt, in reiner Handarbeit die ersten Doppelflinten. Heute verlassen die modernen Werkshallen mehr als 10.000 Flinten pro Jahr. Die Stückzahlen gingen rapide in die Höhe, als im Jahre 1990 die Firma Angelo Zoli übernommen wurde. Heute baut Fausti nicht nur selbst Flinten, sondern beliefert auch zahlreiche Hersteller mit Teilen. Auch komplette Flinten für andere Firmen werden gefertigt. So entstehen etwa die **Sauer & Sohn Artemis**- und **Artemide**-Modelle bei Fausti. Geleitet wird die Firma heute von den drei Töchtern Faustis. Die Palette umfasst derzeit mehr als 40 Modelle, die das gesamte Kaliberspektrum von .410 bis 12/76 abdecken.

Fausti-Bockflinten

Bei den meisten italienischen Flinten sind in der Regel einfache Keil-Verschlüsse oder aber hakenlose Flanken-Verschlüsse zu finden, etwa bei Beretta. Bei den Fausti-Bockflinten sind beide Verschluss-Systeme vorhanden. Es kommt eine doppelte Laufhaken-Verriegelung mit zusätzlicher Flankenabstützung zum Einsatz. Als Scharnier dienen halbkreisförmige Ausfräsungen im Monoblock, die in zwei entsprechende, austauschbare Scharnierscheiben im vorderen Kastenbandenbereich eingreifen. Im verriegelten Zustand werden die Laufhaken durch den Verschlusskeil mit schräg gestellter Auflagefläche verriegelt und das Laufbündel zusätzlich durch die Flankenabstützungen, die gegen das Abziehmoment wirken, im Kasten festgelegt. Ein sehr

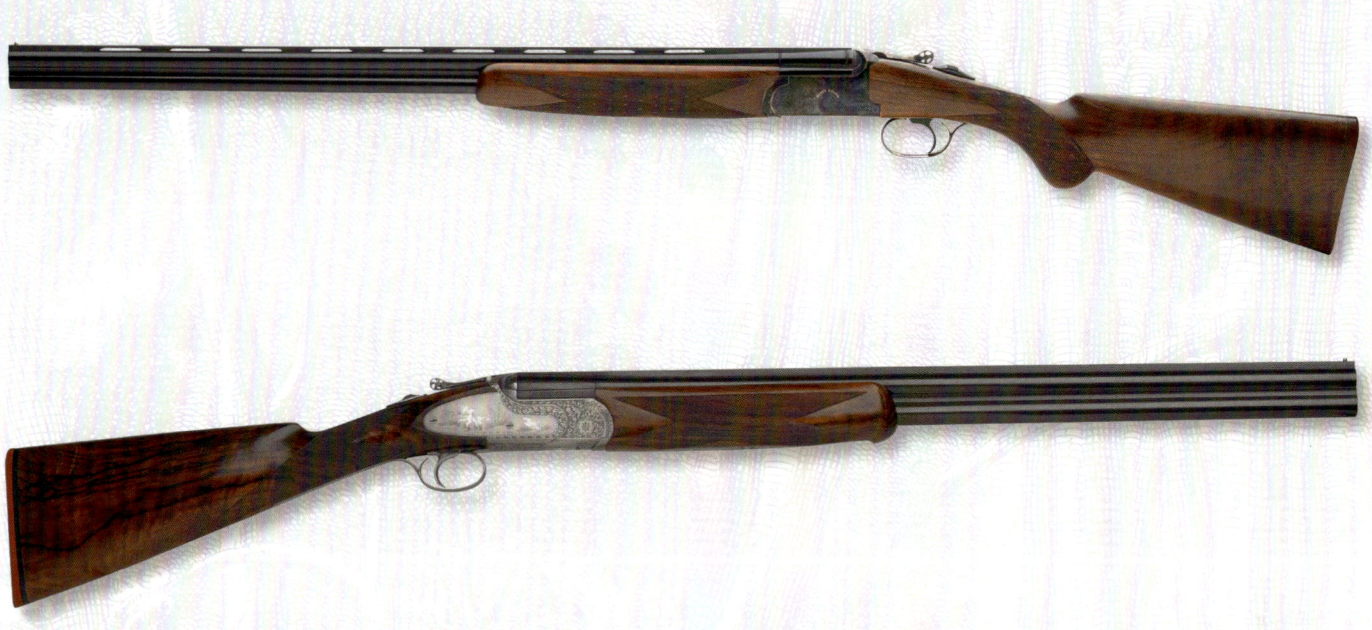

Oben: Fausti Classic Unten: Classic de Luxe

massiver Verschluss, der eine lange Lebensdauer verspricht und durch die leicht austauschbaren Scharnierscheiben zudem sehr wartungsfreundlich ist. Der aus dem Vollen gearbeitete Systemkasten besteht aus Chrom-Nickel-Stahl und ist einsatzgehärtet.

Die innen hartverchromten Läufe sind in einen Monoblock eingelötet, die erhältlichen Lauflängen reichen von 60 bis 81 Zentimeter. Wechselchokes sind heute obligatorisch, Festchokes aber auch noch im Programm. Fausti stattet alle Bockflinten-Modelle mit einem speziellen Kastenschloss aus. Schlagstück, Abzugsstangen und Schraubenfedern sind zwischen Scheibe und Abzugsblech gelagert, wobei die Abzugsstangen mit ihren Rasten oben angeordnet sind. Der auf der Scheibe gelagerte Sicherungsschieber mit integrierter Umschaltung wirkt auf ein Schwinggewicht, das mit dem Abzug verbunden ist. Im gesicherten Zustand ist das Gewicht zurückgenommen und die Verbindung zu den Abzugsstangen somit aufgehoben. Wird der Sicherungsschieber in die vorderste Position gebracht, schiebt sich das Schwinggewicht unter eine der beiden Abzugsstangen. Über den integrierten Schalter im Sicherungsschieber kann die entsprechende Vorwahl für den unteren oder oberen Lauf getroffen werden. Die anschließende Umschaltung auf den nächsten Lauf erfolgt über das Schwinggewicht, ausgelöst durch den einwirkenden Rückstoß. Eine simple sowie gut funktionierende Mechanik, die sich in der Praxis bewährt hat. Es gibt keine Seitenschlosse, die Luxusmodelle warten allerdings mit Seitenplatten auf.

Für den schnellen Auswurf der leeren Patronenhülsen sorgt ein geteilter Ejektor mit Schraubenfedern. Die beiden Auszieher stehen hierbei unter ständigem Federdruck. Ihre Steuerung erfolgt über eine Führungsnocke im hinteren Bereich der jeweiligen Auszieherstange. Bei abgeschlagenen Schlossen werden erst im letzten Moment der Abkippbewegung die Sperrschieber von zwei Steuernuten in den Kastenbanden aus ihrer Halterast gedrückt und geben die Auszieher frei. Bei den Schäften besteht die Wahl zwischen herkömmlichem Pistolengriffschaft, Schaft mit *Prince-of-Wales*-Griff oder aber englischem Schaft.

Der Schwerpunkt bei Fausti liegt bei leichten, eleganten Jagdflinten. Wirklich gekonnt setzen die Italiener das bei den Querflinten um. Die **Competition**-Serie ist mehr für Sportschützen gedacht. Die Flinten sind schwerer, haben längsverstellbare Abzüge und auch höhenverstellbare Schaftrücken sind zu haben. Technisch entsprechen sie den Jagd-Modellen. Einen Ausflug in die Welt der echten Wettbewerbs-Flinten unternimmt Fausti allerdings mit der **XF4**, einer Bockflinte mit *Round Body*, die auch den *Four-Lock*-Verschluss sowie spezielle Wechselchokes hat. Der Abzug ist für den sportlichen Bereich justiert und es gibt sie in den Kalibern 12, 20, 28 sowie .410. Sie sieht deutlich futuristischer aus als sonstige Fausti-Flinten.

Oben links: Classic Round Body

Oben rechts: Luxuspärchen Pagia Brixian

Auch die aktuellen Sauer & Sohn-Bockflinten werden bei Fausti gebaut

Die Fausti-Querflinten

Hier gibt es drei Serien, die einfachen ***Boxlock*-Flinten**, die ***Boxlock*-Modell**e mit *Round Body* und die **Seitenschlossflinten**. Bei den einfachen Modellen werden die Läufe im Monoblock eingeschoben, bei den Luxus-Versionen klassisch im Demiblock-Verfahren zusammengelegt. Die Läufe sind bei den Standardflinten in die Halbschale mit den angefrästen Laufhaken mit Hartlot angelötet. Auf eine beim schnellen Nachladen nur störende zusätzliche Verriegelung, die bei hochwertigem Material heute wirklich überflüssig ist, wurde verzichtet. Die Passarbeiten an der Verschluss-Einrichtung sind sehr sauber ausgeführt. Mit einer Breite von 9,5 Millimeter sind die Laufhaken kräftig dimensioniert und auch der Scharnierstift ist mit 8 Millimeter ausreichend stabil. Ein Verschluss, der sicher eine hohe Lebenszeit hat. Auch bei den Querflinten sind Wechselchokes zu haben. Die Patronenauszieher sind geteilt und verfügen über einen Ejektor nach dem System Holland

Oben: Einfache Querflinte von Fausti

Oben: Die DEA-Serie umfasst hochwertige Querflinten

Rechts: Die Fausti Progress gibt es wahlweise als Gasdruck- oder Rückstoßlader

& Holland. Alle Teile dieser Schlagfeder-Ejektoren sind im Eisenvorderschaft untergebracht und werden über Spannhebel im Zirkelbereich gesteuert. Bei den *Boxlock*-Modellen verwendet Fausti ein klassisches Anson & Deeley-Kastenschloss mit untenliegenden Stangen, wie es jetzt schon seit gut 140 Jahren bekannt ist. Diese Kastenschlosse sind von der Auslegung her sehr sicher. Es ist ohne Weiteres möglich, die Abzüge ordentlich einzustellen. Fausti justiert die Abzüge auf etwa zwei Kilogramm.

Die 13 Modelle umfassende **DEA-British**-Serie hat runde Systemkästen, klassische englische Scroll-Gravuren, die vom Graveur signiert sind, sowie Schäfte aus ausgesuchtem Nussbaumholz. Es gibt auch buntgehärtete Kästen und Modelle mit langen Seitenplatten, um mehr Platz für die feinen englischen Gravuren zu schaffen. Für den wahren Liebhaber klassischer *Side by Sides* baut Fausti mit der **Noblesse**-Serie auch zwei Hahnflinten, die der Firmengründer Stefano Fausti bereits 1948 entworfen hat. Das Einstiegsmodell mit bunt gehärteten Schlossplatten, die Nobel-Version mit Goldeinlagen. Richtig edel, aber auch teuer, wird es bei der **Senator**-Serie, die fünf Modelle umfasst. Alle verfügen über von Hand herausnehmbare Seitenschlosse. Die Abzugsbügel sind bei diesen Waffen weit in den Hinterschaft gezogen. Als Kaliber stehen 12, 16, 20, 28 sowie .410 zur Auswahl. Wahlweise mit Ein- oder Doppelabzug. Der Ejektor ist obligatorisch, ebenso sind Wechselchokes zu haben, was aber wohl ein Stilbruch wäre. Die fünf Modelle, die mit ***Theme 1*** bis ***Theme 5*** bezeichnet sind, unterscheiden sich in den Gravuren.

Die Fausti Progress

Fausti steht für feine italienische Flinten und wird dem auch gerecht. 2015 stellten die drei Schwestern mit dem Modell **Progress** zudem eine Baureihe von Selbstladeflinten vor. Für halbautomatische Flinten gibt es in Italien einen großen Markt. Da wollte Fausti auch mitmischen. Bemerkenswert ist, dass es die **Progress** wahlweise als Gasdruck- oder Rückstoßlader gibt. Beide Versionen verriegeln über einen Drehkopfverschluss. Durch Verwendung eines Einsatz-Systems können Schaftsenkung und Schaftrücken individuell eingestellt werden. Der Walnussschaft hat eine per Laser erzeugte Maserung und der Systemkasten aus Aluminium ist mit einer angefrästen Schiene zur Montage eines optischen Visiers versehen. Es gibt die **Progress** in den Lauflängen 61, 66, 71 oder 76 Zentimeter sowie in den Kalibern 12 und 20 mit 76 Millimeter langen Lagern und Wechselchokes. Optisch entspricht die **Progress** dem Fausti-Stil, sie ist schlank, elegant sowie ohne Ecken und Kanten.

Die Feeling ist die aktuelle Bockflinten-Serie von Franchi

FRANCHI

Seit 1868 baut der italienische Hersteller Franchi bereits Waffen. Das Unternehmen wurde 1868 von Luigi Franchi in Brescia gegründet. Bis 1987 wurde die Firma Franchi S.p.A. als Familienunternehmen geführt, seit 1993 ist sie Teil der Beretta-Firmengruppe, nachdem sie zunächst zu Benelli gehört hatte, die aber dann von Beretta übernommen wurden. Mit dem Erwerb durch Beretta wurde der Sitz der Firma nach Urbino verlagert. Wer den Namen Franchi hört, denkt meist zunächst an die Selbstladeflinten dieser Marke. Doch Franchi baut auch Kipplaufflinten.

Die Franchi-Bockflinten Feeling

Die 2013 vorgestellten **Feeling**-Modelle gehen zurück auf die Baureihen **Alcione** und **Falconet**. Franchi verwendet bewährte Technik. In den Kasten sind links und rechts Gegenlager für den vorderen Laufhaken eingesetzt. Das vordere Hakenpaar besitzt jedoch keinen Keileintritt. Der Verriegelungskeil wird nur vom hinteren Laufhaken aufgenommen. Beide Haken sind Teil des mit den Läufen verlöteten Monoblockes. Diese Verschluss-Technik wird heute bei vielen Bockflinten angewandt und hat sich bestens bewährt. Die Kastenschlosse der Franchi sind eine Mischung aus Anson & Deeley-Schlossen und dem Blitz-System. Die im Rahmen gelagerten Schlagstücke beziehen ihre Energie aus Schraubenfedern, die auf Federstangen geführt werden. Die beiden Stangen sind in der Abzugsblechpartie des Rahmens gelagert, wo auch der

Feeling Woodcock

Unten: Fischhaut im Korbflechtmuster

Auslöser, bzw. das Umschaltgewicht angeordnet ist. Die Umschaltung funktioniert rein mechanisch. Durch die Betätigung des Abzuges hebt der Auslöser die rechte Stange aus und schwenkt dann zwangsgesteuert unter die linke Stange.

Alle Modelle der Franchi-**Feeling**-Linie haben einen mechanischen Einabzug. Sicherung und Wahlhebel liegen auf dem Schafthals. Bei den Lauflängen stehen 71 und 76 Zentimeter zur Verfügung und neben 12/76 ist auch das Kaliber 20/76 zu haben. Alle Modelle verfügen über Wechselchokes und Stahlschrotbeschuss.

Die **Feeling Light** hat einen Aluminiumkasten und wiegt lediglich 2,75 Kilogramm im Kaliber 12, noch geringere 2,55 Kilogramm als 20er. Die **Instinct Catalyst** ist durch ihre optimierte Grifflänge, den Pitch und Schaftrücken speziell für Damen und zierliche Personen geeignet. Die **Sporting** hat eine ventilierte Laufverbindungsschiene und über die Mündung hinausstehende Chokeeinsätze. Die Schäftung aus geöltem Nussbaumholz ist als Pistolengriffschaft ohne Backe ausgeführt und auch Linksschäfte sind im Programm. Die Fischhaut ist in einem modernen Korbflechtmuster ausgeführt. Die soliden Franchi-Bockflinten haben mit etwa 1500 Euro ein gutes Preis-Leistungs-Verhältnis. Zurzeit im Programm: acht Modelle.

Die Franchi-Querflinte

Lange Zeit war es im Bereich der Querflinten bei Franchi sehr ruhig. Frühere Modelle hatten klangvolle Namen wie **Condor**, **Albatros**, **Astore** oder **Montecarlo**. Das neue Modell heißt **Esprit** und wird in den Kalibern 20 und 28 gefertigt. Die Läufe sind im Demiblock-Verfahren zusammengelegt und für Wechselchokes eingerichtet. Verriegelt wird über zwei großzügig dimensionierte Laufhaken. Es sind 61, 68 oder 71 Zentimeter Lauflänge möglich und der umschaltbare Einabzug ist hier Standard. Der Laufwahlhebel ist in den Sicherungsschieber integriert. Es wird nur die englische Schäftung angeboten. Das Stahlsystem der Kastenschlossflinte ist bunt gehärtet. Mit der **Esprit** hat Franchi wieder eine stilvolle und elegante Querflinte im Programm, die jedoch in einem höheren Preisbereich liegt als die Bockflinten.

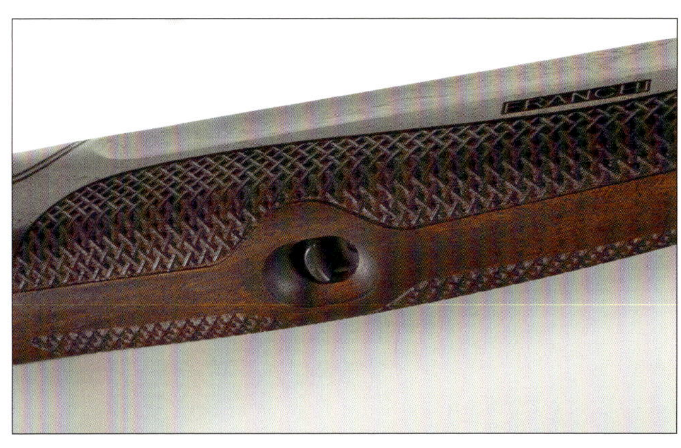

Franchi-Selbstladeflinten

Bekannt wurde Franchi durch die Kampfschrotflinten, die für Militär und Polizei entwickelt sowie produziert wurden. Besonders die von 1979 bis 2000 gebaute Franchi **SPAS** war weltweit im Einsatz. Das Besondere dieser Flinte war, dass sie sich vom halbautomatischen Betrieb zur Pumpflinte umschalten ließ. Sie funktionierte so wahlweise als Gasdrucklader oder Vorderschaft-Repetierer. Das Röhrenmagazin nahm je nach Lauflänge drei bis sieben Patronen auf, verriegelt wurde über einen Verikalblock-Verschluss. Wahlweise gab es die **SPAS** mit Kunststoffschaft oder mit Metallklappschaft. Die 4,2 Kilogramm Gewicht machten sie

Links: Querflinten-Serie Esprit

Unten: Affinity zerlegt

zu einer großen und schweren Flinte. Nachfolgemodell ist die **SPAS 15**, bei der die Patronen nicht mehr im Röhrenmagazin, sondern in einem abnehmbaren Kastenmagazin untergebracht sind.

Auch bei den zivilen Selbstladeflinten blickt Franchi auf langjährige Erfahrung zurück. Modelle wie die Franchi **48 AL**, **610** oder **612** galten als preisgünstige und vor allem sehr leichte halbautomatische Flinten. Die aktuelle Modellreihe ist die Franchi **Affinity**, die in den Kalibern 12/76 und 20/76 in 26 Modell-Versionen (auch für Linkshänder) gebaut wird. Das Modell **Intensity** ist für die 12/89 eingerichtet. Technisch ist die **Affinity** ein Rückstoßlader mit Drehkopfverschluss und Röhrenmagazin unter dem Lauf. Franchi verwendet das Benelli-Inertia-System, das als sehr funktionssicher gilt. Der Systemkasten ist aus leichtem Aluminium hergestellt und die Läufe in den Längen 66, 71 oder 76 Zentimeter sind für Wechselchokes eingerichtet sowie stahlschrottauglich. Neben den normalen Modellen mit brüniertem Lauf gibt es auch einige Ausführungen mit Cerakote-Beschichtung, wie die **Affinity Bronze** oder die **Elite Cobalt**. Neben den klassischen Jagd-Modellen mit geöltem Nussbaumschaft sind auch Modelle mit Kunststoffschaft, auch in Camouflage, im Programm. Um den Rückstoß zu dämpfen, wird eine TSA-Schaftkappe (*Twin Shock Absorber*) verwendet. Senkung und Schränkung des Schaftes können durch verschiedene Einleger zwischen Hinterschaft und Systemkasten eingestellt werden. Die Franchi **Affinity** ist eine preisgünstige Möglichkeit, eine schlanke Selbstladeflinte mit bewährter Benelli-Technik zu erwerben. Die Preise beginnen bereits bei 850 Euro.

In Deutschland wurden Grulla-Flinten durch das für Kettner gebaute Modell San Remo bekannt

GRULLA ARMAS

Grulla ist heute der älteste renommierte baskische Waffenhersteller, der ununterbrochen produziert. Der Vorgänger der Grulla Armas wurde 1932 von fünf Mitarbeitern um Victor Sarasqueta gegründet. Ein stehender Kran („grulla" auf Spanisch) wurde ihr Markenzeichen. Die Anfangsjahre waren schwer. Es wurden nicht nur Flinten gefertigt, sondern auch Teile an andere Firmen geliefert. Union Armera überlebte den spanischen Bürgerkrieg, ebenso die Weltwirtschaftskrise und den Zweiten Weltkrieg. Es wurde nicht nur der Inlandsmarkt beliefert, gefertigt wurden auch Flinten für renommierte ausländische Firmen wie William Powell (Großbritannien), Auguste Francotte (Belgien) sowie Griffin & Howe (USA). In den 1980er-Jahren überlebte Grulla das DIARM-Fiasko (*Desarollo de Industrias Armeras S.A.* = Entwicklungsgesellschaft für die Waffenindustrie) der kollektiven Waffenherstellung, indem sie sich weigerte, bei der Zusammenlegung baskischer Waffenhersteller mitzumachen. Ein guter Entschluss, denn DIARM wurde am 14. Dezember 1984 registriert, errichtete im Industriepark von Itziar einen neuen Betrieb, nahm 1986 die Produktion auf und war ein Jahr später pleite. Von den 20 Betrieben, die sich in der DIARM zusammengetan hatten, überlebte nur Aya.

1983 wurde der Firmenname Union Armera in Grulla Armas geändert. Das Markenzeichen des Krans war bekannter geworden als der offizielle Name Union Armera. Alle bis auf einen der alten Aktionäre waren gestorben, und so kauften neun Mitarbeiter unter der Führung von Geschäftsführer Jose Luis Usobiaga das Unternehmen von den Erben der Gründer. Von da ab konzentrierte sich das Unternehmen auf den Bau von Luxusflinten mit Seitenschlossen und verkaufte nur noch komplette Waffen unter eigenem Namen. Für andere Hersteller wird nicht mehr produziert. In Deutschland sind Grulla-Flinten nicht

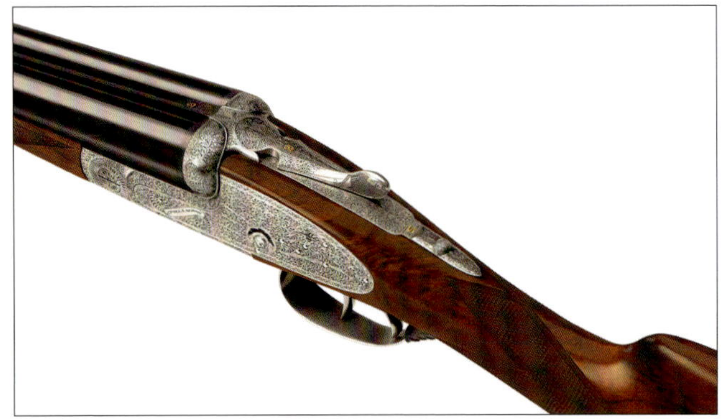

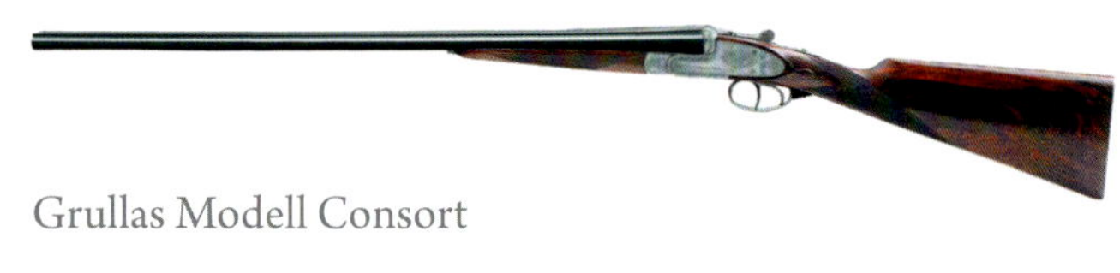

Grullas Modell Consort

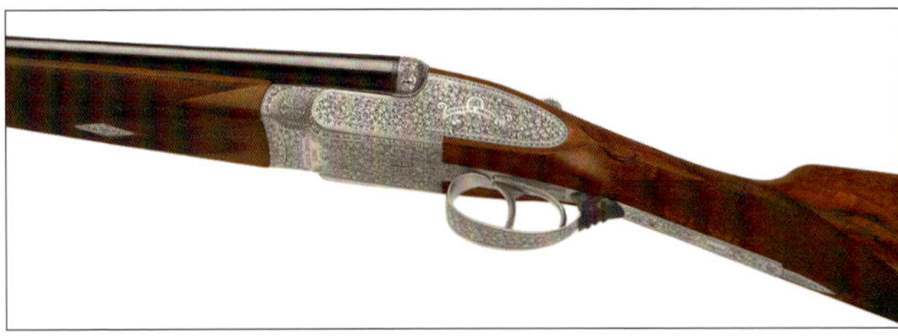

Oben: Grulla Royal Churchill

Unten: Grulla Royal Celtic

Mitte: Bei den Royal-Modellen sind die Gravuren flächendeckend

ganz unbekannt. Der Jagdversender Eduard Kettner ließ dort ab 1970 das Modell **San Remo** bauen, eine elegante Seitenschlossflinte, die für Aufsehen in Deutschland sorgte. Kettner bot die Flinte von 1970 bis zur Insolvenz im Jahre 2003 an. Wie viele verkauft wurden, ist nicht bekannt. Der Preis stieg stetig. Im Jahre 1995 lag er bereits bei 4198 DM für die günstigste Version und zum Ende der **San-Remo**-Ära 2003 bei 3800 Euro. Es gibt **San-Remo**-Flinten sowohl mit der Herstellerbezeichnung Union Armera als auch Grulla. Ganz glücklich war man bei Grulla mit dieser Kooperation sicher nicht. Die Flinten waren eigentlich viel zu günstig und Grulla dürfte beim Konkurs von Kettner auch eine Menge Geld verloren haben.

Die Grulla-Schrotflintenlinie umfasst acht Grundmodelle von Querflinten. Bockflinten sind nicht im Programm. Zurzeit sind das die Modelle **Royal**, **Supreme**, **Consort**, **London**, **Windsor**, **216**, **216 Round Body** und **209H**. Alle Modelle sind Seitenschlossflinten mit Holland & Holland-Seitenschloss. Das Flaggschiff **Royal** hat das 7-Pin-Seitenschloss und einen *Self Opener*, genau wie die Modelle **Supreme** und **London**. Die **Royal** kann in vier Gravurstilen geordert werden: Holland, Purdey, Churchill oder Celtic. Ab der **Windsor** wird dann das 5-Pin-Seitenschloss verwendet und es gibt serienmäßig keinen *Self Opener* mehr. Wahlweise steht ein gerader Kasten oder ein *Round Body* zur Verfügung. Das Modell **Supreme** hat einen bunt eingesetzten, gravierten Kasten, während die **London** einen im *Old-Silver*-Finish besitzt. Selektive, automatische Ejektoren sind Standard bei allen Grulla-Flinten, ebenso wie Doppelabzüge mit Rückgelenk im vorderen Abzug. Die Läufe sind im Demiblock-Verfahren zusammengelegt. Das Modell **216** ist die günstigste Grulla, kann aber dennoch als **216 Round Body** auch mit rundem Kasten geordert werden. Das Schaftholz für die klassische englische Schäftung wird passend zu jedem Modell sortiert, wobei Royal Wood das feinste und Standard 216 das schlichteste ist. Gegen Aufpreis sind aber bei jedem Modell bessere Schaftholz-Qualitäten möglich. Pistolengriffschäfte sind möglich, würden zu diesen Flinten aber wohl kaum passen. Bei den Gravuren ist alles möglich, einschließlich Bulino.

Grulla-Schrotflinten werden in der Regel auf Bestellung für einzelne Kunden hergestellt oder in kleinen Mengen für Händler in verschiedenen Ländern gefertigt, darunter Spanien, Deutschland, die USA, Großbritannien und Frankreich. Etwa die Hälfte aller Grulla-Waffen wird in Spanien selbst verkauft. Auch der spanische König Juan Carlos I. führt ein Pärchen Grulla-**Royal**-Flinten. Pro Jahr werden etwa 200 Waffen produziert und jede ist ein Unikat.

Oben: Krieghoff K-80, hier die Parcours-Version

Unten: Bei der K-80 schiebt sich oben eine Stahlplatte über das Laufbündel

KRIEGHOFF

Wie bei fast allen namhaften deutschen Jagdwaffenherstellern, welche vor dem Kriege gegründet wurden, beginnt auch die Krieghoff-Firmengeschichte in Suhl (Thüringen). Bevor mit Kriegsbeginn die Fertigung von Jagdwaffen strengstens verboten wurde, fertigte man bei Krieghoff in Suhl sage und schreibe 71 verschiedene Jagdwaffen-Modelle von der Hahn-Doppelflinte über Bockbüchsflinten, Doppelbüchsen, Kipplaufbüchsen, Vierlinge und Repetierbüchsen bis hin zur Selbstladebüchse. Auch edle Flinten wie Bockflinten in typisch Suhler Bauart mit Kersten-Verschluss waren im Programm. Die Top-Modelle hatten Seitenschlosse nach Holland & Holland, bei denen die Schlossteile vergoldet waren. Heute gesuchte Sammlerstücke.

Die Nachkriegszeit begann für Krieghoff im Jahre 1945 mit der Besetzung von Suhl und der Beschlagnahme aller Krieghoff-Betriebe durch die amerikanische Besatzungsmacht. Nach einer kurzen Übergangszeit in Heidenheim begann dann der eigentliche Neubeginn 1950 in Ulm. Die ersten Waffen, die produziert wurden, waren einfache Doppelflinten. Als dann die Bockwaffen **Teck** und **Ulm** ins Programm kamen, wurden auch sie als Bockflinten angeboten. In der Regel war es aber so, dass sie als Set verkauft wurden (ein Lauf Bockbüchsflinte und ein Flintenwechsellauf, bei Bedarf ergänzt durch Bergstutzen und/oder Bockdoppelbüchse). Der große Wurf gelang Krieghoff jedoch bei den Sportflinten mit der **K-80**, die bis heute in Produktion ist. Im Bereich der Bockflinten gibt es von Krieghoff die Modelle **K-80**, **K-20** und **KX-6.**

Krieghoff K-80

Die **K-80** ist eine der bekanntesten Sportflinten weltweit. Mit ihr wurden unzählige Meisterschaften gewonnen. Sie geht zurück auf das in den 1930er-Jahren vom US-Hersteller Remington als Wettkampfflinte entwickelte **Modell 32**, das nach kurzer Bauzeit jedoch wieder eingestellt wurde. Auf dieser Basis entwickelte Krieghoff in den 1950er-Jahren die **K-32** und landete gleich einen Volltreffer. Die Entwicklung dieser Sportflinte bescherte Krieghoff internationalen Erfolg, unter anderem durch den Gewinn der Weltmeisterschaft im Trapschießen 1966 durch Kenneth A. Jones. Übernommen von der Remington wurde der hakenlose Verschluss mit dem weit vorn und sehr hoch liegenden Drehpunkt. Das Schloss und der Abzugsmechanismus wurden völlig neu konstruiert. Die **K-32** wurde vertragsgemäß zunächst exklusiv in den USA vertrieben. 1979 siedelte Dieter Krieghoff nach Nordamerika über und gründete Krieghoff International Inc. Daraus entstand die **K-80** als Weiterentwicklung der **K-32**.

Mit der **K-80** wurde das Abzugs-System weiter verbessert. Das Gewicht der **K-80** mit beinahe vier Kilogramm ist vielen Schützen für Jagdparcours und Jagd zu hoch. Krieghoff brachte die **K-80 Parcours** als Ergänzung heraus. Bei diesem Modell liegen die Läufe nicht mehr frei wie

K-80 Double Trap

bei der Wettkampfflinte, sondern sind fest verlötet und die Mittelschiene ist nicht ventiliert. Der Hinterschaft hat auch keine Schaftrückenverstellung.

Die **K-80** verriegelt nicht mittels Laufhaken unten in der Basküle, sondern über eine beweglich in Schienen laufende Stahlplatte auf der Oberseite des Systems. Die fehlenden Laufhaken ermöglichen eine sehr flach bauende Basküle. Durch den hochliegenden Drehpunkt treten im Schuss nur sehr geringe Hebelkräfte auf. Die Rückstoßkräfte werden linear auf die Verriegelungselemente geleitet. Zudem ist die Verschlussplatte selbstnachstellend konstruiert. Dieser innovative Verschluss gilt als unkaputtbar. Sportschützen berichten von Flinten, die eine Million Schuss aushielten.

Der etwas kantig wirkende Systemkasten ist vernickelt und mit einer Gravur versehen. Im Kastenschloss arbeiten moderne Schraubenfedern und die Schlagbolzen werden in Schlagbolzengehäusen geführt. Sollte es einmal notwendig sein, lässt sich das komplette Schlagbolzengehäuse einfach und leicht austauschen. Der Abzug arbeitet als mechanisch umschaltender Einabzug. Die Schussreihenfolge lässt sich durch einen vor dem Züngel liegenden Hebel regeln. Das Züngel selbst ist längenverstellbar. Die Schiebesicherung liegt hinter dem Verschlusshebel. Ein Druckknopf verhindert das versehentliche Betätigen. Für den reinen Sport-Einsatz lässt sich die Sicherung einfach deaktivieren. Wer seine Parcours-Flinte auch jagdlich einsetzt, sollte das aber besser unterlassen.

Beim Laufbündel Kaliber 12/76 hat der Käufer die Wahl zwischen 71, 76 und 81 Zentimeter langen Läufen. Beim Wettkampfmodell der **K-80** sind die Läufe für Wechselchokes eingerichtet, die **Parcours** kann auch mit Festchokes geordert werden. Alle Laufverbindungen sind hartgelötet, was es möglich macht, das Laufbündel im Tauchbrünier-Verfahren zu schwärzen. Die Patronenlager sind hartverchromt. Ejektoren sind bei einer solchen Flinte selbstverständlich. Bei den Sportflinten gilt die **K-80** als Maß der Dinge, an der sich andere Flinten messen lassen müssen.

Krieghoff K-20

Die 2016 vorgestellte **K-20** ist die kleine Schwester der **K-80** und sowohl für den Sport- als auch Jagdgebrauch gedacht. Es gibt sie in den Kalibern 20 sowie 28 und sie hat verlötete Läufe in den Lauflängen 76 oder 81 Zentimeter. Durch den schmalen Kasten und die eng zusammengelegten Läufe ist sie wesentlich leichter und führiger als die **K-80**. Sie kann mit Festchokes oder Wechselchokes ausgestattet werden. Schlosse und Verschluss entsprechen der **K-80**. Eine feine Flinte für den Jagdgebrauch, das Parcoursschießen oder für Jägerinnen, die eine leichte Waffe suchen. Mit der **K-20 Sporter Pro** hat Krieghoff auch ein Sportmodell mit freiliegenden Läufen sowie Schaftrücken-Verstellung im Programm.

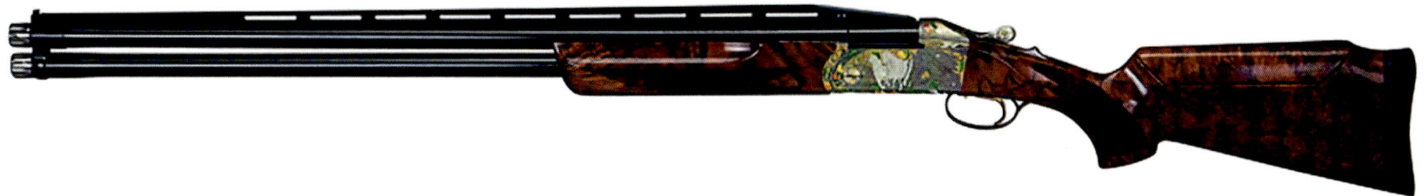

K-80 in Luxusausführung

Krieghoff KX-6

Noch ein Ableger der **K-80**, aber eine Spezialflinte für die Sportdisziplin Single Trap. Die **KX-6** hat dementsprechend auch nur einen Lauf. Eine reinrassige Sportflinte mit höhenverstellbarer Laufschiene sowie höhenverstellbarem Schaftrücken. Der 86-Zentimeter-Lauf im Kaliber 12/76 ist für Wechselchokes eingerichtet. Die **KX-6** wird hauptsächlich in den USA verkauft und ist bei uns sehr selten zu finden.

K-80

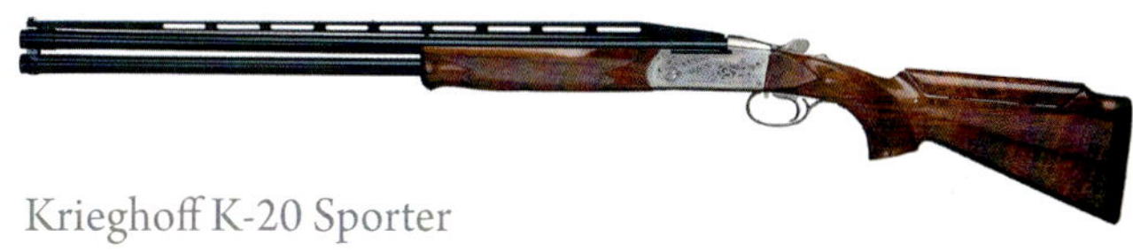

Krieghoff K-20 Sporter

Krieghoff Essencia

Mit der **Essencia** hat Krieghoff auch eine hochfeine *Side by Side*-Seitenschlossflinte im Programm, die weitgehend in Handarbeit hergestellt wird. Im Kaliber 12 wiegt sie gerade einmal drei Kilogramm. Die Stahlbasküle mit geschlossener Unterseite hat einen *Round Body*, verriegelt wird über doppelte Laufhaken und eine angedeutete Purdey-Nase. Die innen vergoldeten Seitenschlosse sind im Holland & Holland-Stil ausgeführt, Kasten und Schlossplatten werden bunt einsatzgehärtet und mit einer Arabeskengravur mit Goldeinlagen versehen. Der Schaft im *Tru-Oil*-Finish ist wahlweise englisch oder als *Prince-of-Wales*-Schaft zu haben. Bei der Lauflänge kann der Käufer zwischen 68, 71 und 76 Zentimeter wählen, bei den Kalibern zwischen 12, 16, 20, 28 sowie .410. Optional ist ein Einabzug erhältlich und auch Wechselläufe. Geliefert wird die **Essencia** im Lederkoffer. Eine edle Querflinte im Stil der englischen Nobelflinten. Sie liegt allerdings auch in dieser Preisklasse.

Die Querflinte Essencia

Merkel 303. Hier werden auch die Laufhaken verriegelt

MERKEL

Merkel ist ein Urgestein deutscher Waffengeschichte und blickt auf eine sehr bewegte Firmengeschichte mit zahlreichen Eigentümerwechseln zurück. 1898 gründeten die Brüder Karl Paul, Albert Oskar und Gebhard Merkel die Firma „Suhler Waffenwerke Gebrüder Merkel". Jeder der drei Gesellschafter tätigte in bar, in Werkzeugen oder in Material eine Einlage von 1500 Mark. Bis zum Zweiten Weltkrieg ging es stetig aufwärts und Merkel-Jagdwaffen wurden weltweit geschätzt. Dann kam das Jahr 1945 und mit ihm der Zusammenbruch. Suhl wurde den Russen übergeben und die Suhler Waffenproduzenten standen erneut vor dem Nichts. Die sowjetischen Besatzer enteigneten die Waffenhersteller und demontierten sie sogar größtenteils. Mit Sondergenehmigung durften aber in Suhl noch im gleichen Jahr wieder Jagdwaffen hergestellt werden. Von den großen Herstellern überlebten nur Simson und Merkel vor Ort.

Ab 1947 produzierte Merkel wieder Jagdwaffen, denn auch in der Sowjetunion wurden Merkel-Waffen geschätzt, nicht nur von der jagenden Politprominenz, sondern auch als willkommene Exportgüter. Nach und nach wurden die in Suhl noch vorhandenen Waffenbetriebe zum Großbetrieb „VEB Ernst Thälmann Werke Suhl" zusammengefasst, der am 1.1.1954 seine Tätigkeit aufnahm. Dieser Betrieb besaß damit die Monopolstellung für die Fertigung von Jagd- und Sportwaffen in der DDR. Merkel-Jagdwaffen waren ausschließlich für den Export bestimmt und wurden unter dem Warenzeichen „Gebr. Merkel" in die ganze Welt verkauft, wobei es aber um Eintragung des Namens einen langjährigen Streit mit dem deutschen Patentamt in München gab, das die Eintragung mit der Begründung ablehnte, das Warenzeichen enthält einen Firmennamen, der mit dem Firmennamen der Anmelderin nicht übereinstimmt. Erst 1962 erfolgte die internationale Eintragung des Warenzeichens, was den VEB aber nicht davon abhielt, auch davor alle Waffen mit Gebr. Merkel zu kennzeichnen. Interessant ist, dass als Waffenkennzeichnung stets nur „Gebr. Merkel, Made in GDR" verwendet wurde, nie aber „VEB Ernst Thälmann Werke Suhl". Man wollte bewusst von der weltweit bekannten hohen handwerklichen Qualität der Merkel-Waffen profitieren. Bereits im Jahre 1946 wurden 600 bis 700 Bockwaffen produziert.

Die Merkel-Bockflinten

Die ursprünglichen **200er**-Modelle von Merkel haben eine sehr lange Geschichte. Sie begann in den 1920er-Jahren und endete 1995, als sie komplett modernisiert und zur **2000er**-Serie umbenannt wurde. Produziert wurde natürlich mit Unterbrechungen, entsprechend der bewegten Firmengeschichte von Merkel. Die **200er**-Serie umfasste verschiedene Qualitäts- und Ausstattungsvarianten, die vom einfachen Modell **200**, über das mit Jagdgravur versehene Modell **201** bis zum Seitenschlossmodell **203** reichte, wobei alle Modelle mit und ohne Ejektor zu haben waren, was dann mit einem zusätzlichen „E" in der Modellbezeichnung für die Ejektor-Ausführung gekennzeichnet war. Die Spitzenmodelle mit zusätzlicher doppelter Laufhakenverriegelung, von Hand herausnehmbaren Seitenschlossen, erhabener Jagdgravur und ausgesuchten Schafthölzern trugen vorne eine 3 in der Modellbezeichnung, also **303E**. Diese Waffen wurden stets mit einem Ejektor versehen. Dazu kamen noch Sportmodelle für Trap und Skeet, die dann entweder ein „T" oder ein „S" zusätzlich in der Modellbezeichnung hatten. Eine sehr einfache und klare Modellpolitik! An der Bezeichnung ist sofort ersichtlich, um welche Ausführung es sich handelt. Die Jagd-Modelle der Flinten

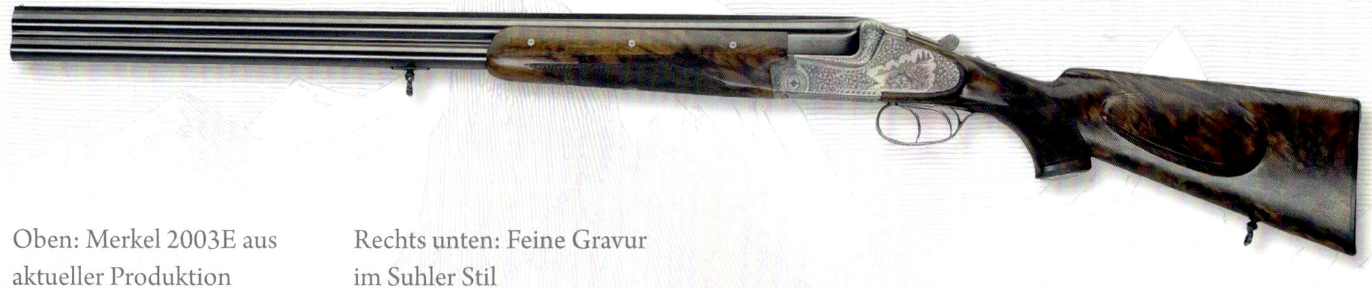

Oben: Merkel 2003E aus aktueller Produktion

Rechts unten: Feine Gravur im Suhler Stil

wurden in den Schrotkalibern 20, 16 und 12 gebaut, die Sportflinten nur in 12.

Alle **200er**-Merkel-Bockwaffen haben einen Kersten-Verschluss. Die beiden Laufhaken werden bei den **200er**-Merkel-Waffen nicht verriegelt, sie führen das Laufbündel im Baskül und nehmen auch einen Teil der Rückstoßkräfte auf. Eine zusätzliche doppelte Laufhakenverriegelung findet sich nur bei den **300er**-Modellen. Trotzdem gilt der Kersten-Verschluss der Merkel als sehr langlebig, denn die Passung erfolgt sehr genau und präzise. Bei einem Verschluss mit etwas Spiel reicht meist ein Austausch des Scharnierbolzens aus und alles ist wieder fest. Das Laufbündel wird im Demiblock-Verfahren zusammengelegt und mit Weichlot verbunden. Zunächst wurde Böhler- oder Kruppstahl verwendet, später Laufstahl ESW-Spezial. Die Laufbündel wurden streichbrüniert.

Die Ejektoren mit geteiltem Auszieher arbeiteten zunächst mit Spiralfedern, später wurden dann Schraubenfedern verwendet. Das Schloss ist ein etwas modifiziertes Ansonschloss mit Schenkelfedern bei den einfachen Modellen und nach dem Holland & Holland-Prinzip arbeitende Seitenschlosse bei den Luxus-Ausführungen. Bei den Merkel-Bockwaffen gilt: rechtes Seitenschloss für den unteren Lauf, linkes Seitenschloss für den oberen Lauf. Bei beiden Schloss-Systemen wird der Spannzustand angezeigt. Das Anson & Deeley-Schloss hat seitliche Signalstifte am Baskül, die bei gespannten Schlossen herausragen. Bei den Seitenschlossen geht die Hahnwelle durch die Schlossplatte und zeigt über einen mittig verlaufenden Steg an, ob das Schloss ge- oder entspannt ist. Serienmäßig hatten die Flinten einen Doppelabzug mit Rückgelenk im vorderen Züngel. Einabzüge gab es nur gegen Aufpreis.

Am Vorderschaft ist eine Merkel-Bockflinte auf den ersten Blick zu erkennen. Das Vorderschaftoberteil ist links und rechts am Lauf angeschraubt, während das Unterteil

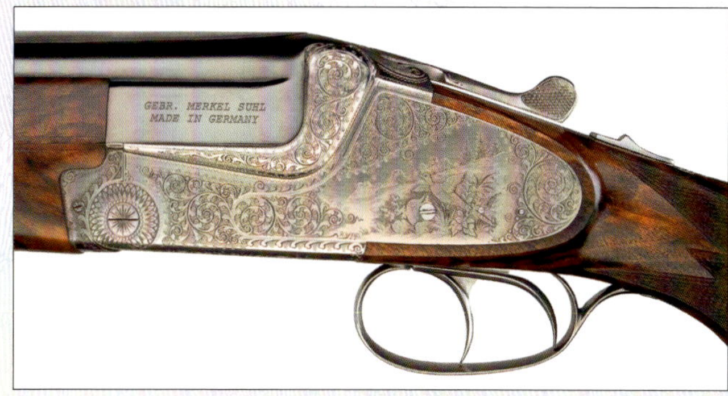

nach Betätigung des Schnäppers abnehmbar ist. Diese Bauweise hat den Vorteil, dass der Schütze beim Öffnen der Waffe stets die fest angeschraubten Leisten greift und das Unterteil praktisch nicht belastet wird. Lockere Vorderschäfte finden sich daher an Merkel-Bockflinten höchst selten. Die jagdlichen Merkel-Bockflinten haben fast immer den klassischen Suhler Hinterschaft mit Pistolengriff und deutscher Backe. Gute Schafthölzer sind an den Jagdwaffen nur selten zu finden, denn die DDR-Jagdwaffenindustrie hatte kaum Zugang zum Weltmarkt und zudem fehlte es an Devisen für den Kauf von Rohstoffen. Bei den Standardmodellen ist die Holzqualität sehr einfach gehalten. Nur bei den Luxuswaffen der **300er**-Serie und natürlich bei Einzelanfertigungen findet sich gutes Schaftholz.

Die neuen 2000er-Bockflinten

Viel geändert hat sich nicht. Schlosse und Verschluss-Einrichtung sind gleich geblieben. Merkel bietet die **2000er**-Flinten neben dem dominierenden Kaliber 12 auch im Kaliber 20 an. Man hat die Flinten natürlich den modernen Anforderungen angepasst und kennzeichnet das durch ein „C“ in der Modellbezeichnung. Es dokumentiert die

Oben: 2000C aus neuer Produktion

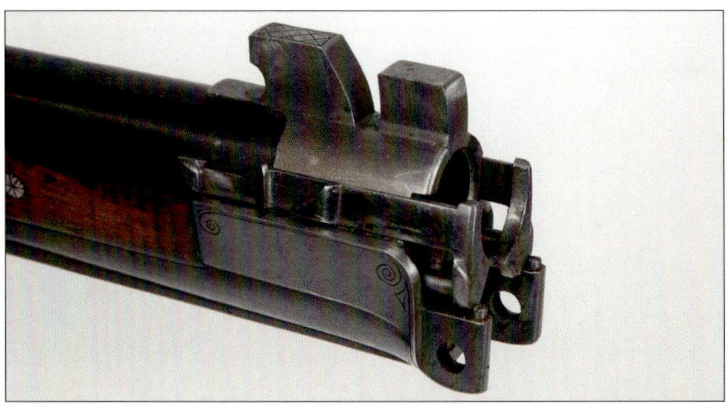

Rechts: Bei der 200er, bzw. der neuen 2000er-Serie werden die Laufhaken nicht verriegelt

Merkel 40E

Merkel 45E in besserer Aufmachung

einfache Gravur

Komplettausstattung: C steht für *Complete*. Vollausstattung bedeutet in technischer Hinsicht: Stahlschrot-Tauglichkeit und Wechselchokes, außerdem ein längenverstellbarer sowie umschaltbarer Einabzug. Komfortables Detail: Serienmäßig sind die Flinten mit abschaltbaren Ejektoren ausgestattet. Der Doppelabzug ist jetzt optional erhältlich. Das Modell **2000C** verfügt über eine handgestochene Arabesken-Gravur, die **2001C** über eine handgestochene Jagdgravur. Ganz traditionell gibt Merkel sich bei der **303E**, die unverändert im Programm ist und für die es keine Wechselchokes gibt. Die Grundausstattung hat eine Gravur mit englischen Arabesken. Weitere Gravur-Varianten erfolgen dann in Kundenabsprache.

Die Merkel-Querflinten

Das Flaggschiff der Merkel-Querflinten ist die **60er**-Modellreihe. Merkels Seitenschloss-Querflinte ist schon lange auf dem Markt und war als Suhler Antwort auf die *Best Guns* aus traditioneller englischer Fertigung gedacht. In der Aufmachung zeigt die Flinte alte und bekannte Suhler Büchsenmachertradition. Hier ist immer noch ein hoher Anteil an Handarbeit enthalten. Bei dem Verschluss gelangen eine doppelte Laufhakenverriegelung kombiniert mit einem Greener Querriegel zur Anwendung, wie er sich bei fast allen Kipplaufwaffen findet, die auf Suhler Konstruktionen zurückgehen. Die beiden sehr kräftig dimensionierten Laufhaken sind an den Schrotläufen eingekeilt und mit Hartlot verbunden. Auch die Schienenverlängerung mit der Bohrung für den Greener-Riegel ist zwischen die Läufe eingesetzt und hart verlötet. Eine sehr haltbare und langlebige Verbindung, die bei den modernen Stahlsorten heute eigentlich kaum noch notwendig ist. Als Hartlot wird ein Silberlot mit niedrigem Schmelzpunkt verwendet, um eine

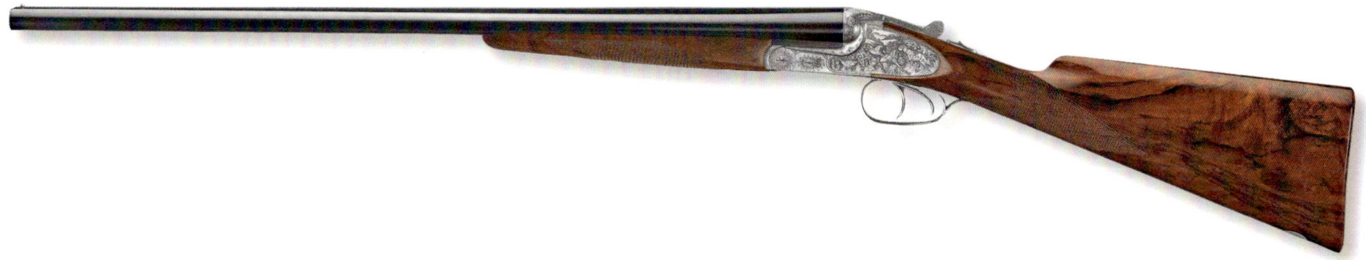

Das Top-Modell mit Seitenschlossen, die Merkel 65

Veränderung des Stahlgefüges der Läufe auszuschließen. Ein nicht zu vernachlässigendes Detail, denn bei Messinglot, das einen Schmelzpunkt von 870 Grad hat, wird der erste Umwandlungspunkt des Stahls bereits überschritten. Das kann bei Silberlot, dessen Arbeitstemperatur bei 750 Grad liegt, nicht passieren.

Der vordere Laufhaken stützt sich mit einer halbkreisförmigen Ausnehmung gegen den Scharnierstift ab und beide Haken werden mit breiten Verschlusskeilen verriegelt. Die Passung ist saugend. Beide Haken werden zwischen den Kastenbanden straff geführt und auch die Schienenverlängerung tritt ohne sichtbares Spiel in die Ausnehmung am Kasten ein. Die Flinten werden in den Kalibern 20/76 und 12/76 gefertigt und haben einen Stahlschrotbeschuss. Alle modernen bleifreien Schrotpatronen können bedenkenlos verschossen werden. Als Modell **61E** gibt es die Merkel auch in den Kalibern 28 und .410 mit entsprechend verkleinertem Kasten.

Die Schlosse sind als Seitenschlosse ausgeführt, aber nicht nach dem sonst üblichen Holland & Holland-Vorbild, sondern in der Suhler Ausführung. Eine richtige Entscheidung, denn das Suhler Seitenschloss ist seinem englischen Konkurrenten technisch überlegen. Es hat keine vorliegenden Federn, sondern halbrückliegende Federn mit zusätzlicher Fangstange. Das ermöglicht den Bau relativ kurzer Schlosse und eine gute Abzugseinstellung. Die Hahnwelle wird durch die Schlossplatte geführt und ist von außen sichtbar. Durch einen mittig verlaufenden Steg wird angezeigt, ob das Schloss ge- oder entspannt ist. Die Schlosse lassen sich ohne Werkzeug leicht von Hand entnehmen. Dazu muss nur die Verbindungsschraube der Schlossbleche entfernt werden, deren Ende als Kurbel ausgebildet ist und auf der rechten Schlossplatte aufliegt. Das Innere der Schlosse ist eine Augenweide. Alle Teile sind penibel poliert und die Innenseiten der Schlossplatten sogar zirkopoliert.

Merkel verwendet Doppelabzüge. Die Sicherung sitzt am gewohnten Platz auf der Scheibe. Die **60E** besitzt eine automatische Sicherung. Bei der Ejektor-Konstruktion wendet man sich wieder nach England und wählt die Holland & Holland-Bauweise. Das Laufbündel ist 71 Zentimeter lang und nicht für Wechselchokes ausgelegt. Diese gehören heute zwar zur gängigen Ausstattung einer Flinte, doch bei einer eleganten Querflinte könnten sie auch für Flintenliebhaber zu viel des Guten sein und den Verkauf eher behindern. Die hohe Qualität setzt sich auch beim Schaft fort. Die **60E** ist das Modell mit Pistolengriffschaft, die **61E** besitzt die englische Schäftung. Der Schaft hat einen feinen Ölschliff und das Schaftholz der Klasse 6 kann sich ebenfalls sehen lassen. Der Vorderschaft in schmaler Jagd-Ausführung wird mit einem Patentschnäpper befestigt. Am Schaftende bringt Merkel eine dünne, schwarze Kunststoffkappe an, die hervorragend gleitet. Riemenbügel sind nicht montiert und das ist bei eleganten Querflinten auch normal und üblich. Konservative Flintenschützen würden Riemenbügel ablehnen.

Analog zur Seitenschlossflinte gibt es auch eine *Boxlock*-Serie mit Kastenschlossen nach Anson & Deeley. Laufbündel, Verriegelung und Ejektor-Ausstattung entsprechen den Seitenschlossflinten. Auch hier stehen die Kaliber 20/76 und 12/76 zur Auswahl, beim Modell **41E** die Kaliber 28 und .410. Bei der **40E** gibt es einen Schaft mit Backe, bei der **45E** einen englischen Schaft. Damit hat Merkel ein ausgezeichnetes Angebot an klassischen Bock- und Querflinten nach alter Suhler Tradition im Programm.

Trapflinte mit geporteten Läufen

Miroku MK60

MIROKU

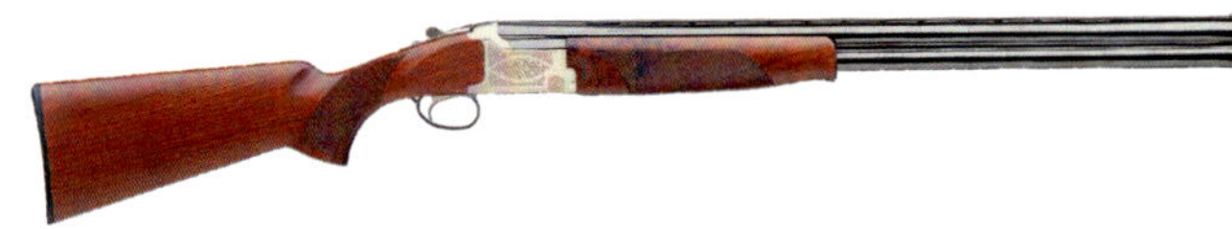

Miroku MK38

Die *Miroku Corporation Kabushiki Kaisha Miroku* ist ein japanischer Waffenhersteller, der bereits für viele große Waffenfirmen gefertigt hat. Miroku baut Jagdwaffen seit 1893. Heute ist Miroku eng mit der *Olin Group* verbunden, zu der Browning und Winchester gehören. Browning-Bockflinten werden bei Miroku produziert und dann in Portugal zusammengebaut. Die Bockflinten, die Miroku unter eigenem Namen verkauft, werden dagegen komplett in Japan hergestellt. Miroku hat im Laufe der Zeit eine ganze Reihe von Bockflinten-Modellen produziert. Aktuell sind drei Reihen im Programm: **MK38**, **MK60** und **MK70**.

Miroku MK38

Die **MK38**-Baureihe umfasst vier Modelle, zwei Trapflinten sowie zwei sportliche Allroundflinten. Die beiden Trap- und Sport-Modelle unterscheiden sich nur in der Aufmachung und werden jeweils als **Grade 1** und **Grade 5** bezeichnet. Die Unterschiede liegen bei der Gravur und dem Schaftholz. Die Trap-Modelle werden für die 12/76 eingerichtet und sind mit 76er- oder 81er-Läufen erhältlich. Eingebaut sind Festchokes (¾ und Voll). Die beiden Sport-Modelle werden im Kaliber 12/76 gefertigt und mit Invector-Plus-Wechselchokes ausgestattet. Auch hier im Programm: 76er- und 81er-Läufe. Die Schäfte sind bei der Trapflinte **Grade 5** und den beiden Sportflinten ölgeschliffen, die **MK38 Grade 1** hat einen seidenmatt lackierten Schaft.

Miroku MK60

Die **MK60**-Modelle sind leichte Jagdflinten mit Fixchokes, jeweils ¼ und ¾ gebohrt. Das Modell **Universal Sporting** in 12/76 besitzt wahlweise 71er- oder 76er-Läufe und einen seidenmatt lackierten Schaft. Die **Sporting Grade 5** ist bis auf den besseren ölgeschliffenen Schaft identisch. Die **MK60 Sporting Grade 5 20M** ist die kleinere Version im Kaliber 20/76.

Miroku MK70

Die beiden Modelle der **MK70**-Serie unterscheiden sich nur beim Schaftholz und den Gravuren. Sie sind die Top-Modelle mit hochwertiger Aufmachung. Die 12/76er-Läufe sind für Invector-Plus-Chokes eingerichtet. Auf die Schloss- und Verschluss-Technik der **Miroku-MK**-Bockflinten braucht nicht näher eingegangen werden, denn sie entspricht denen der Browning-Flinten der jeweiligen Modellreihen. Die Miroku-Flinten sind trotzdem interessant, denn sie werden etwas günstiger verkauft als die Browning-Flinten.

Mossberg Silver Reverse

Der Klassiker Mossberg 500 wird heute in einer Retro-Ausführung wieder im Ursprungsstil gebaut.

Sportausführung der 930

MOSSBERG

Oscar Frederick Mossberg wurde am 1. September 1866 in Schweden in der Nähe des Dorfes Svanskog in Värmland geboren und emigrierte 1886 in die Vereinigten Staaten, wo er in der Waffenfabrik von *Iver Johnson Arms & Cycle Works* in Fitchburg (Massachusetts) arbeitete. Dort stellte er einige seiner Patente zur Verfügung, etwa den Verriegelungsmechanismus für den *Iver-Johnson*-Sicherheitsrevolver. Von *Iver Johnson* wechselte er zu *C.S. Shattuck Arms Co.* in Hatfield (Massachusetts) und baute dort ein- und zweiläufige Schrotflinten. Die nächste Station war die *J. Stevens Arms & Tool Co.* 1914 verließ Mossberg *Stevens* und zog nach New Haven, Connecticut, um für *Marlin-Rockwell* zu arbeiten. Dort wurden hauptsächlich Maschinengewehre produziert.

Als 1919 nach dem Ersten Weltkrieg *Marlin-Rockwell* mangels Nachfrage von Militärwaffen aus dem Geschäft ging, gründeten der nun arbeitslose 53-jährige O.F. Mossberg und seine beiden Söhne Iver und Harold eine eigene Waffenfirma, *O.F. Mossberg & Sons*. Die Mossbergs mieteten ein kleines Loft in der *State Street* in New Haven und begannen mit der Arbeit. 1921 kaufte das gut florierende Unternehmen ein Gebäude in der *Greene Street* in New Haven, Connecticut. Es folgte der Bau einer dritten Fabrik in New Haven im Jahr 1937. Mossberg stellte hauptsächlich einfache, preisgünstige Waffen für den zivilen Markt her. O.F. Mossberg starb 1937 und das Geschäft wurde unter seinem Sohn Harold weitergeführt. Während des Zweiten Weltkriegs fertigte das Unternehmen hauptsächlich Teile für das schwere Maschinengewehr Browning **M2** im Kaliber .50. 1960 verlagerte das Unternehmen die Produktion in ein neues Werk in North Haven, nur wenige Kilome-

Mossberg 935 Pro im Kaliber 12/89 für die Wasserwildjagd

Wettkampfflinte 940 JM Pro von Mossberg

ter entfernt. Im Jahre 1961 brachte die Firma die Mossberg **500**, eine Vorderschaft-Repetierflinte, auf den Markt, die mit über 10 Millionen produzierten Exemplaren das erfolgreichste Produkt der Firma Mossberg wurde. *O.F. Mossberg & Sons* ist bis heute ein Familienunternehmen und der älteste familiengeführte Waffenhersteller in Amerika. Der Firmensitz befindet sich noch in North Haven, der größte Teil der Waffenproduktion wurde aber nach Eagle Pass, Texas, verlagert.

Mossberg gilt heute als der weltweit größte Hersteller von *Pump-Action*-Flinten. Die neueste *Shotgun* unter der Modellbezeichnung **940 JM Pro** wurde gemeinsam mit dem berühmten Profischützen Jerry Miculek entwickelt und auf den Markt gebracht. Der Klassiker Mossberg **500** ist immer noch in Produktion und es gibt sogar ein Modell im Retrodesign. Mossberg hat ein umfangreiches Modellangebot an Pumpflinten sowie Selbstladeflinten und auch ein Bockflinten-Modell. Bei den Pump- und Selbstladeflinten gibt es meist zwei Modellreihen, einmal jagdlich und dann taktisch, bzw. für die Heimverteidigung ausgelegt.

Mossberg-Bockflinte

Die Bockflinten-Serie **Silver Reserve II** sind Einsteiger-Modelle, die in den USA für 699 US-Dollar angeboten werden. Gebaut werden sie bei *Khan Arms* in Istanbul, Türkei. Dem Preis entsprechend ist bei diesen Waffen einfache, aber robuste Technik zu finden. Die Kastenschloss-Flinte besitzt eine Keilverriegelung sowie einen selektiven Einabzug. Die Ausstattung ist zeitgerecht, die Läufe sind innen verchromt und für Wechselchokes eingerichtet. Auch ein Ejektor ist vorhanden. Fünf Chokeeinsätze gehören zum Lieferumfang. Erstaunlich groß ist zudem die Kaliberpalette: Neben 12/76 und 20/76 werden auch Modelle in 28 und .410 angeboten. Neben der Jagd- gibt es auch eine Sportflinten-Linie, die geportete Läufe hat. Auf dem US-Markt dürften sich diese günstigen, robusten Bockflinten gut verkaufen.

Die Mossberg-Pumpflinten

Hier finden sich gleich vier Baureihen, die sich auch noch einmal in Jagd- und taktische Modelle unterteilen. Der Klassiker ist die Mossberg **500**, die für die Klassik-Fans weiter gebaut wird. Darüber hinaus gibt es die Top-Linie **590**, die Mossberg **88 Maverik** sowie die **835 Ulti-Mag**. Mit über 50 Jahren Produktionszeitraum und über 10 Millionen gebauten Exemplaren gehört die Mossberg **500** zu den meist gefertigten Flinten weltweit und ist ein echter Klassiker. Eingeführt 1960, basieren alle **500er**-Modelle auf dem von Carl Benson entworfenen Ursprungsmodell. Die ersten **500er** hatten nur eine Schubstange, was dazu führen konnte, dass sich der Verschluss beim schnellen Repetieren verkantete. Als das Remington-Patent für die doppelten Schubstangen 1970 ablief, wechselte auch Mossberg zum sicheren System. Die Entwicklung lief über

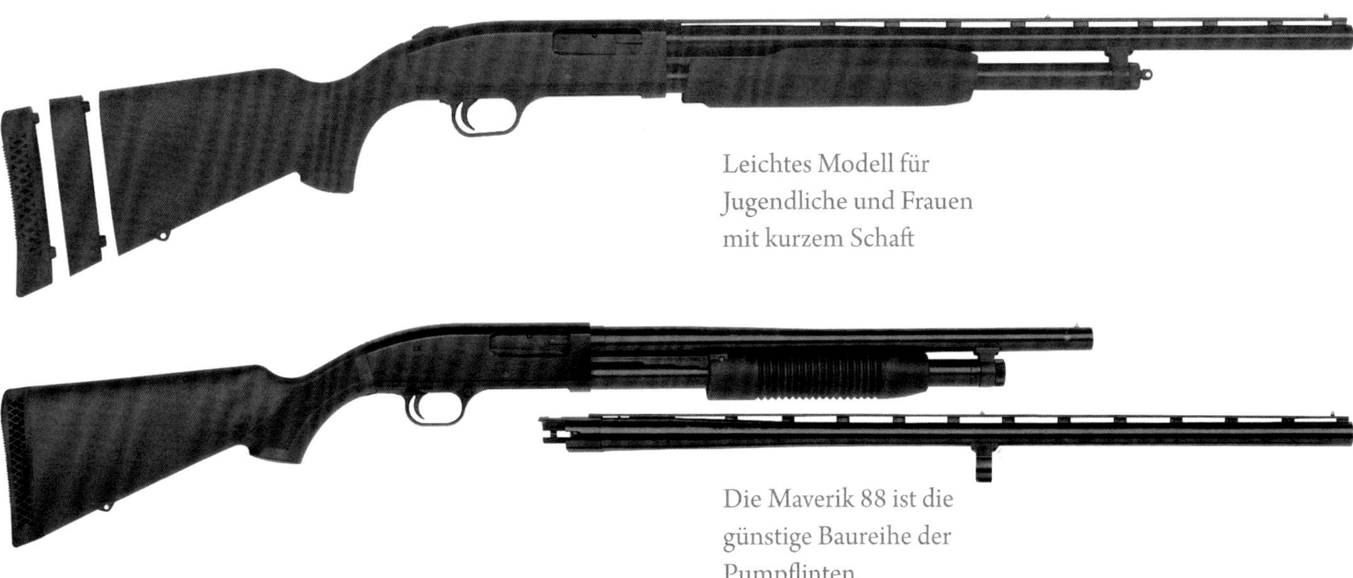

Leichtes Modell für Jugendliche und Frauen mit kurzem Schaft

Die Maverik 88 ist die günstige Baureihe der Pumpflinten

die Modellreihen **505**, **510** und **535** bis hin zur heutigen **590er**-Serie.

Der Systemkasten der Mossberg ist aus Aluminium gefertigt, verriegelt wird über einen Vertikalblock-Verschluss. Markante Details der Mossberg-**500er**-Serie sind der doppelte Auszieher und die Schiebesicherung auf dem Systemkasten. Standard bei Pumpflinten ist ansonsten die Druckknopf-Sicherung im Abzugsbügel. Der Hauptunterschied zwischen **500** und **590** ist beim Röhrenmagazin zu finden. Bei den **500er**-Modellen ist die Röhre vorn geschlossen. Bei der **590** lässt sich das Röhrenmagazin aufschrauben und von vorn zerlegen. So kann zudem der Lauf schneller entfernt werden. Die Militär-Modelle **590A1** besitzen einen dickeren Lauf (24 anstatt 22 Millimeter). Außerdem sind Abzugsbügel und Sicherungsschieber aus Aluminium gefertigt, wohingegen diese Kleinteile bei der **500** und der normalen **590** aus Kunststoff sind. Alle **590A1** haben zudem eine Bajonettaufnahme, die sich bei der **590** nur bei wenigen Varianten findet.

Die Modellreihen **590** und **590A1** waren ursprünglich nur für den Verkauf an das US-Militär und Polizeidienststellen vorgesehen. Die Läufe der **500er**- und **590er**-Serie sind nicht austauschbar. Mossberg hat eine große Zahl an Modellen dieser Baureihen im Programm, die von Jagdflinten mit Nussbaumschaft bis hin zu ultrakurzen Modellen mit Pistolengriff zur Heimverteidigung und auch besonders leichten Modellen mit kurzen Schäften für Frauen und Jugendliche reicht. Jedes Jahr werden neue Modelle vorgestellt. Ein Ende ist noch nicht abzusehen.

Die Mossberg **Maverick 88** ist eine günstigere Pumpflinten-Serie im untersten Preissegment. Die Bauteile der **Maverick 88** werden zum großen Teil in Mexiko hergestellt und in den USA zusammengebaut, um die Kosten niedrig zu halten. Die Optik und auch ein großer Teil der Technik ist zwar identisch mit den **500er**-Modellen, aber die **88er** hat eine Druckknopf-Sicherung im Abzugsbügel und die Abzugsgruppe kann nicht so einfach entfernt werden wie bei den **500ern**. Dafür ist der Preis bedeutend niedriger. Auch von der **88** gibt es Jagd- und Verteidigungsflinten. Mossberg begrenzt die Garantie für die **88er**-Modelle in den USA allerdings auf ein Jahr!

Die **835 Ulti-Mag** ist eine Pumpflinten-Serie im Kaliber 12/89 für Wasserwild- und Truthahnjäger, die es ganz ernst meinen. Technisch entspricht sie den anderen Mossberg-Pumpflinten, sie hat aber entsprechend lange geportete Läufe. Diese besitzen ein spezielles weit gebohrtes Profil, um auch mit schweren Ladungen eine gute Deckung zu erzielen. Bei den sieben aktuellen Modellen ist nur eine mit Holzschaft ausgestattet, der Rest kommt mit Kunststoffschäftung in Camouflage.

Die Mossberg-Selbstladeflinten

Bei den Selbstladeflinten hat Mossberg eine ähnlich große Auswahl zu bieten wie bei den Pumpflinten. Die **900er**-Baureihe unterteilt sich in die Jagd-Modelle **930 Field** und **930 Pro Waterfowl**, die Sportflinten **930 Pro**

Die 835 ist für das Kaliber 12/89 eingerichtet

Sporting und die **935 Magnum**. Ergänzt wird das noch durch die kompakten und leichten Modelle für Damen und Jugendliche mit den Bezeichnungen **SA-20**, **SA-28** sowie **SA-410** in den namensgebenden Kalibern.

Der Verschluss ist der Pumpflinten-Serie sehr ähnlich, nur funktioniert die **900er**-Serie als Gasdrucklader. Das Piston-Gasdrucksystem ist selbstregulierend und zapft nur so viel Gas ab, wie für die sichere Funktion notwendig ist. Das wird durch Auslassöffnungen ermöglicht, durch die Gas bei zu hohem Druck entweichen kann. Damit wird gewährleistet, dass immer genug Druck zur Verfügung steht, ohne das System zu überlasten. Die Verschluss-Feder ist im Hinterschaft untergebracht. Zerlegen lässt sich die **900er** ebenso einfach wie die Pumpflinte **590**. Nach Abschrauben der Magazinkappe können Vorderschaft und Lauf abgezogen werden. Die Modelle mit Kunststoffschaft haben ein Verstell-System mit unterschiedlichen Winkel- und Distanzplatten, um den Schaft individuell an den Schützen anzupassen. Je nach Modell werden Wechselchokes eingesetzt oder der Lauf hat eine feste Chokebohrung. Die **930 Slugster** kommt mit einem gezogenen Lauf zum präzisen Verschießen von Flintenlaufgeschossen.

Das Modell **930 Field** wird im Kaliber 12/76 mit Stahlschrotbeschuss gefertigt. Bei der Sportflinten-Baureihe **930 Pro** werden Wechselchokes von Briley sowie Hi-Viz-Fiberglas-Visiere mitgeliefert. Die Kästen sind mit Cerakote beschichtet und auch der Holzschaft hat bei diesem Modell ein Verstell-System. Die **935er-Waterfowl**-Serie verfügt über Kunststoffschäfte im Camouflagemuster. Dabei ist auch eine Magnum-Ausführung in 12/89 erhältlich.

Die Mossberg-**SA-Selbstladeflinten** in den Schrot-Kalibern 20, 28 sowie .410 sind für Jugendliche und Frauen gedacht, die eine leichte und rückstoßarme Flinte wollen. Sie werden nicht von Mossberg selbst gebaut, sondern von Armsan (Türkei). Das Gasdruck-System mit der Ableitung von nicht benötigtem Gas ist am **900er**-System angelehnt. Die **SA**-Modelle gibt es mit Holz- und Kunststoffschäften, auch in Camouflage, und es werden zudem **Tactical**-Modelle mit kurzen Läufen und Pistolengriffschäften angeboten. Die Jagd-Modelle sind für Wechselchokes eingerichtet. Die leichten Halbautomaten werden in den USA für unter 500 US-Dollar verkauft. Es gibt wohl keine Firma, die bei Pump- und Selbstladeflinten eine größere Auswahl hat als Mossberg. Der aktuelle Katalog listet über 100 Modelle.

Selbstladeflinte der 930er-Serie

Der Klassiker von Perazzi, die MX8

PERAZZI

Bockflinten des italienischen Herstellers Perazzi sind meistens in den Händen international erfolgreicher Wurftaubenschützen zu finden. Die seit 1968 gefertigte **MX8** ist eine der bekanntesten Wettkampfflinten und meist der Gegenspieler zur Krieghoff **K-80**. Gegründet wurde *Armi Perazzi* 1957 von Daniele Perazzi. Der Hersteller fertigt fast ausschließlich Bockflinten der Luxusklasse für den Wurftaubensport, hat aber seit kurzer Zeit auch noch eine Bockdoppelbüchse sowie eine Querflinte im Programm.

Die Perazzi-Bockflinten

Ursprung der Perazzi-Bockflinten-Serien **MX** ist die legendäre **MX8**, die bis heute mit stetigen kleinen Verbesserungen in Produktion ist. Perazzi setzt auf einen hakenlosen Flanken-Verschluss nach Art Boss. Die Verriegelung übernehmen beidseitig am unteren Lauf angesetzte Haken, die beim Schließen in das Baskül eintreten und dort verriegelt werden. Als Scharnier sind in das Baskül vorne links und rechts seitlich zwei Bolzen eingesetzt. Die Laufwurzel verfügt über passende Ausfräsungen. Die Passung ist perfekt und sorgt für hohe Schusszahlen.

Perazzi stattet die **MX** mit innen hartverchromten Läufen aus und benutzt ein *Back-Bored*-Innenprofil. Bei diesem ist der Laufdurchmesser etwas größer als das CIP-Mindestmaß. Ein solches Profil wird heute von verschiedenen Flintenherstellern eingesetzt und soll die Deckung verbessern sowie deformierte Randschrote verringern. Lauflängen gibt es jede Menge und auch Wunschlauflängen sind kein Problem. Perazzi hat schon Läufe von 96 Zentimeter gebaut. Die **MX** ist naturgemäß für Wechselchokes eingerichtet. Das Schloss ist als modifiziertes Blitzsystem konzipiert und verwendet Schraubenfedern, die auf Führungsstangen installiert sind. Wahlweise sind aber auch Flachfedern erhältlich. Manche Schützen schwören auf Flachfedern, weil sie angeblich einen Tick schneller sind. Die Umschaltung des Einabzuges erfolgt über den Rückstoß beim Schuss. Perazzi schafft es, die Abzugswiderstände dieses Schlosses auf 1,5 bis 1,8 Kilogramm zu justieren. Die

Perazzi MX12

gesamte Abzugsgruppe lässt sich von Hand ohne Werkzeug herausnehmen. Bei einer Störung im Wettkampf kann dann ganz einfach ein Ersatzschloss eingesetzt werden.

Der Nussbaumschaft ist für den Wettkampf ausgelegt und je nach Disziplin geschäftet. Bei einer solchen Flinte ist ein Maßschaft obligatorisch und beim Preis einer Perazzi bereits kostenlos enthalten. Der Käufer reist dazu in der Regel nach Italien zu Perazzi, wo ein Schäfter die genauen Schaftmaße ermittelt. Standardschaftholz ist inklusive, aber es besteht die Möglichkeit, aus dem umfangreichen Schaftholzlager ein Stück Nussbaumholz auszusuchen. Besondere Hölzer kosten dann natürlich einen erheblichen Aufpreis. Die **MX** ist eine schwere Wettkampfflinte und in vielen Ausführungen für die verschiedenen Wurfscheibendisziplinen erhältlich. Für die Disziplin *Single Trap* gibt es sogar eine **MX** mit nur einem Lauf.

Perazzi MXS

Die **MX8** ist zwar die bekannteste Perazzi, mit 3,9 Kilogramm Gewicht und einem Preis ab 10.000 Euro aufwärts jedoch auch schwer und teuer. Die Perazzi **MXS**, die es ebenfalls in den Kalibern 12 und 20 gibt, ist nicht nur leichter, sondern auch preisgünstiger, was sie zu einer interessanten Alternative für passionierte Flintenjäger macht, die auch gerne einmal den Parcoursstand besuchen. Als 12er-Modell wiegt sie 3,6 Kilogramm und liegt damit schon im Bereich normaler Bockflinten für den Jagdgebrauch. Die Aufmachung ist eher sportlich und Perazzi-typisch schlicht gehalten.

Verschlusstechnisch entspricht sie der **MX8** und auch Schloss und Abzug sind beinahe identisch, aber nur fast. Lässt sich beim Top-Modell die Schloss- und Abzugseinrichtung mit einem Handgriff als Einheit herausnehmen, wenn nur der Sicherungsschieber weiter nach vorn gedrückt wird, ist bei der **MXS** alles fest installiert. Auf dem Schießstand mal eben eine gebrochene Schlagfeder wechseln, geht hier also nicht. Für Top-Wettkampfschützen sicher ein Argument, das den Jäger und Gelegenheits-Parcoursschützen aber eher weniger stört, zumal Störungen bei einer solchen Flinte auch höchst selten sind, zumindest bei den Schusszahlen, die Hobbyschützen abgeben. Für eine Perazzi sind 500.000 Schuss ohne Störung keine Seltenheit. Bei der Lauflänge kann zwischen 73, 76 und 81 Zentimeter gewählt werden.

Die Perazzi High Tech

Die **High Tech** wurde im Jahre 2015 vorgestellt und ist eine noch mehr für das hochklassige Wettkampfschießen abgestimmte Sportflinte, basierend auf der **MX8**. Der Kasten ist verbreitert worden und hat jetzt mehr Gewicht. Die Läufe besitzen eine 18,6-Millimeter-Bohrung, wovon sich Perazzi mehr Energie und eine Reduzierung des Rückstoßes verspricht. Die anderen Perazzi-Flinten verfügen über einen Bohrungs-Durchmesser von 18,4 Millimeter. Die Visierschiene ist am Kasten 7 Millimeter breit und verdickt sich zur Mündung hin auf 10 Millimeter. Damit soll das frühzeitige Erkennen von seitlich anfliegenden Wurfscheiben verbessert werden. Lauflängen gibt es reichlich, auch nach eigenem Wunsch. Eine Maßschäftung ist auch bei der **High Tech** inklusive. Ebenso steht hier eine große Modell-Auswahl zur Verfügung.

Bei den sportlichen Bockflinten ist Perazzi so etwas wie die Formel 1. Bei allen großen Wettbewerben und den Olympischen Spielen werden mit den italienischen Sportflinten reihenweise Preise und Medaillen abgeräumt. Umso überraschender war die Vorstellung einer Perazzi-Quer-

Perazzi MXS, die Parcoursflinte

Perazzi MX20

flinte. Ganz neu ist die **DC12** aber nicht. Es handelt sich um eine Neuauflage einer bekannten, von Daniel Perazzi entwickelten Doppelflinte aus den 1970er-Jahren. Viele Jäger wünschten sich dieses Modell zurück. Durch die Verschmelzung von traditionellem Design und modernster Technik entstand eine komplett neu konstruierte elegante Flinte mit vierfach verriegeltem Verschluss, der über parallel angeordnete Laufhaken verriegelt, sowie einer herausnehmbaren Abzugsgruppe und nicht selektivem Einabzug. Die 12/76er-Läufe sind im Monoblock-Verfahren zusammengelegt. Sie sind in den Längen 68, 70, 72, 75 oder 80 Zentimeter erhätlich. Als Chokes werden $^{4}/_{10}$ und $^{8}/_{10}$ eingesetzt, auf Wunsch auch Wechselchokes. Beim Hinterschaft kann der Käufer zwischen dem englischen Schaft oder einem Pistolengriffschaft wählen. Ein Maßschaft ist auch hier im Preis enthalten. Neben dem schlichten Modell **DC12** mit schwarzem Systemkasten gibt es noch die Luxusversion **DC12 SCO** mit langen, gravierten Seitenplatten. Eine sehr leichte Jagdflinte ist die **DC12** aber eher nicht. Sie bringt 3,3 Kilogramm auf die Waage. Preislich geht es bei etwa 13.000 Euro für die Standard-Ausführung los.

Die High Tech ist die letzte Entwicklung bei Perazzi

Die Remington 870 ist bis heute das Zugpferd bei den Remington-Flinten

Unten: Spezialmodell der 870 für die Truthahnjagd

REMINGTON

Die *Remington Arms Company, LLC* ist eines der ältesten US-Waffenunternehmen. Eliphalet Remington II, genannt „Lite", gründete die Firma 1852 in Illion im US-Staat New York. Während der amerikanischen Sezessionskriege produzierte Remington große Mengen an Kriegswaffen. Nachdem Lite 1861 starb, ging es allerdings abwärts mit der Firma. 1886 kam dann der erste Konkurs. Marcellus Hartley und Thomas Bennet kauften das Unternehmen. Es waren bekannte Namen. Hartley war Inhaber der *Union Metallic Cartridge Company*, Bennet der Schwiegersohn von Oliver Winchester. Der Firmenname wurde in *Remington Arms Company* geändert.

1907 wurde J.D. Pedersenn eingestellt, ein dänischer Büchsenmacher. Er entwickelte die erste Remington-Pumpflinte. Nach dem Tod von Hartley übernahm sein Sohn Marcy Hartley Dodge die Firmenanteile seines Vaters und 1912 kam es dann zu der Fusion mit der *Union Metallic Cartridge Company* von Hartley Dodge. Mit Ausbruch des Ersten Weltkrieges ging es aufwärts, denn jetzt begann eine riesige Nachfrage nach Waffen und Munition. Nach Kriegsende wandte man sich dann wieder den Jagd- und Sportwaffen zu. Das lief nicht wirklich gut. Die Firma war daher gezwungen, andere Produkte zu fertigen, um zu überleben, wie etwa Registrierkassen.

Der Aufschwung kam mit dem nächsten Weltkrieg. Remington wurde wieder zu einem großen Rüstungsunternehmen mit 82.000 Mitarbeitern. Jeder Krieg ist mal zu Ende und damit ging es für Remington wieder abwärts. 1980 übernahm der *Du-Pont*-Konzern Remington, danach gehörte Remington zur *Freedom Group*, die ihrerseits der *Cerberus Capital Management* gehört. 2007 wurde *Marlin Arms* eine Tochtergesellschaft von Remington. Am 13. Februar 2018 meldete Remington Insolvenz an. Bereits im Mai 2018 konnte das Insolvenzverfahren wieder beendet werden, nachdem ein vorgelegter Restrukturierungsplan vom zuständigen Insolvenzrichter angenommen wurde. Lange hielt das jedoch nicht. Am 28. Juli 2020 meldete Remington erneut Insolvenz an. Wie es mit dem alten US-Waffenhersteller weiter geht, steht in den Sternen.

Remington produziert hauptsächlich Büchsen und mit der Remington **1911R1** auch eine halbautomatische Pistole. Das Flinten-Programm besteht aus Vorderschaft-Repetierern und Selbstladeflinten. 1894 gab es auch einmal eine Querflinte in recht guter Qualität, von der immerhin 42.000 Stück produziert wurden. 1900 kam eine Sparversion dieser Waffe, die mit 98.000 Stück sogar noch deutlich erfolgreicher war. Die im Jahre 1931 entwickelte Bockflinte Remington **32** wurde bis 1947 gebaut und auch das *Remake*, die Remington **3200**, blieb nur von 1973 bis 1983 im Programm. Von 1993 bis 1999 baute der Remington Custom Shop noch Bockflinten auf Basis der **3200** als Remington **396**. Kipplaufflinten *Made in USA* auch in den USA zu verkaufen, ist nicht einfach. Dafür sind die Importflinten einfach zu gut und zu günstig. Einen kurzen Ausflug in die Welt der Bockflinten machte Remington noch mit dem Modell **332**, das bei Baikal in Russland hergestellt wurde, aber auch schnell wieder vom Markt verschwand. Remington konzentriert sich heute völlig auf Pump- sowie Selbstladeflinten.

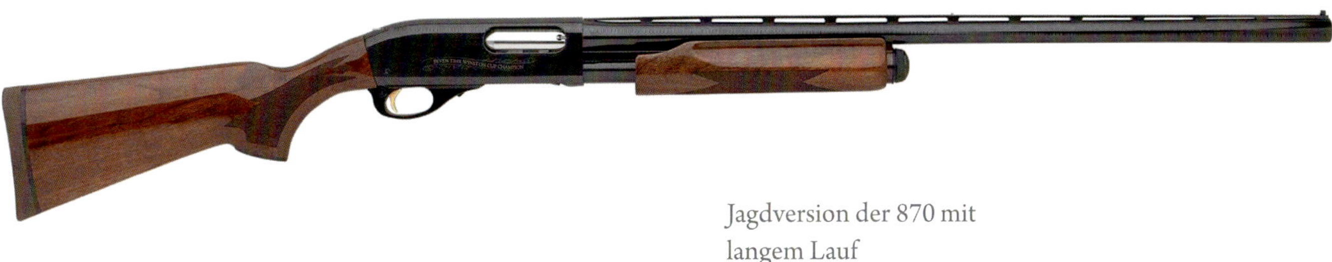

Jagdversion der 870 mit langem Lauf

Remington-Vorderschaft-Repetierflinten

Bei diesem Waffentyp kann der Hersteller auf eine lange Historie zurückblicken, die mit der Remington **1910** begann. Darauf folgten die Modelle **11**, **17**, **29**, **31** und schließlich 1950 die bis heute gebaute **870**. Damit gelang Remington der große Wurf. Sie ist das *Working Horse* des Remington-Flintenprogramms und wurde von den US-Jägern und Sportschützen begeistert angenommen. Das **Wingmaster** genannte Ursprungsmodell wurde als Ersatz für die Remington Modell **31** entwickelt. Auch die Remington **31** war recht beliebt, verkaufte sich aber deutlich schlechter als das Konkurrenzmodell Winchester **Modell 1912**.

Dies wollte Remington durch die Einführung einer modernen, eleganten, robusten, zuverlässigen und dazu noch relativ günstigen Vorderschaft-Repetierflinte ändern. Ab 1955 gab es die **870** dann auch in den stärkeren 76er-Magnum-Patronen. Zunächst in 12/76 und ab 1962 dann auch in 20/76. Selbst für die starke 12/89 wurden einige Modelle der **870** ausgeliefert. 1966 wurde die Produktion der einmillionsten Flinte gefeiert. Die Vormachtstellung der **870** auf dem Markt war damit fest zementiert. Der Erfolgskurs ging aber noch weiter. 1969 wurde der Systemkasten verkleinert, um die **870** auch in den Kalibern 28 und .410 anzubieten. Am Anfang gab es diese Flinten nur als Pärchen im edlen Koffer. Um die Balance der schmalen Systemkästen nicht durch einen schweren Hinterschaft zu stören, wurde das recht gewichtige amerikanische Walnussholz durch leichteres Mahagoniholz aus Honduras ersetzt. Diese Flinten wogen dann gerade einmal etwa 2,5 Kilogramm und waren beliebt bei Frauen und Jugendlichen. Heute sind es gesuchte und teuer bezahlte Sammlerstücke. 1971 gab es dann endlich auch eine Linkshänder-Ausführung mit Auswurffenster auf der linken Seite des Systemkastens.

Im Jahre 1980 wurde die Schaftfertigung umgestellt. Das Schneiden der Fischhaut erfolgte nun nicht mehr von Hand, sondern wurde maschinell erledigt. Die hochglänzenden Lackschäfte waren in den 1980er-Jahren zudem nicht mehr so beliebt. Remington bot daher auch Schäfte in einem seidenmatten Öl-Finish an. Liebhaber der englischen Schaftform ohne Pistolengriff kamen ab 1983 zum Zuge, als auch diese Schaft-Variante ins Programm genommen wurde. Eine maßgebliche Weiterentwicklung gab es dann 1986, als Wechselchokes eingeführt wurden. Nun musste keiner mehr einen ganzen Lauf kaufen, um das Streuverhalten zu ändern, sondern konnte einfach ein kleines Röhrchen mit der passenden Würgebohrung in den Lauf schrauben. So ganz einfach war dieser Änderungsschritt aber nicht, denn Remington verwendete bei der **870** sehr dünnwandige Läufe, die für ein Mündungsgewinde so nicht geeignet waren. Es war notwendig, die Läufe mit dickeren Wandungen auszustatten, um Wechselchokes verwenden zu können. Das änderte natürlich auch das ganze Schwungverhalten der Flinte, da sie jetzt etwas vorderlastiger wurde. Remington musste sich dafür auch Kritik anhören, weil viele Sportschützen mit den neuen Modellen nicht mehr so gut zurechtkamen.

1992 wurden daher für Schützen, die eine leichtere Flinte wollten, spezielle *Light Conture Barrels* angeboten, die an weniger relevanten Stellen dünnere Wandungen hatten und wieder den alten Gewichten entsprachen. Ebenfalls 1992 kam die **Deer-Gun** auf den Markt, die über einen gezogenen Lauf zum präzisen Verschießen von Flintenlaufgeschossen verfügte. Ein Jahr später dann das nächste Jubiläum der **870**, als die sechstmillionste Flinte das Werk verließ und dieses Modell damit die meist produzierte Vorderschaft-Repetierflinte aller Zeiten war. 2002 wurde dann sogar das lange Zeit in der Versenkung verschwundene Schrotkaliber 16/70 wieder ins Programm genommen. Die

Die Remington 1100 ist die meist verkaufte Selbstladeflinte in den USA. Hier das Classic-Trap-Modell.

zehnmillionste Remington **870** erblickte am 22. September 2009 das Licht der Welt und wurde natürlich aufwendig graviert.

Die Remington **870** besitzt ein unter dem Lauf angebrachtes Röhrenmagazin, das je nach Bau- und Hülsenlänge der dort eingebrachten Patronen zwischen drei und acht davon aufnimmt. Die Normalversion hat ein Magazin für vier Patronen, ist also mit einer Patrone im Lauf fünfschüssig. Die Patronen werden einzeln über eine Ladeklappe an der Unterseite des Systemkastens gegen den Druck der Magazinrohrfeder in das Röhrenmagazin gedrückt. Zum Laden der Waffe zieht der Schütze den Vorderschaft zurück, der Verschluss gleitet nach hinten, der innenliegende Schlaghahn wird gespannt und eine eventuell vorhandene leere Hülse nach rechts durch die Auswurföffnung ausgeworfen. Wird anschließend der Vorderschaft nach vorne bewegt, gibt eine Sperrklinke am Magazinrohr eine Patrone frei, die auf den Ladelöffel gleitet. Dieser steigt nach oben und platziert die Patrone vor dem Verschlussblock. Der wiederrum wird durch den darunterliegenden Verschlussträger, der mit den beiden Schubstangen des Vorderschaftes verbunden ist, zwangsgesteuert. Der Verschlussblock schiebt die Patrone ins Patronenlager, wird in seiner Endstellung angehoben und das obenliegende Verriegelungsstück tritt in eine Ausfräsung ein, die in einer Verlängerung des Laufes angebracht ist. Die Waffe ist jetzt verriegelt und der Vorderschaft festgelegt. Wird die Waffe abgefeuert, wird die Blockade des Vorderschaftes automatisch aufgehoben und es kann repetiert werden. Soll eine volle Patrone aus dem Patronenlager repetiert werden, muss eine kleine Taste links vor dem Abzug gedrückt werden, welche die Sperre manuell aufhebt. Um ein gefülltes Röhrenmagazin zu entleeren, müssen die Patronen einzeln herausrepetiert werden, analog zu einem 98er mit fest eingebautem Magazin. Als Sicherung ist eine Druckknopf-Sicherung im hinteren Ende des Abzugsbügels installiert, die den Abzug sperrt. Im Prinzip eine sehr einfache und leicht zu bedienende Technik, wenn man sich einmal damit vertraut gemacht hat. Auch die Demontage und Montage zum Reinigen geht sehr einfach. Nachdem die Endkappe des Magazinrohres abgeschraubt ist, wird der Lauf bei zurückgezogenem Verschluss einfach nach vorn aus dem Systemkasten gezogen und kann leicht geputzt werden. Um den Verschluss zu entnehmen, muss lediglich die Sperrklinke am Magazinrohr, der sogenannte Patronenstopp, eingedrückt werden und der komplette Vorderschaft mit Schubstangen und dem daran angebrachten Verschlussträger samt Verschluss lässt sich nach vorn herausziehen. Die komplette Abzugsgruppe kann nach dem Herausdrücken der zwei Haltesplinte nach unten entnommen werden. Von Zeit zu Zeit sollte auch das Magazinrohr innen gereinigt werden, was problemlos möglich ist. Die Endkappe wird leicht eingedrückt, etwas verdreht und kann dann zusammen mit der Magazinfeder und dem Zubringer nach vorn aus dem Magazinrohr entnommen werden. Der Zusammenbau erfolgt in umgekehrter Reihenfolge. Dabei lässt sich nicht viel falsch machen und Spezialwerkzeug ist auch nicht nötig. Zurzeit bietet Remington das Modell **870** in 26 Varianten an. Hinzu kommen sieben *Tactical*-Modelle für Polizei & Militär.

Die Remington-Selbstladeflinten

Auch hier ist die Ahnenreihe ziemlich lang. Sie beginnt mit der Remington **Mod. 11**, der ersten in den USA produzierten Selbstladeflinte, die von 1905 bis 1947 gebaut wurde. Von dem von John Moses Browning entwickelten und C.C. Loomis und anderen Remington-Ingenieuren verbesserten Rückstoßlader wurden etwa 850.000 Stück verkauft. Nach dem Zweiten Weltkrieg kam dann als Nachfolger das **Modell 48** mit ähnlicher Technik, aber einfacherer

Luxusversion der 11/87 mit Wechsellauf

Produktion. Man verwendete Innenteile aus gestanztem Stahlblech und ein Abzugsgehäuse aus Aluminium. Das **Modell 11** hatte einen manuell einstellbaren Bremsring für verschieden starke Patronen. Beim **Modell 48** wurde das so modifiziert, dass sich das System selbstständig anpasst. 1956 kam mit dem **Modell 58** der erste Gasdrucklader von Remington. Kein sehr erfolgreicher Entwurf, denn er war nicht nur schwerer und teurer als das **Modell 48**, sondern auch weniger zuverlässig.

Die Ingenieure von Remington versuchten dann, ein neues Modell zu entwickeln, das die besten Eigenschaften der **Modelle 48 und 58** miteinander verband. Das daraus resultierende **Modell 1100** war ein durchschlagender Erfolg und ersetzte die beiden anderen. Remington baut den Klassiker **1100** bis heute. 1987 kam mit der **11/87** eine weitere Modellreihe ins Programm, die auf der **1100** basiert. Das Top-Modell ist aber die dritte Baureihe, die **Versa Max**.

Die Remington 1100

Mit über 4 Millionen verkauften Exemplaren ist die **1100** die meistverkaufte Selbstladeflinte in den USA. Sie ist ein Gasdrucklader mit verriegeltem Verschluss und feststehendem Lauf. Das Gasdruck-System der **1100** besteht aus dem am Lauf angelöteten Gaszylinder, dem Dichtungsring, dem Kolbenring, dem Gleitring, dem Verschlussträger sowie der Verschlussträgermuffe. Die drei Ringe, die Verschlussträgermuffe und der als Haltering fungierende Gaszylinder sind so über das Magazinrohr geschoben, dass das Vorderteil der Verschlussträgermuffe in den Gaszylinder hineinragt. Sobald die Schrotvorlage diese Stelle passiert hat, strömt ein Teil der Verbrennungsgase durch die beiden Gasöffnungen des Laufes in den Gaszylinder, der vorn durch den Dichtungsring und hinten durch den Kolben- und Gleitring abgeschlossen ist. Die Gase wirken jetzt auf den Kolben- und Gleitring und diese gegen die Verschlussträgermuffe, welche die Kraft auf den Verschlussträger mit dem darauf gelagerten Verschlussstück überträgt, wodurch der Verschluss geöffnet wird. Das Verschlussstück hat einen Verriegelungskeil, der bei geschlossenem Verschluss in eine entsprechende Nut der Laufwurzel eintritt. Verschlussstück und Verschlussträger sind nicht starr miteinander verbunden, sondern lassen sich auf einer Strecke von etwa 15 Zentimetern ineinander verschieben. Die eigentliche Verriegelung wird durch ein Druckstück am hinteren Ende des Verriegelungsstückes gewährleistet, das unter Federdruck steht. Bei geschlossenem Verschluss schiebt das Druckstück das Verriegelungsstück nach oben in die Nut. Bei der Rückwärtsbewegung drückt dann der Verschlussträger das Druckstück vom hinteren Ende des

Remington Versa Max

Sportausführung der Versa Max

Verriegelungsstückes weg und die Verriegelung ist aufgehoben. Verschlussträger und Verschlussstück setzen dann die Rückwärtsbewegung gemeinsam fort. Das Schließen des Verschlusses übernimmt dann die im Schaft eingesetzte Verschlussfeder.

Das Entriegeln des Verschlusses und die Rückwärtsbewegung verbraucht einen großen Teil der Energie der abgezapften Verbrennungsgase, was zu einer erheblichen Reduzierung des Rückstoßes führt. Gegenüber Selbstladeflinten, die als Rückstoßlader arbeiten, schießt sich die **1100** merklich weicher. Der Lade- und Abzugsmechanismus der **1100** ist ganz konventionell und findet sich so auch an vielen anderen Selbstladeflinten. Auch die für diesen Waffentyp charakteristische Druckknopf-Sicherung im Abzugsbügel findet sich an der **1100**. Zerlegen lässt sich die **1100** wie die Remington **870**. Nach dem Entfernen der Verschlusskappe des Magazinrohres kann der Lauf bei geöffnetem Verschluss nach vorn abgezogen werden. Der große Vorteil der **1100**, der viel zu ihrer Beliebtheit beitrug, ist der praktisch wartungsfreie Gasdruck-Mechanismus, der keiner Pflege bedarf. Er wird von den einströmenden Gasen automatisch gereinigt. Keinesfalls sollte hier Öl oder Fett aufgetragen werden. Es würde verbrennen und der dann entstehende zähe Schmier zu Störungen führen.

Remington baut das Modell **1100** in den Kalibern 12, 20, 28 und .410 in einer Vielzahl von Modellen für Jagd, Skeet oder Trap. Neben der klassischen Schäftung aus amerikanischem Walnussholz sind auch Kunststoffschäfte zu haben. Die aktuellen Modelle sind mit Wechselchokes ausgestattet und haben Stahlschrotbeschuss.

Die Remington 11/87

Die **11/87** kam, wie der Modellname schon vermuten lässt, 1987 auf den Markt. Sie ist eine technisch und vom Design her leicht veränderte Variante der **1100**. Zunächst wurde vermutet, dass die **11/87** die **1100** ersetzen soll, aber Remington baut beide Linien bis heute nebeneinander. Einige Teile sind zwischen den beiden Modellen austauschbar, die Läufe jedoch nicht. Das Gasdrucksystem der **11/87** wurde modifiziert und verträgt eine größere Bandbreite an Vorlagegewichten. Die **11/87** besitzt ein Gaskompensations-System, das überschüssige Gase ableitet. Das hat das Modell **1100** nicht. Der Auszieher ist breiter und das Magazinrohr der **11/87** besteht aus Edelstahl. Remington baut die **11/87** in den Kalibern 12 sowie 20 in verschiedenen Varianten für Jagd- und Sportschießen.

Remington SP-10, eine schwere Flinte im Kaliber 10/89 für die Wasserwildjagd

Die V3 ist die neueste Selbstladeflinte von Remington

Die Remington Versa Max

Die **Versa Max** ist nicht etwa ein weiterer Ableger der **1100**, sondern hat ein völlig neu entwickeltes Gasdruck-System, das alle 12 Schrotpatronen von der harten 12/89 bis hin zur leichten Trap-Patrone in 12/70 verarbeitet. Das liegt voll im Trend und findet sich auch bei anderen Herstellern wie Beretta, Browning und Benelli. Remington musste hier reagieren, um nicht den Anschluss zu verlieren. Das neue Gasdruck-System mit dem Namen Versaport ist unter dem Patronenlager am Lauf angeordnet und nicht wie bei anderen Systemen in der Laufmitte. Remington baut daher kein langes Schubgestänge mit Schubstangen und Manschette um das Magazinrohr. Zur Gasentnahme hat das Patronenlager sieben Bohrungen in zwei seitlich versetzten Reihen. Die Menge der abgezweigten Gase wird über die Patronenlänge gesteuert. Bei 70-Millimeter-Patronen bleiben alle sieben Bohrungen offen, bei 76 Millimeter Hülsenlänge sind die hinteren drei Bohrungen durch die Hülse verschlossen und die langen 89-Millimeter-Patronen verschließen vier Bohrungen.

Die abgezapften Gase strömen in zwei Zylinder unter dem Lauf. In ihnen sind die Gaspistons verschraubt. Die Schubstange mit Ringen und Nuten ist nur 83,2 Millimeter lang. Die kurze Schubstange drückt im Schuss den Verschlussträger nach hinten, der Drehwarzenverschluss entriegelt über eine Steuerkurve zwangsgesteuert. Überschüssige Gase werden durch kleine Fenster am Vorderschaft nach oben abgeleitet. Der Lauf der **Versa Max** hat einen TriNyte-Korrosionsschutz, der selbst bei Salzwasser vor Rost schützen soll. Der Laufinnendurchmesser liegt mit 18,2 Millimeter etwas über CIP-Minimalmaß, wovon sich Remington eine Verringerung des Reibungswiderstandes der Schrote und damit höhere Schrotgeschwindigkeit verspricht. Dem Trend, den Schaft justierbar zu machen, folgt auch Remington bei der **Versa Max**. Mittels zweier Stahleinsätze mit verschiedenen Bohrungen für die Schaftschraube lassen sich Senkung und Schränkung des Hinterschaftes verändern. Die Läufe sind für Wechselchokes eingerichtet und stahlschrottauglich. Das Modellprogramm der **Versa Max** umfasst sieben verschiedene Modelle, alle im Kaliber 12/89 und mit Synthetikschaft inklusive Gummieinlagen am Vorderschaft, Schaftrücken und Pistolengriff, wahlweise in Schwarz oder verschiedenen Camomustern.

Remington V3

Die neueste Modellreihe bei den halbautomatischen Flinten ist die **V3**. Sie ist die kleine Schwester der **Versa Max** und hat ebenfalls das Versaport-Gasdruck-System. Sie ist aber kleiner und leichter, denn hier beschränkt Remington sich auf die 12/76, was es gegenüber der 12/89 in der **Versa Max** ermöglicht, die Abmessungen zu reduzieren. Mit dem Nussbaumschaft wiegt die **V3** dann 3,25 Kilogramm. Die **Versa Max** kommt auf 3,5 Kilogramm. Die **V3**-Linie umfasst derzeit acht Modelle.

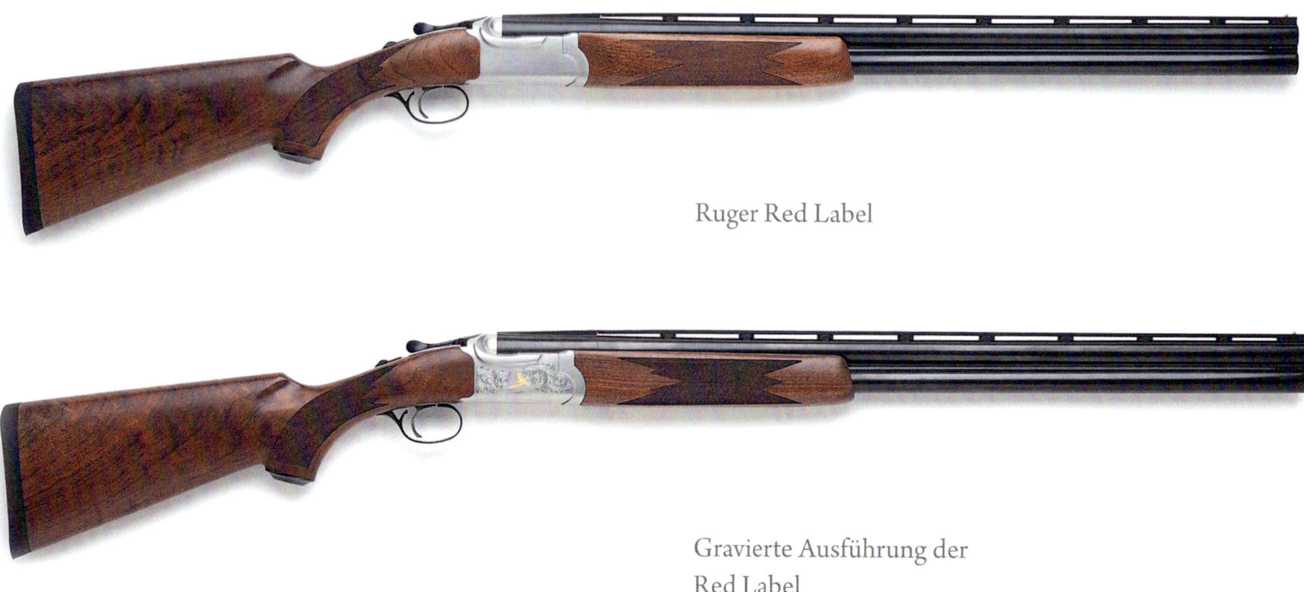

Ruger Red Label

Gravierte Ausführung der Red Label

RUGER

Die amerikanische Waffenfirma *Sturm, Ruger & Company* wurde 1949 von William B. Ruger und Alexander McCormick Sturm in einer kleinen gemieteten Maschinenwerkstatt in Southport (Connecticut) gegründet. Heute ist Ruger einer der größten US-Waffenhersteller mit einer Produktionsmenge, die über einer Million Stück im Jahr liegt. Der Schwerpunkt liegt bei Revolvern, Pistolen und Selbstladebüchsen, aber auch Jagd-Repetierer sind im Programm.

Rugers Ausflug auf den Flintenmarkt war dagegen eher bescheiden, aber durchaus interessant. Kipplaufflinten sind in den USA nicht so beliebt wie Selbstlade- und Pumpflinten, was auch am deutlich höheren Preis liegt. Als aber Browning die **Superposed** in den US-Markt einführte, fand sie bei den amerikanischen *Sportsmen* durchaus Anklang. Das Rückstoßverhalten der *Over and Under* war sehr angenehm beim sportlichen Schießen. In den 1970er-Jahren waren die Preise für diese Flinte und auch für andere aus Europa importiere Bockflinten aber derart gestiegen, dass sie für die meisten amerikanischen Sportschützen einfach zu teuer waren.

Um diesen Markt zu nutzen, brachte Ruger 1977 die **Red-Label**-Bockflinte heraus, zunächst nur im Kaliber 20. Sie kostete lediglich 480 US-Dollar. Die einzige heimische Konkurrenz, die **Remington 3200**, kostete glatt das Doppelte, Importflinten noch deutlich mehr. Über drei Jahrzehnte baute Ruger die **Red Label** mit bestem Verkaufserfolg. 1979 kam die 12er-Variante und 1994 noch eine verkleinerte Version im Kaliber 28. Um die **Red Label** preisgünstig herzustellen, investierte Ruger viel in moderne Maschinen. Die Flinte besitzt einen modernen Flanken-Verschluss, selektiven Einabzug, ab Mitte der 1980er-Jahre sogar Wechselchokes. Bei den ersten Modellen war der Kasten brüniert, dann wurde das System aus Edelstahl hergestellt. Ein Novum im Flintenbau, besonders als dann noch eine Version mit Kunststoffschaft auf den Markt kam. Nur die dänische Firma Flodman baut sonst noch Bockflinten aus nichtrostendem Stahl.

Die normalen Modelle hatten Schäfte aus ausgesuchtem kaukasischen Nussbaumholz, wahlweise mit Pistolengriffschaft oder englischem Schaft. Die Schäfte waren poliert und ölgeschliffen. Die Fischhaut war maschinell geschnitten, aber das hatte Ruger sehr gut im Griff und produzierte sie scharf und sauber am Pistolengriff und Vorderschaft. Die Flinte hat eine automatische Sicherung, die aber bei den US-Schützen nicht gerade beliebt war. 2010 gingen die Verkaufszahlen wegen der gestiegenen Produktionskosten stark zurück. Die **Red Label** konnte mit den Importflinten der großen Marken, wie Beretta, Miroku oder Franchi, nicht mithalten. 2011 stellte Ruger das Modell ein.

2013 kam dann die neue **Red Label**, allerdings nur im Kaliber 12. Die neue Ausführung war leichter. Das hohe Gewicht war immer ein Kritikpunkt gewesen. Den Herstellungsprozess hatte die Firma für einen geringeren Verkaufspreis optimiert. Das neue Modell war 500 US-Dollar günstiger als die alte Version. Die Umsatzerwartungen wurden trotzdem nicht erfüllt und 2015 war dann endgültig Schluss mit der **Red Label**. Insgesamt wurden etwa 150.000 Stück produziert, wovon der größte Teil auf dem US-Markt verkauft wurde. Für Europa war die **Red Label** bei dem großen Angebot an Bockflinten aller Preisklassen nicht besonders interessant.

Die Gold Label

Noch weniger bekannt ist, dass Ruger mit dem Modell **Gold Label** auch eine Querflinte herstellte. Auch die **Gold Label** besaß einen Edelstahlkasten und war klassisch aufgemacht. Wahlweise mit englischem Schaft oder Pistolengriffschaft, wobei Ruger sehr gutes Holz verwendete. Alle Modelle hatten einen selektiven Einabzug und im Monoblock zusammengelegte 28-Zoll-Läufe. Es gab die **Gold Label** nur im Kaliber 12/76. Der Umschalter war im Sicherungsschieber auf der Scheibe integriert. Auch die **Gold Label** hatte eine automatische Sicherung. Bemerkenswert für die US-Flinte mit Kastenschlossen war das Gewicht von nur drei Kilogramm.

Rugers Querflinte war optisch ein Hingucker und räumte in den USA einige Preise ab. 2002 kürte die *Shooting Industrie News* sie zur *Shotgun of the Year* und 2005 gewann sie den *Golden Bullseye Shotgun of the Year Award* der Zeitschrift *American Rifleman*. Design, Material und Verarbeitung waren hochklassig. Das führte leider dazu, dass die **Gold Label** bereits 2006 wieder eingestellt wurde. Die hohen Herstellungskosten machten die Produktion unwirtschaftlich. Nach Europa dürften nur ganz wenige Exemplare gelangt sein und auch in den USA ist die *Side by Side* von Bill Ruger bereits ein gesuchtes Sammlerstück.

Oben: Allwetter-Version der Red Label

Unten: Ruger-Querflinte Gold Label

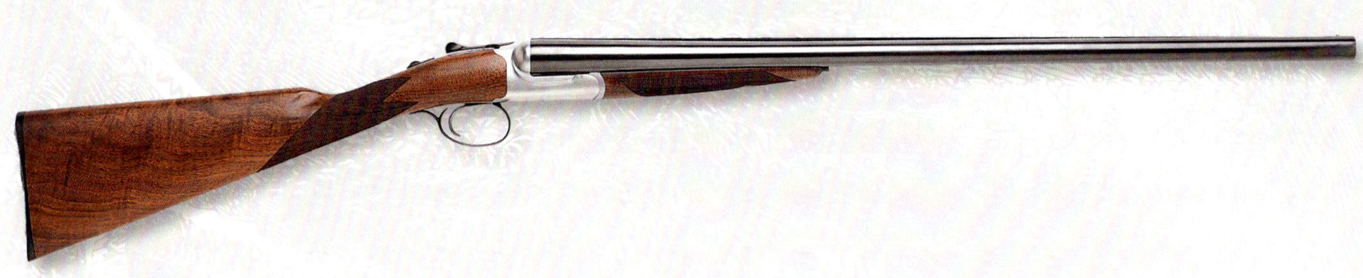

Sabatti Artemide

SABATTI

Der italienische Waffenhersteller Sabatti ist ein alter Familienbetrieb, dessen Ursprünge sich sehr lange zurück verfolgen lassen. Bereits zwischen 1760 und 1815 wurde Giuseppe Sabatti als Pistolenhersteller in Gardone Val Trompia bekannt. Ein anderer Guiseppe aus der Sabatti-Familie wurde in der ersten Hälfte des 19. Jahrhunderts bekannt für seine Damastläufe. Unmittelbar nach dem Zweiten Weltkrieg (1946) ging Antonio Sabatti eine Partnerschaft mit Giuseppe Tanfoglio ein. 1956 begannen sie mit der Herstellung halbautomatischer Pistolen. Vier Jahre später wurde die Partnerschaft wieder aufgelöst. 1960 eröffneten Kinder von Antonio Sabatti die heutige Firma Sabatti und heute führen deren Nachkommen, Emanuele, Antonio und Marco, den Familienbetrieb weiter. Sabatti fertigt neben Repetierbüchsen für Jagd und Sport sowie Doppelbüchsen auch eine ganze Reihe von Quer- und Bockflinten. Diese bewegen sich im unteren sowie mittleren Preisbereich und bieten robuste, einfache Technik zu günstigen Preisen. Sabatti verkauft nicht nur unter eigenem Namen, sondern fertigt auch für andere Firmen und Großhändler, welche die Sabatti-Flinten dann unterm Eigennamen vermarkten. So ließ etwa Frankonia viele Jahre bei Sabatti Flinten bauen und vertrieb sie unter dem Markennamen Mercury. Die aktuellen Mercury-Flinten werden jetzt aber bei *YILDIZ SİLAH SANAYİ ve TİC. LTD. ŞTİ* in der Türkei gebaut.

Bei den Bockflinten war lange Zeit die **Artemide** das Erfolgsmodell. Die aktuellen Modelle heißen **Falcon** und **Adler**. Die Verriegelung übernehmen kräftige Laufhaken, die über einen Verschlusskeil festgelegt werden. Auf zusätzliche Riegel wird verzichtet, was bei den modernen Materialien kein Problem ist. Bockflinten dieser Preisklasse haben fast immer mehr oder weniger modifizierte Blitzschlosse, so auch die Sabatti-Modelle. Schraubenfedern, geführt auf Stangen, sorgen für die Schlagenergie, die Abzugssicherung befindet sich auf dem Kolbenhals. Die Abzugsumschaltung geschieht durch den Rückstoß, wenn der Einabzug verbaut

Sabatti Adler in schlichter Ausführung mit schwarzem Kasten

Sabatti Falcon

Sabatti Fulgor Trapflinte

Sabatti Sirio

ist. Abzugsgewichte, die knapp über zwei Kilogramm liegen, müssen in dieser Preisklasse um die 1000 Euro akzeptiert werden. Die **Adler** ist ein Leichtmodell mit Kasten aus Ergal-55-Aluminium. Sie wird in den Kalibern 12, 20 sowie 28 gebaut und wiegt lediglich 2,5 Kilogramm. Ab Werk ist sie stahlschrottauglich und für Wechselchokes eingerichtet. Die Läufe sind innen hartverchromt, ebenso ist ein Ejektor an Bord. **Die Falcon** entspricht technisch der Adler, besitzt aber einen Stahlkasten.

Mit gleicher Technik baut Sabatti auch Sportflinten unter der Modellbezeichnung **Olympus** mit entsprechenden Schäften und als Option auch mit höhenverstellbarem Schaftrücken. Neben der Lauflänge von 71 Zentimetern werden auch 81er-Läufe angeboten. Auch die Sport-Modelle sind mit knapp über 1000 Euro sehr günstig. Edler, aber auch teurer ist die **Fulgor** mit aufwendiger Gravur, die es als Trap- und Skeetflinte gibt. Die Querflinte **Saba** verfügt über ein Anson & Deeley-System, doppelte Laufhakenverriegelung sowie wahlweise über einen englischen oder Pistolengriffschaft. Sie wird auf Wunsch auch für Wechselchokes eingerichtet und auch bei ihr sind die Läufe innen verchromt. Wahlweise gibt es Doppel- oder Einabzug. Sabatti baut die **Saba** in den Kalibern 12, 20 und 28. In 20 und 28 wiegt die Flinte dann gerade einmal 2,6 Kilogramm. Die 12er bringt 3 Kilogramm auf die Waage. Das Modell **Sirio** entspricht technisch der **Saba**, hat aber automatische Auswerfer anstelle der Auszieher.

SAUER & SOHN

Oben: Das Modell VIII war die erste Waffe, die ab 1951 von Sauer & Sohn in Eckernförde produziert wurde

Unten: Die aktuelle Sauer & Sohn Apollon wird bei Fausti gefertigt

Die Flintengeschichte von J. P. Sauer & Sohn geht sehr weit zurück. Bereits im ersten Katalog aus dem Jahre 1882 waren mehrere Doppelflinten mit Perkussionszündung enthalten. Anfang des 20. Jahrhunderts entstanden bei Sauer & Sohn eine ganze Reihe von Bock- und Querflinten. 1925 baute Sauer & Sohn mit der Querflinte **Reiher** die erste, fast vollständig maschinell gefertigte Hahndoppelflinte. Auch das Modell **Habicht** mit Kastenschloss war weitgehend maschinell produziert. Das Erfolgsmodell war jedoch die Kastenschloss-Flinte **Mod. VIII** mit Anson & Deeley-System, Greener Querriegel, doppeltem Keileintritt, Seitenblenden, automatischer Schiebesicherung, seitlichen Signalstiften und Ejektor. Es gab sie in den Kalibern 12, 16 und 20. Das Modell **VIII** war die erste Waffe, die ab 1951 von Sauer & Sohn in Eckernförde nach dem Krieg wieder produziert wurde. Ab Mitte 1952 wurden bereits über 750 Flinten pro Monat gefertigt.

1952 kam als preiswerte Alternative die Sauer-Doppelflinte **Modell 5/5** ins Programm. Dabei entfiel der zusätzliche Greener-Verschluss, die Sicherung war nur noch manuell und auch auf die Signalstifte wurde verzichtet. Das Top-Modell war die Seitenschloss-Querflinte **Mod. 18**, auch Meisterwerkflinte genannt. Hier wurden feinste Materialien verarbeitet, die besten Graveure und Schäfter arbeiteten daran und die Flinte hatte ein Anson-System mit Fangstangen. Die Schlossteile wurden penibel poliert und vergoldet. Für den sportlichen Einsatz war das Seitenschloss-Modell **XXiXS** gedacht.

Meisterwerkflinte von Sauer & Sohn

Als die Bockflinten-Nachfrage Anfang der 1930er-Jahre fürs Tontaubenschießen stieg, brachte Sauer die Selbstspanner-Taubenflinte **XXXIII** heraus. Nach dem Krieg wurde in Eckernförde nur noch das Modell **VIII** in verschiedenen Ausführungen sowie die **5/5** gefertigt. Die Flintengeschichte von Sauer & Sohn endete zum Ende der 1950er-Jahre. Sauer bot zwar immer noch Flinten an, baute diese aber nicht mehr selbst. Ab 1958 wurde das **Modell VIII** als Sauer-Beretta-Doppelflinte bei Beretta in Italien produziert und nur die Endabnahme erfolgte in Eckernförde. Es folgten weitere Kooperationen mit italienischen Waffenherstellern wie Franchi oder Caesar Guerini, wo die Sauer **Sterling** gebaut wurde. Diese Kooperation mit anderen Herstellern setzt sich bis heute fort.

Die aktuellen Sauer & Sohn-Flinten

Die beiden Bockflinten-Modelle **Artemis** und **Appolon** werden bei Fausti in Gardone gebaut. Die beiden Flinten unterscheiden sich in der Schäftung, nicht etwa im Stil. Die **Artemis** ist speziell für Damen geschäftet. Bei der Verschluss- und Schlosstechnik bedienten sich die Konstrukteure bei einem bewährten Fausti-Modell, die Schäftung wurde in Isny entwickelt. Vorgabe war, eine Schaftform zu finden, die einen blitzschnellen Anschlag in jagdlichen Situationen erlaubt. Markant ist die Form des Pistolengriffes. Es wurde der *Prince-of-Wales*-Griff gewählt. Eine flache, halbrunde Form, die ein Kompromiss zwischen dem englischen Schaft und dem herkömmlichen, wesentlich steileren Pistolengriff darstellt. Ein englischer Schaft ergibt nur Sinn, wenn die Flinte Doppelabzüge hat, damit die Hand ungehindert zurückgleiten kann, wenn der zweite Abzug bedient wird.

Der Pistolengriffschaft mit steiler Griffstellung erlaubt eine entspannte Handhaltung, ist sehr gut für Flinten mit Einabzug geeignet und ermöglicht es, die Flinte gut in die Schulter zu ziehen sowie einen schnellen zweiten Schuss abzugeben. Allerdings wird dabei kein Druck nach oben in Richtung Gesicht ausgeübt und der Schaft nicht fixiert. Beim schnellen Anschlag wird da kein Fehler verziehen. Beim Voranschlag oder für Schützen, die einen wirklich gefestigten Anschlag haben, ist er natürlich optimal. Ein eher moderater Pistolengriff mit flachem Winkel, wie der *Prince-of-Wales*-Griff, baut etwas Handspannung auf und drückt den Schaft ans Gesicht, erlaubt aber trotzdem eine entspannte Handhaltung. Er ist damit universell für Bodenziele und auch Überkopfziele geeignet. Gerade beim Überkopfzielen geht beim steilen Pistolengriffschaft schnell der Wangenkontakt verloren, da der Schütze dem Fasan schneller mit den Augen folgt als mit der Flinte. Dort ist der englische Schaft in seinem Element, bei Bodenzielen hingegen weniger. Der *Prince-of-Wales*-Schaft ist für eine universelle Jagdflinte damit der ideale Kompromiss.

Bei den übrigen Schaftmaßen hielten sich die Konstrukteure bei Sauer am bewährten Durchschnitt. Der Schaft ist 375 Millimeter lang, hat eine Senkung an der Schaftnase von 36 Millimeter und an der Schaftkappe von 55 Millimeter. Damit kommen Schützen mit einer Körpergröße zwischen 175 und 185 Zentimeter gut zurecht. Beim Damenschaft sind es 345 Millimeter Schaftlänge und Senkungsmaße von 34 sowie 50 Millimeter. Der

Sauer & Sohn-
Selbstladeflinte SL5

Schlosswerk der aktuellen
Sauer & Sohn-Bockflinten

Hinterschaft der Artemis

Oben: Die Sauer & Sohn Sterling wurde bei Guerini gebaut

Unten: Die Sauer & Sohn Artemis ist ein spezielles Damenmodell

Damenschaft besitzt eine etwas andere Form. Es wurde ein moderater Monte-Carlo-Schaftrücken gewählt und nicht die durchgehend gerade Form des Schaftrückens wie bei der Herrenflinte. Abgeschlossen werden die Schäfte jeweils mit dünnen Gummikappen, rot bei den Damen, schwarz bei den Herren. Mit den beiden Bockflinten bietet Sauer durchaus interessante Waffen im mittleren Preissegment an, die zwar technisch den Fausti-Flinten entsprechen, bei der Schäftung aber eigene Akzente setzen.

Das jüngste Kind im Sauer-Flintenprogramm ist die Selbstladeflinte **SL5**, die bei Breda in Italien gebaut wird. Die **SL5** arbeitet als Rückstoßlader. Es handelt sich um das Inertia-System nach Bruno Civolani aus dem Jahr 1967. Civolani arbeitete lange bei Breda, aber auch bei Benelli, die das System ebenfalls nutzen. Das Inertia-System mit seiner auf den Drehkopfverschluss wirkenden Inertiafeder ist extrem langlebig. Die **SL5** verfügt über Stahlschrotbeschuss und Wechselchokes. Auch bei dieser Waffe legte Sauer großen Wert auf die Schaftgestaltung. Durch Ergofit-Inlays lassen sich Schränkung und Senkung individuell einstellen. Auffällig ist die hochwertige Maserung des Nussbaumschaftes dieser preislich in der oberen Mittelklasse angesiedelten Selbstladeflinte. Hier griff Sauer allerdings in die Trickkiste. Die schöne, scharf abgegrenzte, dunkle, fast schon flammende Maserung ist nicht natürlich, sondern wurde auf das einfache Schaftholz per Laser aufgebracht. Im Gegensatz zu vielen Selbstladeflinten, die eher nüchtern und technisch wirken, macht die **SL5** einen eher jagdlichen Eindruck.

Vervollständigt wird das Flintenangebot durch eine Querflinte, die Meisterwerkflinte. Sie wurde 2005 vorgestellt. Das edle Stück wird von Büchsenmacher Marko Frühauf in Handarbeit gebaut und von seinem Bruder Hendrik Frühauf mit feiner englischer Arabeske im traditionellen, alten Sauer-Vorkriegs-Gravurstil graviert, zumindest in der Standardausführung. Individuelle Wünsche sind bei so einer Waffe natürlich auch möglich und lediglich eine Frage des Preises. Bei dieser Waffe kommen die berühmten Suhler Seitenschlosse zum Einsatz, die viele Kenner für die besten Seitenschlosse überhaupt halten. Etwas einfacher geht es auch. Die Sauer Modell **IX** ist eine Mischung aus den historischen Modellen **XIV** und **VIII**. Herzstück ist das kurz bauende Kernersche Ansonschloss. Auch das Modell **IX** wird bei Frühauf gebaut. Die alte, hochentwickelte Suhler Gewehrschloss-Technik lebt in den Sauer & Sohn-Querflinten damit weiter.

SKB

Die Firma SKB wurde im Jahre 1855 gegründet und war damit die älteste japanische Waffenfabrik. Die Geschichte geht aber noch deutlich weiter zurück. 1548 landeten portugiesische Entdecker auf der Insel Tanegashima in der japanischen Provinz Kyushu. Die Kaufleute brachten während des japanischen Bürgerkriegs moderne Waffen nach Japan. In der zweiten Hälfte des 19. Jahrhunderts herrschte der Mito-Clan in einem Gebiet nordöstlich von Tokio. In einer kleinen Waffen-Reparaturfabrik, die dem Clan gehörte, arbeitete Herr Shigyo Sakaba als Büchsenmacherlehrling. Diese kleine Fabrik war bekannt für ihre Handwerkskunst. Shigyo Sakaba gilt als Gründer der *SKB* (SaKaBa) *Arms Company*. Ab den frühen 1960er-Jahren begann die SKB-Fabrik, moderne Technologie mit Handwerkskunst der alten Welt zu verbinden, um eine Baureihe Sport- und Jagdflinten zu fertigen.

SKB baute auch Waffen für andere Firmen wie die *Ithaca Gun Company* oder Weatherby. Japan selbst war natürlich kein Markt, um Waffen zu verkaufen und so ging über 95 Prozent der Produktion in die USA, Kanada, Westeuropa, Südafrika, Neuseeland und Australien. 1978 beantragte die *Ithaca Gun Company* Insolvenzschutz und SKB stellte die Produktion der Modelle der Marke Ithaca ein. Als der US-Absatz stagnierte, begann SKB Teile für Miroku zu fertigen, aber selbst damit war kein Überleben möglich. 1983 wurde die *SKB Arms Company* an die Familie Mira in Tomobe (Japan) verkauft. Die Familie Mira war lange Zeit in der Schwerindustrie und im Steinbruchbetrieb etabliert. Die *SKB Arms Company* wurde unter Leitung der Familie Mira umstrukturiert. 1984 begann die Fertigung von Flinten für Weatherby, die nach 20 Jahren 2004 endete. Im Jahr 2008 schlugen die wirtschaftlichen Turbulenzen, die durch die Kreditausfälle in der US-Immobilienbranche ausgelöst wurden, auch zu SKB durch. Ende 2009 wurde beschlossen, die Fabrik zu schließen. Im Jahr 2010 kaufte GU Inc., die ehemalige US-Importfirma von SKB, während des Schließungsprozesses des Werks den verbleibenden Teilebestand, die Produktions-Zeichnungen sowie den Markennamen SKB mit der Absicht, einen europäischen Hersteller zu finden, der die japanischen Flinten weiter

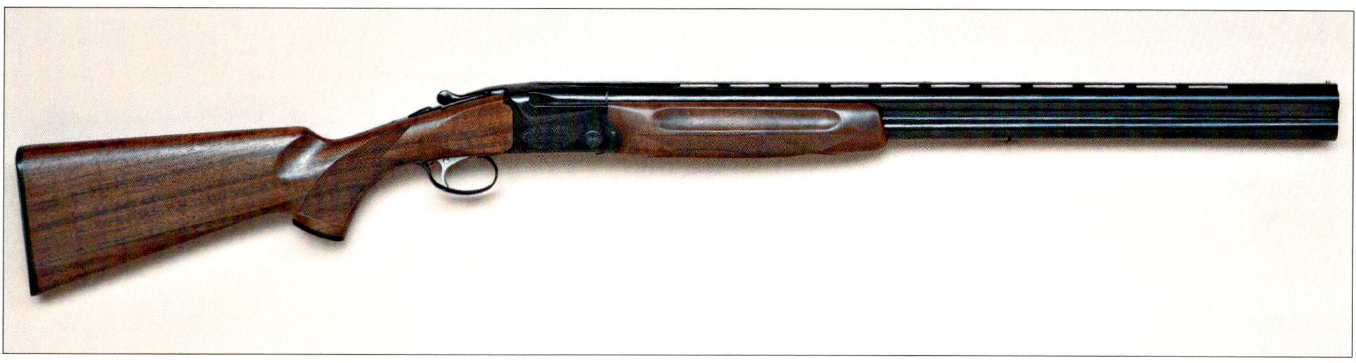

Linke Seite: Die 505 war das bekannteste SKB-Bockflinten-Modell

Oben: SKB 505

baut. Das war allerdings nicht so einfach und nach mehreren Jahren erfolgloser Suche kam man zu dem Schluss, dass die Investitionen in Fertigungsanlagen, um die bisherigen Modelle zu bauen, viel zu hoch wären.

Die aktuellen SKB werden daher im Rahmen einer Lizenzvereinbarung von zwei Fabriken in der Türkei, Akus und Akdas, hergestellt. Hier handelt es sich technisch aber um ganz andere Konstruktionen.

Die erste Modelreihe **500** wurde von 1965 bis Ende der 1970er-Jahre produziert und ist selbst auf dem deutschen Gebrauchtwaffenmarkt kaum noch zu finden. Die Nachfolgeserie **505** war die Flinte, die SKB bei deutschen Jägern bekannt gemacht hat. Sie wurde bis nach 2000 gefertigt. Es gab sie als Jagd-Modelle und Sportflinten für Trap und Skeet. Die Modelle **605**, **705** und **805** sind die besser ausgestatteten Modelle mit Gravuren, vergoldeten Abzügen sowie besserem Schaftholz. Das Top-Modell **805** hat dazu noch lange Gravur-Seitenplatten. Technisch gibt es aber keine Unterschiede. Das modifizierte Modell SKB **585** wurde zwar Anfang 2000 vorgestellt, es gelangten aber nur sehr wenige Exemplare nach Deutschland.

Die SKB 505

Die **SKB 505** ist in der Standardversion eine unauffällige Bockflinte. Die gravierten Ausführungen mit blankem Kasten sind da schon auffälliger, aber auch deutlich teurer. Auf eine Gravur wurde aber auch bei der **505** nicht verzichtet. Der Kasten trägt eine dezente Arabesken-Gravur und auch die Unterseite der Basküle ist graviert. Nur fällt das bei einem schwarzen Kasten nicht so auf. Auffällig an der SKB ist zunächst der Verschluss. Sieht auf den ersten Blick aus wie ein Kersten-Verschluss, doch die beiden Nasen, die links und rechts neben dem oberen Lauf liegen, sind hinten offen. Zusätzlich greift links und rechts noch ein Verriegelungsstück in die Bandenverstärkung des Basküls ein und ein Zapfen legt sich in den Kastenboden. Zusammen ergibt sich so eine extrem große Verschlussfläche. Ein wirklich massiver Verschluss, der für große Schusszahlen gebaut ist. So etwas gab es früher schon von der englischen Waffenschmiede Westley & Richards. Durch die links und rechts verstärkte Bande bekommt der Kasten sein markantes Äußeres. Dadurch ist eine SKB von einem Kenner auf den ersten Blick zu erkennen.

Das Schloss ist eigentlich ein simples Blitzsystem, doch SKB verwendet dabei keine gewöhnlichen Schraubenfedern, sondern schnelle Schenkelfedern. Diesen wird zwar eine erhöhte Bruchgefahr nachgesagt, doch SKB hat den Kopfradius verstärkt und verwendet hochwertiges Material, sodass diese Federn praktisch bruchsicher sind. Die von innen verschraubten Schlagbolzen haben eine Sechskantform und können leicht gewechselt werden.

Die Läufe sind innen hartverchromt, haben bei den späteren Baujahren die langen 76er-Patronenlager und sind dann auch für Wechselchokes eingerichtet. Die Jagd-Modelle und die Skeetflinte hatten meist 71 Zentimeter lange Läufe, bei der Trap-Ausführung waren es 76 Zentimeter. Bei den Sportflinten finden sich häufig 16 Millimeter breite Laufschienen, die der Jagdausführung sind mit 9,5 Millimeter deutlich schmaler. Das Laufbündel ist im Monoblock gefasst und klassisch mit Reifen und Schienen verlötet. Heute bei Serienwaffen der unteren und mittleren Preis-

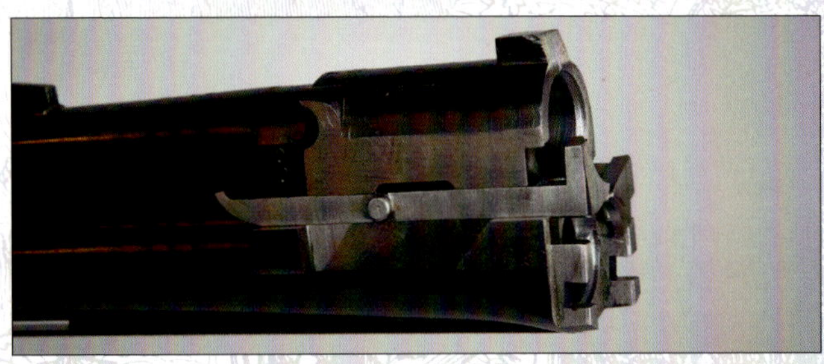

Ganz oben: Sie SKB 585 ist in Deutschland kaum zu finden.

Mitte: Der Zapfen unten am Hakenstück legt sich in den Kastenboden

Unten: Kein Kersten-Verschluss – die Laufverlängerungen sind hinten offen

klasse schon eher selten: die Streichbrünierung. Sie hat aber den Vorteil, dass die Lötstellen nicht durch ein alkalisches Brünierbad angegriffen werden können, was nach einigen Jahren zum Lösen der Lötstellen führen kann, wenn das Auswaschen nach dem Brünieren nicht wirklich perfekt durchgeführt wird. Es gab aber auch SKB-Schrotflinten, die außen schwarz verchromte Läufe hatten.

Die Schiebesicherung liegt wie gewohnt auf dem Kolbenhals. Es gab zwar Modelle mit Doppelabzug, aber der Einabzug ist bei den SKB-Flinten vorherrschend. Er arbeitet nach dem Trägheitsprinzip und schaltet durch den Rückstoß um. Die Abzugswiderstände liegen meist um die 2 Kilogramm, weniger ist bei einem Blitzschloss kaum zu erwarten. Die Umschaltung ist als Druckknopf im Abzugszüngel ausgeführt. Sie lässt sich leicht mit dem Abzugsfinger bedienen. Der Ejektor arbeitet als Schraubenfeder-Ejektor, wie er bei modernen Bockflinten heute überwiegend zu finden ist. Die Schraubenfedern sind hinter den Auswerfern links und rechts am Laufbündel angeordnet. Die Jagd-Modelle besitzen einen schlanken Schaft mit Pistolengriff aus gutem Nussbaumholz. In den letzten Fertigungsjahren wurden die Schäfte ölgeschliffen, die meisten Flinten haben aber einen Lackschaft.

Praxisgerecht sind die Griffmulden am Vorderschaft, die der Führhand sehr guten Halt geben. Ebenfalls positiv ist das dünne Kunststoffkäppchen, das als Schaftabschluss dient. Es gleitet hervorragend und lässt außerdem problemlos eine Schaftverlängerung durch eine dickere Schaftkappe zu. Das ist auch häufig notwendig, denn viele **505er** haben sehr kurze Schäfte, die nur 34 bis 35 Zentimeter lang sind. Erst die moderneren Waffen mit Wechselchokes und 76er-Patronenlager wurden mit längeren Hinterschäften ausgestattet. Das Trap-Modell hat einen Hinterschaft mit Monte-Carlo-Rücken. Mit etwa 3,4 Kiloramm bei 71 Zentimeter Lauflänge liegt die SKB im üblichen Gewichtsbereich einer 12er-Bockflinte. Die Flinten sind sehr gut ausbalanciert. Wer heute eine gut erhaltene SKB aus japanischer Fetigung erwirbt, bekommt eine hervorragend verarbeitete Flinte, die zuverlässig arbeitet. Eine Flinte für Praktiker, die ein Arbeitsgerät wollen und kein Prestigeobjekt.

Die XS ist das Leichtmodell

VERNEY-CARRON

Das Unternehmen wurde 1820 vom Waffenhersteller Claude Verney (1800 bis 1870) gegründet. Als Claude Verney 1870 starb, übernahm sein ältester Sohn Jean zusammen mit seinen Brüdern das Unternehmen, woraufhin es zu *Verney-Carron Frères* umbenannt wurde. Als es dann an Jean's Sohn Claude überging, wurde es wieder in den alten Namen zurückgeführt. Zum Ende des Ersten Weltkrieges übernahm *Verney-Carron* 1926 die Mitarbeiter und Maschinen der Firma *Auguste Marze* und gründete die neue *Verney-Carron SA*. In der Weltwirtschaftskrise stellte das Unternehmen vom Direktvertrieb zum Verkauf über ein Netzwerk von Waffenhändlern um.

Der Zweite Weltkrieg brachte das Unternehmen in erhebliche Schwierigkeiten und man hielt sich mit der Produktion von Angelausrüstungen und Fahrrädern über Wasser. Zum Ende des Zweiten Weltkrieges wurde es in einer Kooperation aus sechs Firmen unter dem Namen *Groupement d'Exploitation des Fabricants d'Armes Réunis* (GEFAR) wieder aufgebaut. In dieser Zeit wurden über 150.000 Schusswaffen hergestellt, die meisten davon unter der Markenbezeichnung **Pionnier**. 1954 unterzeichnete das Unternehmen die Lizenz mit einem wenig bekannten italienischen Hersteller, der gerade die Entwicklung einer sehr leichten Selbstladeflinte abgeschlossen hatte, und fertigte diese Waffe. 1963 übernahm Verney-Carron SIFARM, eine Kooperation der ehrwürdigen Hersteller *Berthon Frères, Francisque Darne, Didier-Drevet, Gerest* und *Ronchard-Cizeron*, zusammen mit dem berühmten Laufhersteller *Jean Breuil*.

Die Super 9 ersetzte die alte Sagittaire-Baureihe

Mit dem Modell **Sagittaire** brachte Verney-Carron 1966 die erste in Serie produzierte französische Bockflinte auf den Markt. Von 1970 bis 1975 verdoppelte sich die Produktion. In den 1980er-Jahren erhielt Verney-Carron den Auftrag zur Herstellung von Baugruppen für das neue Sturmgewehr der französischen Armee, genannt **FAMAS**. Dieser Vertrag lief zehn Jahre und brachte dem Werk eine erhebliche Modernisierung ein. 1985 kam die Bockflinte **Sagittaire** als Leichtmodell mit einem Systemkasten aus Aluminium. Die leichte Flinte war in Frankreich ein großer Erfolg und ist bis heute im Programm. Drei Jahre später, 1988, wurde mit der neuen **Super 9** eine Trapflinte eingeführt. Sie ersetzte nach und nach die ältere **Sagittaire**-Linie. 1994 kam dann eine neue **Sagittaire**-Modellreihe, die sich kostengünstig herstellen ließ.

Die **Sagittaire**-Modellreihe ist heute sehr umfangreich. Im aktuellen Katalog sind über 20 Modell-Varianten aufgeführt. Hinzu kommen noch zwei Selbstladeflinten, ein Gasdrucklader sowie ein Rückstoßlader. Der Rückstoßlader **Matrix** ist in vier Ausführungen mit Nussbaum- und Kunststoffschäften sowie in verschiedenen Lauflängen zu haben, alle im Kaliber 12, eingerichtet für Wechselchokes. Verney-Carron verwendet dabei das sehr funktionssichere Inertia-System. Der Gasdrucklader der **V-Linie** umfasst die Modelle **V-One**, **V12**, **V20** und **V28**. Die Kaliber sind in diesen Fällen namensgebend, außer bei der **V-One**, die in 12/76 Magnum gefertigt wird. Auch in diesem Fall stehen Kunststoff- sowie Nussbaumschäfte zur Auswahl und besitzen die Läufe Wechselchokes.

Ein echtes Kuriosum ist die **Veloce**, die von der **Matrix** abstammt, aber nicht mehr selbstständig nachlädt. Sozusagen ein halber Halbautomat. Nach dem Schuss fährt der Verschluss zurück und wird in der hinteren Stellung gefangen. Rechts neben dem Systemkasten ist ein großer Drücker positioniert. Wird der vom Schützen betätigt, fährt der Verschluss wieder nach vorn. Warum wird so etwas konstruiert? Die Antwort liegt in der Gesetzgebung einiger europäischer Staaten, in denen Selbstladeflinten nicht erlaubt sind. Die **Veloce** kann dort verkauft werden und mit etwas Übung ist die Schussfolge fast so schnell wie bei einer halbautomatischen Flinte. Die **Veloce**-Modellreihe umfasst drei Modelle. Alle anderen technischen Details entsprechen der **Matrix**.

Ergänzt wird das Flintenprogramm noch durch die Pumpflinte **P12**. Die Systeme baut Verney-Carron dafür nicht selbst, stattet die Flinten aber mit eigenen Läufen aus. Die **P12 Gros Gibier** verfügt über einen Hastings-Paradox-Lauf (61 Zentimeter) zum präzisen Verschießen von Flintenlaufgeschossen sowie über eine komplette offene Visierung. Die **P12 Black Crow** ist mit 71 oder 76 Zentimeter Lauflänge zu haben, stahlschrotbeschossen und mit Wechselchokes ausgestattet.

Die Sagittaire-Bockflinten

Verney-Carron verwendet einen Flanken-Verschluss mit tief im Verschlusskasten eingebettetem Laufbündel und links und rechts vom oberen Lauf eingreifenden Riegelbolzen. Dieser hakenlose Verschluss ist sehr stabil und gewährt ungehinderten Zugriff auf die Patronenlager. Die Riegelbolzen sind konisch und selbst nachstellend, sodass sich auch nach jahrelangem Gebrauch kein Verschlussspiel einstellen dürfte. Sehr interessant und praxisgerecht ist das Abzugssystem. Die **Sagittaire** hat einen herkömmlichen Doppelabzug, wobei wie gewohnt der vordere Abzug den unteren Lauf auslöst und der hintere Abzug den oberen Lauf. Gleichzeitig ist der vordere Abzug aber auch ein Einabzug. Er löst zunächst den unteren Lauf aus und bei erneuter Betätigung dann den oberen. In der Jagdpraxis ist

Die aktuelle Sagittaire

das eine feine Sache, denn die Fummelei an einem kleinen Laufumschalter entfällt hier völlig. Soll entsprechend den jagdlichen Bedingungen zunächst der obere, in der Regel mit dem engeren Chokeeinsatz bestückte Lauf geschossen werden, wird einfach wie bei einer Flinte mit Doppelabzug der hintere Abzug zuerst bedient. Für zwei schnelle Schüsse in der Reihenfolge unten/oben steht der Einabzug zur Verfügung.

Die **Sagittaire**-Modelle verfügen serienmäßig über einen Schraubenfeder-Ejektor mit geteiltem Auszieher, der selektiv arbeitet, also nur die leeren Hülsen abgefeuerter Patronen auswirft. Die Läufe in den Kalibern 12 oder 20 werden im Kaltschmiedeverfahren aus *Super-Diamond-Chrom-Molybdän*-Stahl hergestellt und sind für stahlschrottaugliche Wechselchokes gefertigt, die mündungsbündig abschließen. Bei den Schäften gibt es sowohl Modelle mit englischem Schaft als auch mit Pistolengriffschaft, wobei der Pistolengriffschaft wie bei Bockflinten üblich überwiegt. Verney-Carron deckt mit der **Sagittaire**-Baureihe beinahe jedes Bedürfnis ab. Es gibt auch spezielle Modelle für Damen wie die **Sagittaire Diane** und Leichtgewichte wie die **Sagittaire XS**, eine 20er-Bockflinte mit Leichtmetallkasten, die lediglich 2,5 Kilogramm wiegt, und die **Gros Gebier** mit kurzen, gezogenen Läufen für Flintenlaufgeschosse. Luxus-Modelle mit langen, vollständig gravierten Seitenplatten sind natürlich ebenfalls im Programm. Mit der **Sagittaire**-Baureihe bietet Verney-Carron gut ausgestattete, moderne Bockflinten im mittleren Preissegment an.

Rechts oben: Eleganter, flacher Kasten

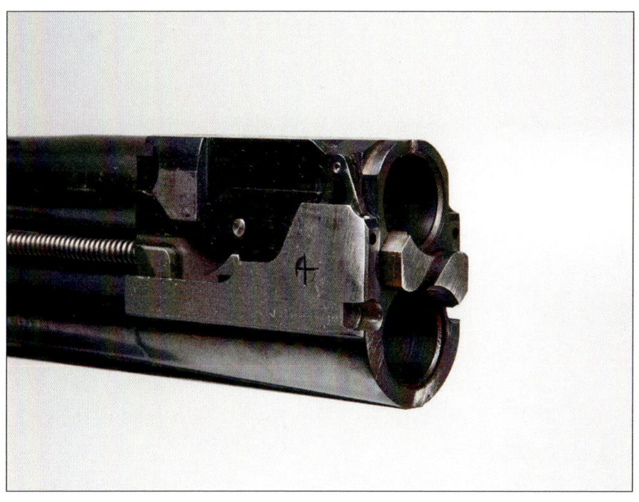

Rechts unten: Flanken-Verschluss ohne Haken

Oben: Die neue Weatherby Orion wird bei ATA gebaut

Unten: Weatherby Element

WEATHERBY

Weatherby ist einer der bekanntesten Waffenhersteller der USA und wurde 1945 von Roy Weatherby gegründet. Das Hauptaugenmerk lag auf der Entwicklung von Hochleistungspatronen und den dazu passenden Repetierbüchsen. Weatherby hat seit 50 Jahren jedoch auch Flinten im Programm, neben Selbstlade- und Pumpflinten sogar auch eine Bockflinte. Weatherby hat aber nie selbst Flinten produziert, sondern sie immer nur entwickelt und dann von anderen Herstellern fertigen lassen.

Die erste Bockflinten-Reihe waren die **Regency**-Modelle, die von 1967 bis 1982 bei Angelo Zoli gebaut wurden. Nikko, das Unternehmen, das damals auch die Winchester 101 baute, produzierte dann von 1977 bis 1981 Flinten für Weatherby. Die **Orion**- und **Athena**-Bockflinten wurden von 1982 bis 2007 bei SKB in Japan hergestellt und waren sehr hochwertige Flinten mit traditionellem Kersten-Verschluss. Sie lagen in den USA auch preislich in der oberen Mittelklasse und hatten es schwer gegen die Importflinten aus Europa. Die **Athena**-Baureihe war preislich noch über der **Orion** angesiedelt. Weatherby stellte die beiden Baureihen dann ein und wechselte den Hersteller. Von 2008 bis 2011 wurden die Bockflinten bei Fausti in Italien gebaut und erhielten die Modellbezeichnungen **Athena d'Italia** und **Orion d'Italia**. Ganz zufrieden war man damit

Weatherby SA-08

anscheinend auch nicht, was wohl auch am Preis gelegen haben mag. Fausti ist kein Billighersteller. Die neuen **Orion**-Bockflinten werden jetzt bei ATA in der Türkei gebaut, wo Weatherby auch Selbstladeflinten herstellen lässt.

Weatherby-Bockflinte Orion

Die neue **Orion**-Baureihe kam 2015 heraus und umfasst derzeit nur zwei Modelle, eine Jagd- und eine Sportflinte. Weatherby verwendete bei der **Orion**-Baureihe seit den 1980er-Jahren das Winchoke-System für die Wechselchokes, das auch Winchester, Mossberg und die früheren Browning-Flinten verwenden. Winchokes sind in den USA überall günstig zu bekommen. Optisch macht die **Orion** einiges her. Das liegt hauptsächlich am flachen Kasten und dem Schaft mit *Prince-of-Wales*-Griff. Der niedrige Kasten wird durch den modernen hakenlosen Flanken-Verschluss möglich, den die neue **Orion**-Baureihe hat. Das Sport-Modell ist mit konventionellem Pistolengriffschaft und verstellbarem Schaftrücken ausgestattet. Ansonsten sind technisch keine Besonderheiten zu erwähnen, was bei einer in der Türkei produzierten Flinte im unteren Preissegment aber auch nicht anders zu erwarten ist. Die Läufe sind innen hartverchromt, wahlweise sind sie 71 oder 76 Zentimeter lang und im Kaliber 12/76 gefertigt. Der Umschalter für den Einabzug ist im Sicherungsschieber auf dem Kolbenhals untergebracht. Ein Ejektor-System ist ebenfalls an Bord. Eine solide, optisch ansprechende Flinte, die in den USA für 1099 US-Dollar angeboten wird.

Weatherby-Selbstladeflinten

Weatherby hat drei Baureihen im Programm, die **Element**-Linie, die **SA-08**-Modelle sowie die **18i**. Die **Element**-Selbstladeflinten sind Rückstoßlader und verwenden das bewährte Inertia-System. Es sind Modelle mit Kunststoffschaft, auch in Camouflage für die Wasserwildjagd, und in traditioneller Nussbaumholz-Schäftung im Programm. Die Holzschäfte besitzen ein ansprechendes mattes Öl-Finish. Die **Element**-Flinten werden in den Kalibern 12 und

Weatherby SA-08 Compact

Oben: Waterfowler

Unten: SA-459 für die Truthahnjagd

20 gebaut, wahlweise mit 66 oder 71 Zentimeter Lauflänge. Der Lauf ist innen verchromt und für Wechselchokes eingerichtet. Das Abzugs-System lässt sich zur Reinigung leicht entnehmen und ebenso wieder einbauen. Die **Element**-Baureihe ist in den USA sehr beliebt, weil sie deutlich günstiger ist als andere Modelle mit dem Inertia-System.

Die **SA-08**-Selbstladeflinten sind Gasdrucklader. Weatherby hat zurzeit vier Modelle im Programm. Die **SA-08** verwendet ein Doppel-Ventil-System, das bei Wechsel von leichten zu schweren Vorlagen manuell ausgetauscht werden muss. Jeder Flinte liegen zwei Ventile bei. In der Bedienungsanleitung wird angegeben, bei welchen Vorlagegewichten welches Ventil eingesetzt werden muss. Neben den Kalibern 12 und 20 wird auch ein Modell im Kaliber 28 angeboten, ebenso wie ein Modell für Frauen und Jugendliche mit kürzerem Schaft. Die innen verchromten Läufe sind für Wechselchokes konstruiert. Als Modell **SA-459 Extra Green** gibt es noch ein Modell für die Truthahnjagd mit Pistolengriffschaft und Montageschiene für ein optisches Visier. Die **SA-08**-Selbstladeflinten liegen im untersten Preisbereich, manche Modelle werden in den USA für unter 500 US-Dollar verkauft.

Ganz anders sieht es preislich bei den Luxus-Selbstladeflinten der Baureihe **18i** aus, die bei Marocchi in Italien gefertigt werden. Auch dort kommt das Inertia-System zur Anwendung. Angeboten werden die Kaliber 20 und 12 mit 66 oder 71 Zentimeter Lauflänge. Die Läufe sind mit einem selbstleuchtenden LPA-Fiberglaskorn bestückt. Derzeit sind drei Modelle im Programm, eines mit Nussbaumschaft, zwei mit Kunststoffschaft. Das Luxusmodell mit Holzschaft hat eine Lasergravur auf dem Kasten.

Oben: Die 101 war das Erfolgsmodell von Winchester

Unten: 101 Pigeon Grade Trap

WINCHESTER

Auch der US-Waffenhersteller Winchester blickt auf eine lange, traditionsreiche Geschichte zurück. Firmengründer Oliver Winchester kaufte 1856 die nicht sehr erfolgreiche Waffenfirma *Volcanic Repeating Arms Company* und reorganisierte die Firma 1856 als *New Haven Repeating Arms Company* in New Haven, Connecticut. Der nach dem Erfinder und Werksmeister Benjamin Tyler Henry benannte Henry-Unterhebel-Repetierer war ein großer Erfolg und machte die Firma bekannt. Von 1865 bis 1866 hieß die Firma dann kurzzeitig *Henry Repeating Arms Company*, um von dem bekannten Namen zu profitieren. Als Oliver Winchester die Kontrolle dann vollständig übernahm, wurde sie in *Winchester Repeating Arms Company* umbenannt. Um die gestiegene Nachfrage befriedigen zu können, bezog die Firma 1867 in Bridgeport ein größeres Gebäude. Oliver Winchester kaufte dann aber in *New Haven* ein Grundstück, um dort ein modernes, neues Fabrikgebäude zu errichten. 1871 zog die Firma erneut um. Nach dem Tod Winchesters 1880 ging die Firma in den Besitz seines Sohnes William Wirt Winchester über, der im März des darauffolgenden Jahres an Tuberkulose starb.

Winchesters Schwager William Converse und sein Schwiegersohn Thomas Gray Bennett übernahmen 1890 die Leitung des Unternehmens, das zu 50 Prozent der Witwe William Winchesters, Sarah, gehörte. Nach dem Ersten Weltkrieg verlor der Bennett-Clan die Kont-

Die 101 hatte einen Laufhaken-Verschluss

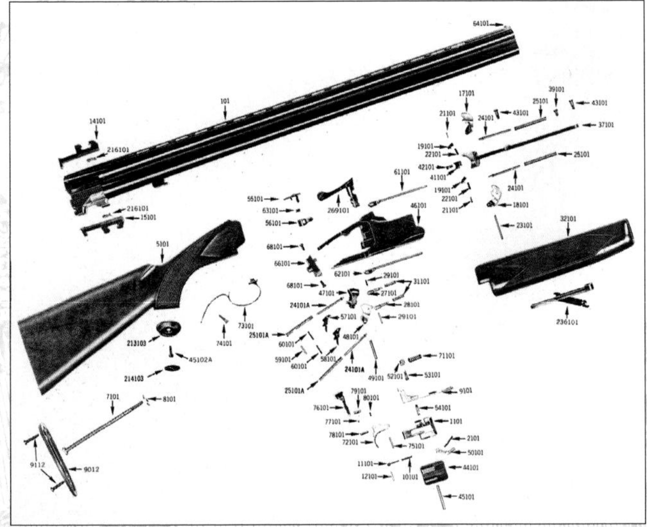
Aufbau der 101

rolle über das Imperium und 1931 übernahm zunächst eine Bankengruppe und dann der von der Olin-Familie geleitete Munitionskonzern *Western Cartridge* das Unternehmen. Die 1981 unter dem Namen *U.S. Repeating Arms Company* abgetrennte Schusswaffensparte ging 1989 in die Insolvenz und wurde danach Teil der belgischen *Herstal Group*, die auch Muttergesellschaft der *Browning International S.A.* ist. Das traditionsreiche Werk in *New Haven* wurde am 31. März 2006 geschlossen und 2008 an *Winstanley Enterprises* verkauft. Die *U.S. Repeating Arms Company* produziert seitdem in Belgien, Portugal und Japan.

Das Kerngeschäft von Winchester sind und waren Repetierbüchsen. Von 1931 bis 1960 war mit dem **Modell 21** aber auch eine hochwertige Querflinte im Programm, von der etwa 30.000 Stück in den Kalibern 12, 16, 20, 28 und .410 verkauft wurden. Bis 1991 gab es das **Modell 21** noch vom Custom Shop. Die Winchester **Mod. 21** ist heute ein gesuchtes Sammlerstück. Selbst ungravierte Stücke bringen auf Auktionen oft mehr als 5000 US-Dollar.

Das Nachfolgemodell **22** wurde dann ab etwa 1970 bei Laurona in Spanien produziert. Es gab sie nur im Kaliber 12. 1978 kam dann mit dem Modell **23 XTR** die letzte *Side by Side* von Winchester auf den Markt. Gebaut wurde sie in Japan bei Olin Kodensha in den Kalibern 12 und 20. In der **23 Classic Series** gab es auch sehr elegante 28er- sowie .410er-Modelle mit schmalem Kasten. Gebaut wurde das **Modell 23** bis 1988.

Anfang der 1960er-Jahre entdeckte Winchester dann aber, dass sich auch in den USA ein lukrativer Markt für Bockflinten entwickelt. Bisher waren dort Vorderschaft-Repetierflinten und Selbstladeflinten vorherrschend. Remington und vor allem Browning dominierten den Bockflintenmarkt in den Staaten völlig. So entschloss sich Winchester, ebenfalls eine Bockflinte ins Programm zu nehmen. Das **Modell 101** war sofort ein voller Erfolg und wurde in großen Stückzahlen verkauft. Um die Kosten zu senken, erfolgten Bau und Konstruktion aber nicht in den USA, sondern in Japan. Dafür wurde die Firma *Olin*

Kodensha Co. Ltd. eigens gegründet, wo die neue Flinte produziert wurde. Design und Konstruktion erfolgten ebenfalls in Japan bei Miroku.

Das **Modell 101**, zunächst nur als Jagdflinte auf den Markt gebracht, wurde ein echter Verkaufsschlager und systematisch zur umfangreichen Modellpalette ausgebaut. Die ursprüngliche Winchester **101** wurde von 1963 bis 1988 gefertigt und neben ständig neuen Modellen wurde auch die Technik auf dem aktuellen Stand gehalten. So kamen 1981 **101**-Modelle mit Wechselchokes heraus. Winchester nannte das System „Winchokes“ und auch die beliebter werdenden Magnumkaliber mit 76er-Hülsenlänge in 20 und 12 wurden ins Programm genommen. Winchester deckte fast die gesamte Kaliberpalette ab und bot die Flinten in den Kaliber 12, 20, 28, 36 sowie .410 an.

Es gab sogar spezielle Sportflinten mit nur einem Lauf für die Disziplin Single Trap. Hinzu kamen unzählige Sondereditionen zu besonderen Anlässen, die in limitierter Auflage, oft nur 500 Stück oder nur ein Jahr lang, gefertigt wurden. Dazu gehören etwa Modelle wie **Quail Spezial** (500 Stück), **National Wild Turkey Federation Commemorative** (300 Stück) oder **American Flyer Life Bird** (nur 1987 gebaut). Für den europäischen Markt wurden schon ab 1972 spezielle Ausführungen für den hiesigen Geschmack angeboten. Die **Super Grade** genannten Modelle und die 1981 folgende **Grand European** besaßen einen Ölschaft aus ausgesuchtem Walnussholz, wahlweise in englischer oder der alten deutschen Form mit abgerundetem Pistolengriff. Sie waren etwas zierlicher geschäftet und die Systemkästen wiesen eine schöne Flugwild- oder Arabesken-Gravur auf. Das Waffengewicht wurde um etwa 400 Gramm verringert. Das hatte seinen Preis. 1983 kostete eine **Grand European** im mitgelieferten Lederkoffer je nach Ausführung zwischen 3200 und 3500 Mark. Mit ein Grund, warum diese Modelle heute auf dem Gebrauchtwaffenmarkt nicht sehr häufig auftauchen und recht teuer sind. In den USA gab es ebenfalls hochwertige Sondermodelle, dort meist **Pigeon Grade**, **Super Pigeon Grade**, **Golden Pigeon Grade**, **Diamond Grade** oder **Presentation Grade** genannt.

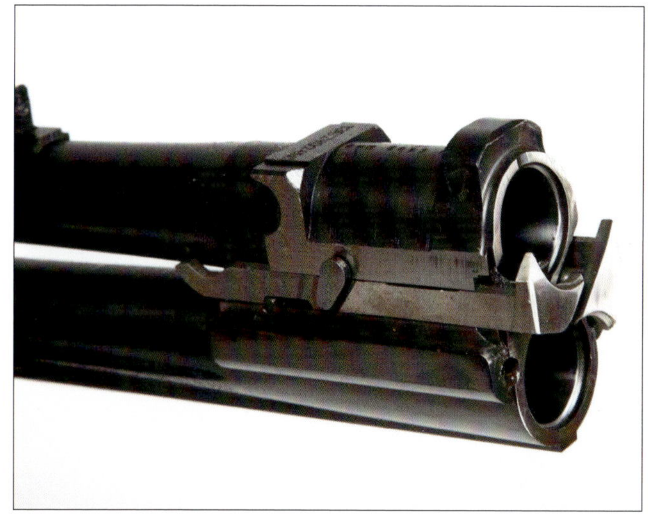

Oben: Winchester Supreme Hunting – die neue 101

Unten: Bei den neuen Bockflinten ging Winchester vom Laufhaken-Verschluss ab

Eine Standard-Jagdversion der Winchester **101** im Kaliber 12 wiegt etwa 3,5 Kilogramm und ist damit keineswegs eine leichte Flinte. Auch zierlich kann man sie nicht nennen. Kastenabmessungen und Schäftung fallen eher wuchtig, fast schon etwas klobig aus. Der europäische Geschmack ist etwas anders und das war auch der Grund, warum entsprechende Modelle für Europa angeboten wurden. Dazu kam die Schaftausführung mit der dicken,

Links: Modell Select English Field

Oben: Winchester Select Trap

Links unten: Die neuen Winchester-Bockflinten haben einen hakenlosen Flanken-Verschluss

hochglänzenden Kunststoffbeschichtung, unter der die Holzmaserung nur zu ahnen ist. Praktisch im Jagdbetrieb, aber optisch wenig ansprechend. Wirklich gut ist aber die Fischhaut, die offenbar erst nach der Kunststoffbeschichtung geschnitten wurde und wirklich scharf ist. Die Passung von Holz- und Metallteilen ist sehr ordentlich ausgeführt.

Bei der Verschlusstechnik haben sich die Entwickler offenbar stark am damaligen Erfolgsmodell von Browning orientiert. Auch die Winchester **101** verfügt über zwei nebeneinander liegende Laufhaken, die über einen sehr breiten Verschlusskeil verriegelt werden. Der vordere Lauflappen stützt sich am Scharnierbolzen ab, der unterhalb des unteren Laufes angeordnet ist, was zu einer hohen Bauweise der Flinte führt. Im Kastenboden ist ein Verschlussauslöser angebracht, der es erlaubt, die Flinte im zerlegten Zustand mit entspannter Verschlusshebelfeder aufzubewahren. Das Schloss ist nach Anson & Deeley mit unterhalb der verlängerten Systemscheibe verlaufenden Stangen ausgeführt. Ein automatischer Patronenauswerfer ist serienmäßig. Die Ejektor-Schlagstücke sind im Vorderschaft untergebracht. Die Standardversion verfügt über einen umschaltbaren Einabzug. Nur bei den europäischen Sondermodellen gab es auch Doppelabzüge, bei denen der vordere Abzug aber ebenfalls als Einabzug funktionierte. Die Umschaltung ist im Sicherungsschieber integriert. Die alten **101**-Modelle sind heute noch sehr häufig und recht günstig auf dem Gebrauchtwaffenmarkt zu finden.

Winchester Supreme
Elegance

Die neue Winchester 101

Im Jahre 2000 kam die neue Winchester **101**. Unter dieser Modellbezeichnung wird sie aber nur in den USA vermarktet, in Europa hieß sie zunächst **Supreme** und dann **Select**. Mit der alten **101** hat das neue Modell allerdings nicht mehr viel gemeinsam. Die aktuelle **Select**-Serie wird bei FN in Belgien gebaut, wobei aber auch noch einige Arbeiten im Partnerwerk in Portugal erledigt werden. Die Baureihe umfasst derzeit neun Modelle an Sport- und Jagdflinten.

Bei der **Select**-Serie wird ein hakenloser Flanken-Verschluss verwendet, der sich in der Praxis bewährt hat und kostengünstig zu fertigen ist. Die vom Baskül her in den Monoblock eingreifenden Verschlussstücke sind leicht konisch und stellen sich selbst nach. Die Schlagstücke des Kastenschlosses beziehen ihre Schlagenergie von auf Stangen geführten Schraubenfedern. Der Einabzug arbeitet mit Rückstoß-Umschaltung, der Umschalter für die Laufvorwahl wird über den Sicherungsschieber auf dem Kolbenhals vorgenommen. Das Abzugszüngel ist breit und glatt gehalten. Die Schraubenfeder-Ejektoren sind im Monoblock untergebracht.

Auch die **Select**-Serie hat die bei Winchester üblichen *Back-Bored*-Läufe. Durch diese spezielle Art der Laufgestaltung soll die Schrotgeschwindigkeit erhöht, der Rückstoß reduziert und die Deckung verbessert werden. Die Laufbündel sind mit dem Invector-Plus-Choke-Wechselsystem ausgerüstet. Die Chokeeinsätze sind an den Stirnflächen mit Kerben gekennzeichnet. Alle Modelle werden mit Nussbaumschaft und Pistolengriff ausgeliefert, wobei es zwei Sportflinten mit verstellbarem Schaftrücken gibt. Das Modell **Select Light** hat einen Aluminiumkasten und wiegt nur 2,7 Kilogramm. Die **Select**-Baureihe wird nur in 12/76 mit Stahlschrot-Beschuss ausgeliefert. Bei den Lauflängen besteht die Wahl zwischen 71 und 76 Zentimeter. Die **Select**-Bockflinten sind moderne Waffen mit guter Ausstattung in der mittleren Preisklasse.

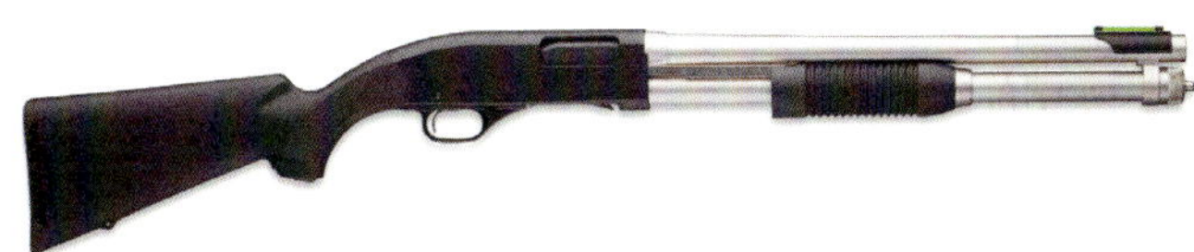

Winchester 1300 Defender
Coastal Marine

Winchester-Vorderschaft-Repetierflinten

Bei dieser Waffengattung hat Winchester eine wesentlich längere Geschichte als bei den Bockflinten. 1893 kam die erste Winchester **Slide Action** heraus. Das Nachfolgemodell **1897** besaß noch einen außenliegenden Hahn und 1912 wurde das Modell **1912** eingeführt, das zu einer der berühmtesten Flinten in den USA wurde. Von August 1912 bis Mai 1964 wurden fast zwei Millionen Schrotflinten der auch als **Modell 12** bekannten Waffe hergestellt. 1932 kam das **Modell 42**, 1964 die Winchester **1200** und 1978 das Modell **1300**. Die **1200er**- und **1300er**-Modelle trugen den Beinamen **Defender** und waren die direkte Konkurrenz zur **Remington 870**. Der Unterschied von der **1200** zur **1300** ist nur sehr gering. Die hohe Magazinkapazität von sieben Schuss 12/76 oder acht Schuss 12/70 machten die **Defender** auch als Behördenmodell interessant, zumal

Winchester SXP

sie, ähnlich wie die **Mossberg 500**, etwas kostengünstiger und durch weniger massive Bauart des Verschlusses etwas leichter war als die **Remington 870**. So kamen die **Defender**-Modelle bei vielen *Sheriff Departments* und einigen S.W.A.T.-Teams der USA zum Einsatz. Ebenso beliebt war das Modell bei Farmern und Jägern. Die **1300 Defender** lief 2006 aus. 2010 kam dann das aktuelle Modell **SXP** auf den Markt.

Die Winchester SXP

Die **SXP** ist eine Weiterentwicklung des Modells **1300** und wird bei Silah (Istanbul/Türkei) hergestellt. Einige **SXP**-Teile stammen aus anderen Werken der Winchester-Gruppe in Westeuropa. **SXPs** sind als Jagd-Modelle und Verteidigungsflinten erhältlich. Zurzeit umfasst die Baureihe 19 Modellvarianten. Die **SXP** hat einen Vierwarzen-Drehverschluss und einen Systemkasten aus Leichtmetall. Die vier Warzen des Verschlusses greifen in die Laufverlängerung ein. Der Verschlussträger wird über zwei mit dem Vorderschaft verbundene Stangen bewegt. Beim Repetieren wird gleichzeitig der innenliegende Schlaghahn gespannt. Die komplette Abzugsgruppe wird von nur einem Querbolzen im Systemgehäuse gehalten und lässt sich leicht entnehmen.

Je nach Lauflänge beträgt die Magazinkapazität bis zu sieben Patronen des Kalibers 12/76. Das **Waterfowl**-Modell zur Gänsejagd wird für die 12/89 eingerichtet. Eine gewaltige Kanone, die mit dem 76er-Lauf 128 Zentimeter misst, aber dank Aluminiumkasten und Kunststoffschaft nur 3,05 Kilogramm wiegt. Die Läufe sind innen hartverchromt und bei vielen Modellen für Wechselchokes konstruiert. Auch bei diesen Modellen werden die *Back-Bored*-Läufe verwendet. Bis auf das Jagdmodell **Field** haben alle anderen Modelle Kunststoffschäfte. Dank der Fertigung in der Türkei sind die **SXP**-Pumpflinten sehr preisgünstig. Bei der Verarbeitungsqualität muss man jedoch Abstriche machen. Der Funktion und robusten Bauweise schadet das aber nicht.

Die Winchester-Selbstladeflinten

Bei den halbautomatischen Flinten geht es bei Winchester bis ins Jahr 1911 zurück. Als John Moses Browning 1903 mit der **Auto 5** die erste Selbstladeflinte vorstellte, begann eine neue Ära im Flintenbau. Die halbautomatische Flinte weckte neue Bedürfnisse bei den Käufern, denn ohne weitere Manipulationen fünf Schüsse hintereinander abgeben zu können, war bisher nicht möglich gewesen. Gegenüber den in den USA beliebten Pumpflinten war

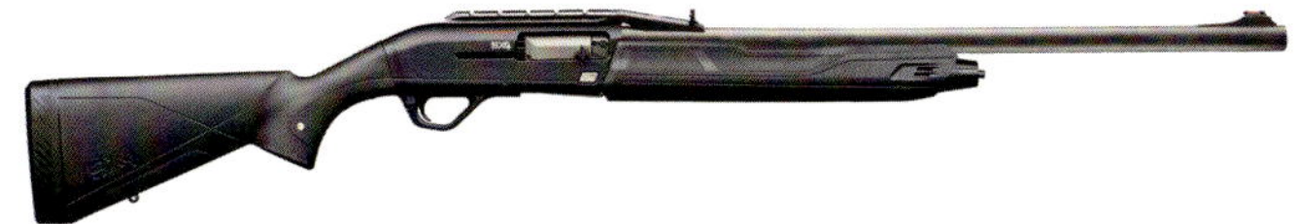

Oben: Super X2 Camo

Unten: Die aktuelle Winchester SX4-Selbstladeflinte

das ein deutlicher Fortschritt. Der Siegeszug der Browning **Auto 5** begann und andere Hersteller, wie etwa Remington und Savage, beeilten sich, auf diesen Zug aufzuspringen. Sie erwarben Patente bei FN, um eigene Versionen der **Auto 5** zu bauen. Remington kam bereits 1905 mit einem Lizenznachbau auf den Markt.

Winchester hinkte hinterher, denn als Browning die **Auto 5** Winchester anbot, wurde er abgewiesen, worauf er zu FN nach Belgien ging. Wohl eine der größten Fehlentscheidungen in der Winchester-Firmengeschichte. Winchesters Vizepräsident T. G. Bennet hatte in den USA keinen Markt für eine halbautomatische Flinte gesehen. Mit entscheidend mag aber auch die Tatsache gewesen sein, dass J. M. Browning die Patente nicht gegen eine Pauschale verkaufen, sondern bei der **Auto 5** über Lizenzgebühren am Verkauf beteiligt werden wollte. Bennet ließ sich darauf nicht ein und trieb Browning direkt in die Arme der Konkurrenz nach Lüttich. FN erwarb 1902 die Lizenzrechte für den Weltmarkt und Browning behielt sich den Verkauf in den USA vor.

Die ersten **Auto-5**-Modelle mit der Aufschrift *Browning Automatic Arms Co, Ogden, Uthah, USA* gelangten bereits im September 1903 in die Staaten und wurden dort begeistert aufgenommen. Auch die Lizenzversionen von Remington, die als Remington **Modell 11** und von Savage, die als **M 1907** vermarktet wurden, verkauften sich bestens. Winchester hatte das Nachsehen und musste schnell etwas tun, um den Anschluss nicht zu verpassen. Die Patente waren bestens und bis ins kleinste Detail hinein abgesichert, Browning hatte die Anwälte engagiert, die auch für Winchester arbeiteten.

Die Konstrukteure bei Winchester standen vor der undankbaren Aufgabe, ein eigenes Modell ohne Patentverletzungen zu konstruieren. Im Oktober 1911 war es dann soweit, der neue Winchester-Katalog enthielt auch die erste Winchester-Selbstladeflinte, das Modell **1911**. Dahinter stand Winchesters Chef-Designer T.C. Johnson, der sechs Jahre brauchte, um eine funktionierende Selbstladeflinte zu konstruieren, die keine Browning-Patente verletzte. Wie kompliziert das war, ist etwa daran zu erkennen, dass selbst Kleinigkeiten, wie etwa der am Verschlussblock befestigte Durchladehebel, patentrechtlich geschützt waren. Johnson musste also einen anderen Weg finden, um die erste Patrone in den Lauf zu repetieren.

Das Winchester-Modell **1911** ist wohl eines der kuriosesten Winchester-Modelle und hatte einige Schwächen, die einen großen Erfolg verhinderten. Die Browning **Auto 5** war ihr in jeder Hinsicht überlegen. Außerhalb der USA fand die Flinte kaum Abnehmer. Trotzdem blieb das Modell **1911** bis 1926 im Programm. Es wurden aber nur 82.774 Waffen gebaut. Im Vergleich zur **Auto 5**, die über drei Millionen Mal gefertigt wurde, eine verschwindend geringe Anzahl.

Dann verabschiedete sich Winchester für 14 Jahre aus dem Markt für Selbstladeflinten und kam erst 1940 mit dem Modell **40** wieder zurück. Dieser Rückstoßlader mit langem Rohrrücklauf war jedoch ein noch größerer Misserfolg als das Modell **1911** und die Produktion wurde nach einem Jahr und nur 12.000 gefertigten Flinten wieder eingestellt. Die Winchester **40** kann daher für sich in Anspruch nehmen, das Winchester-Modell mit der kürzesten Pro-

duktionsdauer bis heute zu sein. Der ausbrechende Zweite Weltkrieg zwang Winchester dazu, sich auf die Fertigung anderer Waffenarten zu konzentrieren. Selbstladeflinten verschwanden daraufhin völlig aus der Produktpalette. Das blieb so bis 1954. Im neuen Winchester-Katalog tauchte dann überraschend eine neue Selbstladeflinte auf, das Modell **50**. Gleich als ganze Waffenfamilie in den Kalibern 12 und 20 sowie in den Ausführungen **Field**, **Trap**, **Skeet** und **Pigeon Grade**.

Mit der Winchester **50** wurde in *New Haven* technisches Neuland betreten, denn es handelte sich bei dieser Selbstladeflinte zwar um einen Rückstoßlader, doch der Lauf war feststehend. Zwischen 1954 und 1961 wurden 196.402 Stück produziert. Mit diesem Modell hatte Winchester endlich eine konkurrenzfähige Selbstladeflinte im Programm. Der Lauf der Winchester **50** lässt sich zwar über einen Take-Down-Mechanismus mit einem Handgriff vom Systemkasten trennen, doch beim Schuss bleibt er fest mit dem System verbunden und bewegt sich nicht. Trotzdem ist die Winchester **50** ein Rückstoßlader. Dies ist durch eine bewegliche Patronenkammer möglich. Das Patronenlager ist nicht in den Lauf gerieben, sondern befindet sich in einem separaten Kammerstück. Der Lauf ist am hinteren Ende ausgedreht und wird darübergeschoben. Wenn der Lauf aus dem Systemkasten entfernt ist, lässt sich die Patronenkammer auch einfach aus dem System entnehmen. Das erlaubt eine sehr einfache Reinigung von Lauf und Patronenlager.

Im Schuss bleibt der Lauf an seinem Platz und nur die Kammer bewegt sich ein kleines Stück zurück. Dadurch erhält der Verriegelungsblock den nötigen Impuls für seinen Weg nach hinten. Auf dem kurzen Weg rückwärts bleiben Patronenlager und Block verriegelt und trennen sich dann. Der Rest der Selbstlade-Mechanismen funktioniert dann wie bei einem konventionellen Rückstoßlader. Im Vergleich zu den Vorgängermodellen **1911** und **40** war die Winchester **50** ein gewaltiger Schritt nach vorn. Sie funktionierte gut, lag durch den feststehenden Lauf ruhig im Schuss und hatte eine gefällige Optik. Sie ließ sich zudem sehr einfach zerlegen und reinigen. Das Gewicht ist mit vier Kilogramm zwar recht hoch, doch das resultiert aus der massiven Bauweise und soliden Ausführung. Bei den amerikanischen Jägern war die Winchester **50** ein beliebtes Modell, in Europa allerdings kein Konkurrent zur FN **Auto 5**. Mit dem Modell **50** endete die Ära der Rückstoßlader bei Winchester. Die nachfolgenden Modelle waren Gasdrucklader. 1964 kam das Modell **1400** gefolgt von der **1500**, die bis 1978 in Produktion war. Verschlusstechnisch entsprachen sie der Pumpflinte **1200**, arbeiteten aber halbautomatisch als Gasdrucklader. Sie wurden in den Kalibern 12, 16 und 20 gebaut. Ab 1969 wurde die **1400** für Wechselchokes gefertigt. Von 1978 bis 1982 hatte Winchester mit dem Modell **1500 XTR** zudem noch eine geringfügig modifizierte Modellvariante im Programm. Die **1400** war als preiswerte Einsteigerflinte gedacht und verkaufte sich recht gut.

1973 brachte Winchester bereits die Selbstladeflinte **Super X1** heraus, womit die Ära der **Super-X**-Modelle begann, die aber zunächst nur sehr kurz war. Mit der **Super X1** wollte Winchester die **Remington 1100** vom Thron stoßen, was aber gründlich misslang, denn die Winchester war deutlich teurer und schwerer als die Remington. Außerdem hatte man glatt vergessen, die **X1** zumindest wahlweise für die 12/76 einzurichten, was für die amerikanischen Wasserwild- und Truthahnjäger ein starkes Kaufargument war. Nach neun Jahren wurde die Produktion wieder eingestellt. Die **X1** war die letzte Winchester-Selbstladeflinte, die in traditioneller Art bei Winchester in den USA hergestellt wurde.

Erst 1999 folgte die **Super X2**, die technisch mit der **Super X1** nicht mehr viel gemein hatte. Sie wurde bis 2004

Links: Super X2 Practical

Unten: Winchester Super X2

gebaut und von der **Super X3** abgelöst. 2017 kam dann die aktuelle **Super X4** auf den Markt. Die Modelle **X2** bis **X4** wurden jeweils verbessert, haben aber die gleiche technische Grundkonstruktion. Bei der **X3** wurde das neue *Active-Valve*-Gasdruck-System eingeführt, das die Nachladegeschwindigkeit verbessern sollte. Die **SX3** ist laut Winchester die schnellste Selbstladeflinte auf dem Markt und Winchesters Werksschütze Raniero Testa bewies das auch, indem er am 11. Juni 2012 auf dem Arcera-Schießstand in Gaeta (Italien) einen Weltrekord aufstellte. In weniger als sechs Sekunden traf er vor einer Jury zwölf Tontauben. Dabei hat er alle Scheiben selbst geworfen. Seine auf ihn abgestimmte Winchester **SX3 Red Performance 12M** hatte dabei ein spezielles Magazin für zwölf Patronen im Kaliber 12. Die Änderungen zur aktuellen **Super X4** sind ein größerer Kammergriff, ein übergroßer Verschlussfangknopf und ein schlankerer Pistolengriff, der sowohl für Rechts- als auch Linkshänder ergonomischer ist. Das Gesamtgewicht der **Super X4** ist ebenfalls niedriger als das ihrer Vorgänger. Aktuell hat Winchester 15 **SX**-Modelle im Programm. Die Super **X2** bis Super **X4** werden in Belgien bei Browning hergestellt, wobei auch Teile aus dem Partnerwerk in Portugal kommen.

Das Systemgehäuse der **SX4** ist aus Leichtmetall hergestellt und zum Kolben hin elegant abgerundet. Die Verriegelung erfolgt im Lauffortsatz, der in das Systemgehäuse reicht. Der Druckkolben der **SX** hat in seinem Inneren ein Regulierungsventil, das sogenannte Active-Valve-System. Dieses arbeitet unabhängig vom Kolben. Mit leichten Ladungen benutzt der Kolben den wesentlichen Teil der Gasenergie zur einwandfreien Funktionsweise.
Bei schweren Ladungen werden überschüssige Gase durch die seitlichen Auslässe des Kolbens abgeführt. Das System funktioniert von 28 bis 56 Gramm. Das Regulierungsventil verfügt über drei abdichtende Ringe und hält somit das Magazinrohr sauber. Der äußerst kurze Kolbenhub begrenzt die in den Mechanismus austretende Gasmenge.

Auch die **SX4** hat die bei Winchester verwendeten *Back-Bored*-Läufe mit etwas weiterer Laufbohrung. Wechselchokes, Stahlschrotbeschuss und innen hartverchromte Läufe sind bei einer modernen Selbstladeflinte heute obligatorisch. Durch Zwischenstücke kann die Schaftlänge unkompliziert verändert werden. Die **SX4** wird in den Kalibern 20/76, 12/76 und 12/89 angeboten, mit Lauflängen von 56 bis 76 Zentimeter, wobei der kurze 56er-Lauf beim Modell **Big Game Rifled** verwendet wird, das einen gezogenen Lauf zum präzisen Schießen mit Sabot-Slugs besitzt. Neben den bei amerikanischen Selbstladeflinten vorherrschenden Kunststoffschäften gibt es in der **SX4**-Baureihe auch einige Modelle mit ölgeschliffenen Nussbaumschäften. Die **SX4** hat alles, was eine moderne Selbstladeflinte braucht und ist deutlich günstiger als die Modelle von Benelli oder Beretta. Los geht es bereits ab etwa 850 Euro.

Oben: Zoli Columbus

Unten: Columbus im Koffer

ZOLI

Die Geschichte der Familie Zoli aus der Val-Trompia-Region geht zurück bis ins Jahr 1490. Urkunden belegen, dass Vorfahren der Familie Zoli damals bereits Gewehrschlösser bauten und kurze Zeit später komplette Schusswaffen. Eine von Giovanni Zoli um 1850 signierte Steinschlosspistole befindet sich seither in der Privatsammlung der Familie Zoli.

Die Firma *Zoli Antonio s.r.l.*, wie es sie heute gibt, wurde unmittelbar nach dem Zweiten Weltkrieg von Antonio Zoli gegründet. Die Waffenmanufaktur Zoli startete ihre Produktion mit Hahn-Doppelflinten (Modelle **AVI** und **Santa Barbara**), Anson-Typ-Bockflinten (Modelle **Ariete**, **Empire** und **Silver Fox**) sowie Doppelflinten nach Holland & Holland-Bauart. Ende der 1950er-Jahre kam die Bockflinte Modell **Delfino** mit Anson-Kastenschloss sowie eine Bockflinte mit Seitenschlossen nach Holland & Holland auf den Markt, die ein der Merkel-Bockflinte nachempfundenes Verschluss-System hatte. Gegen Ende der 1970er-Jahre entschloss sich Giuseppe Zoli, die **Delfino**-Bockflinten-Linie zu modernisieren. Diese erhielt dann den Namen **Ritmo**. Gegen Ende des vergangenen Jahrhunderts erschienen dann unter der neuen Führung von Paolo Zoli die Bockflinten-Baureihe **Columbus** für die Jagd sowie **Kronos** fürs sportliche Schießen. Beide sind bis heute im Programm.

Die neue Bockflinten-Serie für das Sportschießen wird **Z-Gun** genannt und kann bereits auf einige internationale Erfolge zurückblicken. Es gibt aber auch eine jagdliche Version der **Z-Gun** mit dem Modellnamen **Z-Expedition EL**. Die zweite Jagdflinte ist die **Pernice Round Body**.

Zoli Kronos

Die Kronos ist eine Wettkampf-Flinte mit einer Basküle aus geschmiedetem rostfreien Stahl, gefertigt im Monoblock, mit Silberlot zusammengelegten Läufen und einem

Flanken-Verschluss nach dem Typ Boss. Dieser Verschluss gilt als besonders langlebig und verkraftet selbst hohe Schusszahlen problemlos. Bei der Herstellung verwendet Zoli ein elektroerosives Verfahren, das sehr enge Toleranzen ermöglicht. Das Schloss nach Blitzbauart arbeitet mit Spiralfedern, alle Teile sind aus dem vollen Material gefräst und titannitriert, um die Reibung zu vermindern. Gussteile sind nicht zu finden. Nach dem Lösen einer Inbusschraube lässt sich das Schloss samt Abzugsgruppe einfach herausnehmen.

Das Abzugszüngel ist in der Länge verstellbar. Es stehen die Lauflängen 71, 76 und 81 Zentimeter zur Wahl. Zoli fertigt die Läufe im eigenen Haus aus heiß geschmiedetem Spezialstahl. Die Läufe sind für Wechselchokes eingerichtet, von denen fünf zum Lieferumfang gehören. Gegen Aufpreis sind auch verlängerte Chokeeinsätze zu haben. Die Kronos gibt es nur im Kaliber 12. Die Schäftung erfolgt mit relativ steil stehendem Pistolengriff. Optional gibt es auch einen Hinterschaft mit verstellbarem Schaftrücken. Beim Vorderschaft besteht die Wahl zwischen einem normalen runden Vorderschaft (*London Style*) oder einem kräftigen Biberschwanz-Vorderschaft. Die **Kronos** gibt es in einer Trap-, Sporting-, Skeet- und Electrocible-Version, wahlweise mit carbonnitriertem oder schwarz brüniertem Kasten. Die **Kronos** ist die Basis-Sportflinte von Zoli. Sie wiegt je nach Ausführung etwa 3,5 bis 3,8 Kilogramm bei einer Lauflänge von 71 Zentimeter und ist auch als Linksausführung erhältlich.

Oben: Wird die Schraube hinten am Abzugsbügel gelöst, lässt sich die Schlossgruppe herausnehmen

Unten: Das Schlosswerk der Columbus

Zoli Columbus

Zoli verwendet auch bei der **Columbus** den bewährten Flanken-Verschluss, der sich heute bei den meisten Zoli-Modellen findet. Das Laufbündel liegt sehr tief im Kasten, die Abkippkräfte sind dementsprechend gering. Die

Zoli Z-Gun

beiden bei geschlossener Waffe aus dem Basküll hervortretenden Verriegelungsnasen legen sich über die am Monoblock angefrästen Lappen und verriegeln das Laufbündel. Der Schütze hat freien Zugriff auf die Patronenlager, da hier keine Verlängerungen neben den Lagern stören, wie beim Kersten-Verschluss. Als Schlosswerk kommt ein modifiziertes Blitzschloss mit Schraubenfedern zur Anwendung. Auch bei der **Columbus** lässt sich das gesamte Schloss-Abzugs-System herausnehmen. Bei den Kalibern und den Lauflängen gibt es reichlich Auswahl. Zoli baut die **Columbus** in den Kalibern 12, 20, 28 sowie .410 mit 61, 66, 71 und 75 Zentimeter Lauflänge. Die Läufe sind wie üblich mit Reifen und Stegen zusammengelegt und werden in den Monoblock eingeschoben. Die Zoli wird mit fünf Wechselchokes (Zylinder ¼, ½, ¾ und Vollchoke) geliefert. Sie besitzt einen Schraubenfeder-Ejektor. Der Hinterschaft mit Pistolengriff und ohne Backe besteht aus sehr gut gemasertem Nussbaumholz und ist sorgfältig geschliffen sowie geölt. Mit 3,25 Kilogramm Gewicht (12/76, 71-Zentimeter-Lauf) ist sie eher leicht.

Zoli Z-Gun

Die **Z-Gun**-Baureihe umfasst fünf Modelle für Trap, Skeet und Parcours, wobei auch eine einläufige Ausführung für American Trap dabei ist. Die neue **Z-Gun** von Antonio Zoli wird mit einem hohen Anteil an Handarbeit gefertigt und hat einige sehr innovative Details aufzuweisen. International wird das Wettkampfschießen von Herstellern wie Beretta, Perazzi oder Krieghoff dominiert. Seit einigen Jahren mischt Zoli mit der **Kronos**-Baureihe aber auch mit. Mit der **Z-Gun** ist nun eine Weiterentwicklung der **Kronos**-Flinten auf dem Markt. Zoli hat sich dabei eine Menge einfallen lassen.

Gleich zwei Balancer-Systeme erlauben es, dem Schützen die Gewichtsverteilung der Flinte auf seine Bedürfnisse und Schießgewohnheiten einzustellen. Das vordere System sitzt unter dem Vorderschaft. Kleine, flache Gewichte, die magnetisch sind, werden an der Laufverbindungsschiene angebracht. Die Haltekraft ist enorm, ohne das mitgelieferte Werkzeug lassen sich die Gewichte nicht abnehmen. Sie können an beiden Seiten angebracht werden, der Vorderschaft verdeckt sie komplett. Damit lassen sich Gewicht und Gewichtsverteilung des Laufbündels beeinflussen. Das zweite Balancer-System ist im Pistolengriff untergebracht. So etwas gab es bisher noch nicht. Die Bohrung im Pistolengriff nimmt die Gewichte auf. Innovativ ist die Kombination der beiden Systeme, die von Zoli BHB (*Between Hands Balancer*) genannt wird. Dadurch soll eine noch bessere Einstellung der Flinte auf den Schützen möglich sein. Das Zusammenspiel der beiden Balancer ermöglicht es, das Trägheitsmoment der Flinte beim Schwingen zu beeinflussen und die Bewegungsachse zu verändern.

Nicht nur optisch ähnelt die Z-Gun einer Perazzi, auch bei der Verschluss-Technik orientiert man sich an den Edelflinten und installiert einen Flanken-Verschluss nach Boss mit geteiltem Verschlusskeil. Das herausnehmbare Schloss nach Blitzbauart arbeitet mit Schraubenfedern. Alle Teile sind aus dem vollen Material gefräst und titannitriert, um die Reibung zu vermindern. Das Abzugszüngel ist in der Länge verstellbar. Die Abzugsgewichte liegen ab Werk bei 1300/1400 Gramm.

Im Falle eines Zündhütchendurchbläsers sorgen Ventile in den Schlagbolzen dafür, dass die Gase abgeleitet werden und weder Schütze noch Waffe gefährden können. Standardmäßig werden Lauflängen von 71, 75 oder 81 Zentimeter angeboten, Zoli fertigt aber auch jede gewünschte Lauflänge. Interessant ist das Innenleben der Läufe. In den vergangenen Jahren ging der Trend bei den Flintenherstellern zu sogenannten *Overbore*-Läufen. Durch diese spezielle Art der Laufgestaltung soll die Schrotgeschwindigkeit erhöht, der Rückstoß reduziert und die Deckung verbessert werden. Die Zoli-Techniker sind hier der Meinung, dass *Overbore*-Läufe nur für eine gleichmäßige Deckung im Garbenzentrum sorgen, den Randbereich aber vernachlässigen. Sicher gut für Top-Schützen, die stets mit dem Zentrum treffen, aber nachteilig für den weniger guten Schützen, der die Taube häufig im Randbereich erwischt. Bei der **Z-Gun** wurde das Augenmerk daher auf eine gleichmäßige Deckung über das gesamte Trefferbild gerichtet. Die Chokeeinsätze ragen aus der Mündung etwas heraus und sind sowohl titanbeschichtet als auch stahlschrottauglich. Zur Flinte gehören sechs Wechselchokes in feiner Abstimmung.

Die Schäftung der **Z-Gun** entsteht in Handarbeit, die Holzqualität entspricht dem Preis der Flinte. Der Pistolengriff ist steil gestellt. Als sehr sinnvolle Option bietet Zoli einen höhenverstellbaren Schaftrücken an, der es dem Schützen erlaubt, den Schaft einfach seiner bevorzugten

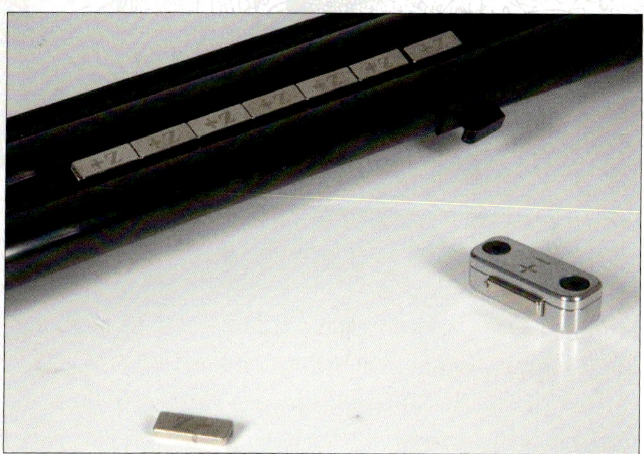

Oben: Hakenstück der Z-Gun

Mitte: Laufbalancer der Z-Gun

Unten: Balancer im Pistolengriff der Z-Gun

Kopfhaltung anzupassen. Die Zoli **Z-Gun** ist eine hervorragend verarbeitete Hightech-Flinte, die passionierten Schützen eine Menge bietet. Ihr spezielles Deckungsbild bringt Schützen Vorteile, die nicht immer mit der Garbenmitte treffen, sondern auch mal in den Randbereich geraten.

Das Jagd-Modell **Z-Expedition EL** entspricht technisch der **Z-Gun**, ist jedoch leichter und besitzt kein Balancer-System. Neben der 12er-Ausführung gibt es die **Expedition EL** auch in den Kalibern 20 und 28. Die Aufmachung ist edel und ausgesprochen jagdlich. Sie verfügt über eine Gravur im englischen Stil in Altsilber, die 90 Prozent der Basküle bedeckt. An den Seiten befinden sich zwei Ovale mit Federwild in Gold. Ein Rebhuhn auf der einen Seite, eine Schnepfe auf der anderen. Der Schaft ist aus fein gemasertem türkischen Walnussholz gefertigt, verfügt über einen *Prince-of-Wales*-Halbpistolengriff mit feiner Fischhaut und eine von Hand aufgebrachte Ölpolitur. Die Schaftkappe ist ebenfalls aus Holz.

Z-Pernice Round Body

Die optische Besonderheit der ebenfalls zur **Z-Gun**-Baureihe gehörenden **Pernice** ist die abgerundete Basküle, ein Detail, was sich sonst fast ausschließlich bei englischen Luxusflinten findet. Die **Pernice** entsteht in Zusammenarbeit mit dem Graveurstudio *Bottega Incisioni*, wo seit mehr als 60 Jahren edle Waffen stilvoll graviert werden. Jede **Pernice** ist mit dem Schriftzug *Bottega Incisioni* auf der Kastenunterseite neben dem Abzugsbügel signiert.

Oben: Round Body

Unten: Die Round Body ist eine elegante Jagdflinte mit modernster Technik

Gebaut wird die Edelflinte in den Kalibern 20, 28 und .410. Eine 12er gibt es nicht. Die Basküle ist an den Seiten gerundet und wird aus einem geschmiedeten, legierten Stahlmonoblock aus dem Vollen gearbeitet. Der schlanke 20er-Kasten ist nur 41 Millimeter breit und 58 Millimeter hoch. Die Gravur wird zunächst maschinell vorgearbeitet und dann komplett von Hand gefertigt. Sie zeigt ein Relief, das mit einigen ineinander verschlungenen Blättern von *Acanthus spinosus* verziert ist. *Acanthus* taucht auch in der griechischen Architektur auf und benennt korinthische Säulen, von denen das älteste Beispiel im Apollo-Epicurus-Tempel auf der Peloponnes gefunden wurde. Auf die Blätter wird eine Schatten-Technik aufgetragen, um die

Rechts oben: Der unten abgerundete Systemkasten der Round Body

Rechts unten: herausnehmbares Schlosswerk der Round Body

richtige Menge an Bewegung und Volumen zu erhalten. Die Blätter folgen den Linien des abgerundeten Systemkastens. Eine sehr elegante sowie unaufdringliche Gravur in hochwertiger Ausfertigung. Technisch entspricht die **Pernice** der **Z-Gun**-Baureihe und hat ebenfalls herausnehmbare Schlosse. Standardmäßig werden Lauflängen von 71, 75 oder 81 Zentimeter angeboten. Zoli fertigt aber auch hier jede gewünschte Lauflänge auf Wunsch an. Als Schiene wird eine volle Churchill-Schiene verwendet, die hinten noch 11 Millimeter breit ist, sich jedoch bereits am Ende der Patronenlager auf 5 Millimeter verjüngt und dann in dieser Breite bis zum Laufende durchgeht. Die schmale, flache und nicht durch Ventilationsöffnungen durchbrochene Schiene passt sehr gut zu der eleganten Waffe und unterstreicht die Auslegung als Jagdflinte.

Die Schäftung der **Pernice** entsteht in Handarbeit, die Holzqualität ist sehr hoch. Der Pistolengriff ist flach gestellt und lehnt sich an die *Prince-of-Wales*-Form an, nur dass hier die Unterseite plan und nicht abgerundet ist. Der schlanke Pistolengriff erlaubt auch kleinen Händen eine gute Schaftkontrolle und sicheren Halt. Sehr stilvoll ist die Schaftkappe, die nicht aus Gummi oder Plastik besteht, sondern aus Holz. Die 10 Millimeter dicke Holzkappe ist an der Rückseite fein mit Fischhaut verschnitten und oben sowie seitlich glatt poliert. Sieht nicht nur gut aus, sondern gleitet auch hervorragend. Der schmale Jagdvorderschaft wird mit einem Purdeydrücker befestigt und ist fast flächendeckend mit feiner Fischhaut bedeckt. Die Flinte besitzt keine Riemenbügel, was bei einer feinen Jagdflinte nur zu begrüßen ist. Das wird den Schützen gerecht, die eine Flinte lieber ohne Riemen führen. Besonders die Riemenbügelbasen am Hinterschaft stören häufig. Wer unbedingt einen Gewehrriemen an der Flinte braucht, kann ihn ja nachträglich anbringen. Die **Pernice Round Body** ist eine erstklassig verarbeitete und sehr elegant aufgemachte Jagdflinte, die technisch auf dem neuesten Stand ist. Zoli ist es hier gelungen, moderne Technik stilvoll zu verpacken. Der runde Systemkasten fällt sofort auf und wer die Pernice einmal in der Hand hatte, würde sie am liebsten nicht mehr hergeben. Wer es noch exklusiver will, kann sich an den Zoli Custom Shop wenden, wo seit 1980 Flinten genau nach Kundenwunsch entstehen.

XVII. FLINTENKALIBER

Seit dem Bann von Bleischrot bei der Wasserwildjagd werden 10er-Flinten wieder beliebter

Die Kaliberangabe für Flinten stammt aus England und berechnet sich aus der Anzahl kalibergroßer Rundkugeln, die aus einem englischen Pfund Weichblei (453 Gramm) gegossen werden können. Bei 12 gleichgroßen Kugeln somit das Kaliber 12, bei 16 das Kaliber 16 usw. Geläufig sind die Kaliber 10, 12, 16, 20, 24, 28, 32 und 36, wobei das letzte Kaliber auch .410 genannt wird.

Jagdlich gebräuchlich und sinnvoll sind die Kaliber 12, 16 und 20. Bei den Flinten ist das 12er-Kaliber, heute meist mit 76 Millimeter Hülsenlänge, dominierend, mit Abstand gefolgt vom Kaliber 20, während bei kombinierten Waffen gern 16er-Schrotläufe gewählt werden, um schmalere Kästen zu bauen. Es gibt zwar auch Drillinge und Bockbüchsflinten mit 20er-Schrotläufen, aber das ist nur sinnvoll, wenn auch echte 20er-Kästen gefertigt werden und nicht etwa der 16er-Kasten für das Kaliber 20 eingerichtet wird. Solche Waffen sind dann weder schmaler noch leichter als eine Waffe mit 16er-Schrotlauf. Im Gegenteil: Da in das für 16er-Läufe vorgesehene Hakenstück 20er-Läufe eingeschoben werden, sind diese hinten dickwandiger, was für mehr Gewicht sorgt.

Echte 20er-Flinten können sehr leicht und elegant gebaut werden. Jägerinnen bevorzugen diese Waffen daher. Wird eine Flinte bei einer Treibjagd den ganzen Tag geführt, sind 400 bis 500 Gramm weniger Gewicht spürbar, eine leichte Flinte daher wesentlich angenehmer zu handhaben. Beim Vorlagegewicht muss sich der Schütze in Zurückhaltung üben. Eine 20/76 mit 40 Gramm Schrotvorlage aus einer 2,7 Kilogramm leichten Flinte zu verschießen, ist alles andere als ein Vergnügen. 28 Gramm Vorlage sind in diesem Fall die beste Wahl.

Neben dem Durchmesser spielt auch die Hülsenlänge eine große Rolle und muss genau beachtet werden. Alte Waffen waren für 65 Millimeter lange Hülsen eingerichtet, sowohl im Kaliber 12, als auch bei 16er- und 20er-Läufen. Später ging man dazu über, die Hülsenlänge und die Patronenlager der Flinten auf 70 Millimeter zu erhöhen, um die Leistung zu steigern. Bei den Kalibern 12 und 20 sind heute sogar 76 Millimeter gebräuchlich. Mit dem Aufkom-

Laufdurchmesser der Flintenkaliber

Kal. 4	Kal. 8	Kal. 10	Kal. 12	Kal. 16	Kal. 20	Kal. 24	Kal. 28	Kal. 32	Kal. 36/.410
23,4 mm	20,8 mm	19,3 mm	18,2 mm	16,8 mm	15,7 mm	14,7 mm	13,8 mm	12,7 mm	10,2 mm

men der Weicheisenschrote, die mehr Platz benötigen, um das gleiche Vorlagegewicht zu erreichen wie Bleischrotpatronen, ging man beim Kaliber 12 sogar auf 89 Millimeter Hülsenlänge hoch. Moderne 12er- und 20er-Flinten werden heute fast ausschließlich für 76 Millimeter lange Hülsen eingerichtet.

Entsprechend vielfältig ist das Angebot an Schrotmunition. Der Käufer muss dabei genau darauf achten, wie lang das Patronenlager der Waffe ist, denn die längeren Patronen dürfen auf keinen Fall aus einem zu kurzen Patronenlager verschossen werden, da dies gefährliche Gasdrucksteigerungen zur Folge hat. Umgekehrt ist es kein Problem, kürzere Patronen aus langen Lagern zu verschießen.

Fatal ist dabei, dass die nicht verschossene Hülse durch die Sternfaltung kürzer ist als die abgefeuerte Hülse und so eine 70er-Patrone ohne Weiteres in ein 65er-Patronenlager oder eine 76er-Patrone in ein 70er-Lager passt. Beim Schuss wird die Hülse dann geöffnet und die dadurch länger werdende Hülse setzt sich in den Übergangskonus des Laufes, wodurch sie für einen erhöhten Gasdruck sorgt.

Bei Schrotpatronen ist die Hülsenlänge auf der Hülse aufgedruckt. Universell einsetzbar sind Schrotpatronen mit 67,5 Millimeter langer Hülse, die auch aus 65er-Lagern verschossen werden können.

Oben und Mitte: Die gängigen Flintenkaliber: 12, 16, 20, 24, 28 und .410

Rechts: Eine 12/67,5 und eine 12/76. Es dürfen immer nur gleich lange oder kürzere Hülsenlängen verschossen werden als auf der Flinte angegeben

XVIII. DIE SCHROTPATRONEN

Zur Beurteilung des jagdlichen Schrotschusses wird die 16-Felder-Hasenscheibe benutzt

Der Schrotschuss gilt dem beweglichen Ziel und ist ein Streuschuss. Seine Wirkung beruht auf dem gleichzeitigen Auftreffen vieler Schrotkörner im Ziel, die durch die dadurch erfolgende Überreizung des Nervensystems einen tödlichen Schock auslösen.
In einer Schrotpatrone befinden sich eine hohe Anzahl Schrotkörner mit einem Durchmesser, der zwischen 1,7 und 9 Millimeter liegen kann. Der Schrotdurchmesser ist auf den Verwendungszweck und die Wildart abgestimmt. Früher luden Jäger ihre Schrotpatronen selbst, als Vorlage dienten gegossene Kugeln oder gehacktes Blei. Das war mühsam. Große Mengen ließen sich nur mit erheblichem Zeitaufwand herstellen. Die Möglichkeit, Schrotpatronen in großen Mengen industriell zu fertigen, kam dann mit der Erfindung des Turmgießverfahrens, bei dem Schrotkugeln aus flüssigem Blei unter Ausschaltung der Schwerkraft und Nutzung der Kohäsionskraft hergestellt wurden. Dazu benutzte man sogenannte Gießschächte, auch Schrotturm genannt, in denen Blei durch ein Sieb in die Tiefe tropfte, wo es sich im Fallen zu Kugeln formte und erkaltete. Der Engländer William Watts patentierte 1772 ein Sortierungsverfahren, das auf den spezifischen Laufeigenschaften unterschiedlich geformter Schrotkugeln beruhte. Gleichmäßig geformte Kugeln bewegen sich auf ebener Fläche schneller als unregelmäßig geformte. Dadurch war es möglich, die ungleichmäßigen Schrotkörner auszusortieren und die ballistischen Eigenschaften des so produzierten sowie sortierten Schrotes erheblich zu verbessern. Heute wird Bleischrot meist nach dem 1961 von Louis W. Bliemeister patentierten Bliemeister-Verfahren hergestellt, wobei kein Gießschacht mehr benötigt wird. Beim Bliemeister-Verfahren wird geschmolzenes Blei aus wenigen Millimetern Höhe in heißes Wasser oder ein anderes heißes Kühlmittel gegeben. Die dabei entstehenden Metalltropfen rollen dann eine Unterwasserrutsche entlang und bilden die Kugelform. Die Größe der Schrotkugeln lässt sich über die Temperatur des Wassers beeinflussen.

Heute werden Schrotpatronen fast ausschließlich in großen, modernen Fabriken gefertigt, die oft gleich mehrere Marken bedienen. Wirklich schlechte Qualität, wie sie noch vor einigen Jahren zu finden war, gibt es heute kaum noch. Es ist jedoch notwendig, die Leistung der Patrone aus der eigenen Flinte zu überprüfen, denn wie auch bei den Büchsen, schießt nicht jede Flinte mit jeder Patrone gleich gut, wobei sich die Leistung einer Schrotpatrone über

Die meisten modernen Schrotpatronen haben heute einen Schrotbecher aus Kunststoff

eine möglichst gute Deckung definiert. Darunter wird die gleichmäßige Verteilung der Schrotgarbe auf der Scheibe verstanden. Größere ungedeckte Stellen, also Flächen ohne Schroteinschlag, sind unerwünscht.

SCHROTSCHUSS-BEURTEILUNG

Die Schussleistung eines Flintenlaufes zu beurteilen, ist ungleich schwieriger als die Präzision eines Büchsenlaufes. Die Beurteilung ist abhängig von der Anzahl der Treffer, der Verteilung auf der Scheibe, der Treffpunktlage sowie der Regelmäßigkeit des Trefferbildes von Schuss zu Schuss.

Bei Sportflinten wird gern die 100-Felder-Scheibe benutzt, während bei Jagdflinten die 16-Felder-Scheibe vorherrscht. Geschossen wird auf 35 Meter. Beurteilt wird nach der Wannseer Norm, die in den 1930er-Jahren von der DEVA in Berlin-Wannsee aufgestellt wurde.

Die 16-Felder-Scheibe hat einen Durchmesser von 75 Zentimeter und einen Innenkreis mit 37,5 Zentimeter Durchmesser. Daraus ergibt sich eine Fläche des kompletten Kreises von 4418 cm^2, 1104,5 cm^2 davon entfallen auf den Innenkreis . Der Innenkreis ist in 4 gleiche Teile geteilt, der äußere Kreisring in 12 gleiche Teile. Alle 16 Teile der Scheibe sind damit gleich groß (276,1 cm^2). Um die Wirkung des Schrotschusses zu beurteilen, wurde die Größe der 16 Felder auf die Trefferflächen des Wildes abgestimmt. Die Trefferfläche eines quer laufenden Hasen entspricht etwa der Größe von 2 Feldern, die eines Fasans oder einer Ente etwa der Größe von 2/3 eines Feldes. Ausgehend vom Hasen, werden für die 2 Felder umfassende Hasenfläche 6 Treffer mit 3,5-Millimeter-Schroten verlangt. Jedes Feld gilt damit als gedeckt, wenn es zusammen mit dem Nachbarfeld 6 Treffer aufweist. Bei Fasan oder Ente geht man von 4 Treffern mit 3-Millimeter-Schrot aus. Das heißt, dass jedes Feld mindestens 6 Treffer haben muss, da die Trefferfläche hier schließlich nur ⅔ des Feldes beträgt. Bei 2,5-Millimeter-Schrot gilt ein Feld der 16-Felder-Scheibe als gedeckt, wenn es 12 oder mehr Treffer aufweist.

Die Verteilung der Schrotgarbe auf der Scheibe muss möglichst gleichmäßig ausfallen und eine möglichst hohe Anzahl von Feldern muss gedeckt werden. Als Maß für die Verteilung wird auch die Schussverdichtung herangezogen. Diese gibt das Verhältnis der Treffer vom Innenkreis zum Kreisring an. Dabei werden die Treffer im Innenkreis mit 3 multipliziert und die so gewonnene Zahl ins Verhältnis zu den Treffern im Außenring gesetzt. Der Außenring hat eine 3-fach größere Fläche.

Bei der 100-Felder-Scheibe, die für die Beurteilung von Sportflinten für das Wurftaubenschießen herangezogen wird, gilt ein Feld als gedeckt, wenn es mindestens 2 Treffer aufweist. Damit die Wurfscheibe als getroffen gilt, reicht es, dass ein sichtbares Stück abplatzt. Um Wild weidgerecht zu erlegen, sind jedoch wesentlich mehr Treffer erforderlich.

Innenleben einer Streupatrone. Je enger der Choke ist, desto größer die Streuung

Die Auswertung der Schrotscheiben nach der Wannseer-Norm ist recht kompliziert und unterscheidet sich dazu noch nach Flintenkaliber und Schrotgröße. Gewertet wird in den 4 Kategorien hervorragend, recht gut, gut und nicht ausreichend. Sehr genau beschrieben sind das Prüfverfahren sowie die Auswertungskriterien des Schrotschusses im Buch „Jagdballistik" von W. Lampel.

AUFBAU EINER SCHROTPATRONE

Die Schrotpatrone besteht aus Hülse, Bodenpfropfen, Zündung, Treibladung, Zwischenmittel, Schrotvorlage und Abschluss. Heute hat Kunststoff als Hülsenmaterial die früher übliche Pappe weitgehend verdrängt. Plastikhülsen sind unempfindlich gegenüber Witterungseinflüssen und preiswerter in der Herstellung. Sie verwittern allerdings nicht und sollten daher bei der Jagd nicht im Revier weggeworfen werden. Gleiches gilt allerdings auch für Papphülsen.

Bei vielen modernen Schrotpatronen mit Plastikhülse ist der Bodenpfropfen, in den die Zündung eingesetzt wird, Bestandteil der Hülse und wird nicht mehr separat eingesetzt, wie es bei älteren Fabrikaten noch der Fall war. Der Boden der Hülse ist vom sogenannten Culot umschlossen, einem Mantel aus Messingblech, der dem Auszieher oder Ejektor den nötigen Widerstand bietet, um ein reibungsloses Entfernen der abgefeuerten Hülse zu gewährleisten. Die Höhe des Culots hat keinen Einfluss auf die Funktion. Höhere Culots werden nur wegen der besseren Optik an teuren Patronen verwendet.

Über dem Bodenpfropfen wird das Treibmittel eingebracht, das bei Schrotpatronen von offensiver Natur ist, also relativ schnell abbrennt. Danach folgt das Zwischenmittel, das Schrotvorlage und Treibmittel voneinander trennt. Seine Aufgaben sind vielfältig. Es soll ein Vermischen dieser beiden Komponenten vermeiden, die Schrotladung vor Hitzeeinwirkung durch die Treibgase des verbrennenden Pulvers schützen und bei der Schussentwicklung den Lauf so abdichten, dass keine Pulvergase an der Ladung vorbei gelangen. Die Qualität einer Schrotpatrone und auch ihr Anwendungsbereich sind wesentlich von Qualität und Beschaffenheit des Zwischenmittels abhängig. Wird beim Zwischenmittel gespart, kann das böse Folgen haben. Bei einem schlechten Zwischenmittel entsteht Gasschlupf zwischen Laufwand und Zwischenmittel, was einen Druckverlust zur Folge hat.

Das älteste Zwischenmittel ist der gefettete Filzpfropfen. Er wird auch heute noch von vielen Jägern favorisiert und leistet, wenn er aus hochwertigem gefetteten Haarfilz gefertigt wird, Hervorragendes. Fettfilzpfropfen haben den Vorteil, dass sich nach jedem Schuss der Flintenlauf praktisch selbst reinigt. Durch diesen Wischeffekt fällt das Säubern der Läufe nach großen Serien wesentlich leichter. Ihr Hauptvorteil ist aber, dass sie die Chokebohrung der

Flinte voll zum Tragen bringen, was bei Becherladungen nicht immer der Fall ist. Der einzige Nachteil der Pfropfenladungen ist, dass die äußeren Schrote ungeschützt sind und beim Durchgang durch den Lauf an der Laufwandung quasi abgeschliffen werden. Diese verformten Schrote sind auf der Anschussscheibe dann als Ausreißer zu finden und stehen dem eigentlichen Deckungsbild nicht mehr zur Verfügung.

Der größte Teil der heute angebotenen Schrotpatronen ist allerdings mit einem Schrotkorb oder Becherpfropfen aus Kunststoff ausgestattet, schon aus Kostengründen. Durch den Schrotkorb wird die Garbe länger zusammengehalten, wodurch Becherladungen sich eher für Weitschusszwecke eignen.

Der umgekehrte Fall lässt sich durch ein sogenanntes Streukreuz erreichen. Ein Plastikkreuz, das sich in der Vorlage befindet, bewirkt eine Verwirbelung der Schrotgarbe und erhöht damit die Streuung erheblich. Die Streuung wird dabei umso größer, je enger die Flinte gebohrt ist, denn umso mehr wird das Streukreuz zusammengedrückt. Hier kehrt sich jetzt die eigentlich beabsichtigte Wirkung der Chokebohrung ins Gegenteil um. Ihre wirksame Reichweite ist wesentlich geringer. Mit Streupatronen sollte nicht weiter als 25 Meter geschossen werden, sonst kommt es unweigerlich zum Krankschießen. Durch Schrotpatronen mit Streukreuz lässt sich die eng gebohrte Jagdflinte zum Frettieren oder Skeetschießen verwenden.

Verschlossen werden moderne Schrotpatronen heute durch den sogenannten Sternverschluss, bei dem die Hülse nach innen sternförmig über die Schrotladung gefaltet wird. Ein Festlegen der Schrotvorlage durch einen Abschlussdeckel, der mittels Rändelung der Hülse gehalten wird, ist heute kaum noch zu finden. Der in der Garbe mitfliegende Pappdeckel stört die gleichmäßige Verteilung, was bei einem Sternverschluss ausgeschlossen ist.

DIE SCHROTVORLAGE

Lange Zeit war Blei das einzige Material, aus dem Schrotkörner hergestellt wurden. Blei ist ballistisch optimal geeignet, preiswert und steht in großen Mengen zur Verfügung. Jagdschrot wird durch Zusätze von Zink und Antimon gehärtet, während reines Weichblei nur bei Postenschroten verwendet wird, die aber jagdlich wegen ihrer schlechten Deckung nicht eingesetzt werden sollten.

Anders wurde das, als aus Umwelt- und Tierschutz-Gründen bleihaltige Schrotpatronen bei der Wasserjagd verboten wurden. Im Flachwasser gründelndes Wasserwild nimmt Bleischrote auf, die sich durch die aggressive Magensäure zersetzen und so zu einer Bleivergiftung führen können. Es mussten also Alternativen gefunden werden, um weiterhin Wasserwild mit der Flinte bejagen zu können.

BLEIFREIE SCHROTPATRONEN

Heute gibt es bereits eine gute Auswahl an bleifreien Schrotpatronen. Der Jäger kann zwischen Weicheisen, Zink, Wismut, Kupfer und Thungsten wählen. Zink und Wismut können aus jeder normalen Flinte und auch kombinierten Waffe verschossen werden, während die anderen Sorten besondere Ansprüche stellen und verstärkt beschossene Waffen verlangen. Moderne Flinten sind dafür ausgelegt und haben auch entsprechend gebohrte Mündungsverengungen, die speziell für Weicheisenschrote geeignet sind. Wismut und Thungsten stehen in der Reichweite dem Bleischrot kaum nach, sind aber extrem teuer. Weicheisen, Kupfer und Zink sind zwar preiswerter, haben jedoch eine

Links oben: Wismut- und Zinkschrote können aus allen Flinten verschossen werden

Rechts oben: Heute gibt es eine gute Auswahl an bleifreien Schrotpatronen

kürzere Reichweite. Weiter als 30 Meter sollte damit nicht geschossen werden. Gegenüber herkömmlichen Bleischrotvorlagen muss hier die Schrotgröße um zwei Nummern größer gewählt werden, also etwa 3,2 anstatt 2,7 Millimeter. Bei Kupfer reicht eine Schrotgröße mehr. Das geht natürlich zu Lasten der Deckung und reduziert die wirksame Reichweite. Wer eine ständige Jagdgelegenheit am Wasser hat, sollte sich eine stahlschrottaugliche Flinte im Kaliber 12/76 anschaffen, um die Hochleistungs-Weicheisenschrotpatronen verschießen zu können, die eine gute Reichweite haben und preislich wesentlich günstiger sind als etwa Wismutschrote. Flinten mit Stahlschrotbeschuss tragen als Beschusszeichen einen Adler mit V sowie eine Lilie.

SCHROTGRÖSSEN

Den unterschiedlichen Anforderungen, die durch verschiedene Jagd- und Wildarten sowie das Übungs- und Wettkampfschießen an die Munition gestellt werden, wird jeweils durch entsprechende Schrotgrößen Rechnung getragen. Die Größen für das einzelne Schrotkorn liegen bei Jagdschrot bei maximal 4 Millimeter Durchmesser und gehen in Stufen von ¼ Millimeter bis zu einem Durchmesser von 2 Millimeter herunter. 1,7-Millimeter-Schrot wird kaum noch benutzt. Gebräuchlich ist auch eine Bezeichnung der Schrotgröße in Nummern. Nur noch selten findet sich die Angabe der Schrotgröße über ein farbiges Deckblättchen, da heute der Sternverschluss dominiert.

Schrotgrößen und ihre Durchmesser		
Gelb	Nr. 1	4,0 mm
Rot	Nr. 3	3,5 mm
Blau	Nr. 5	3,0 mm
Grün	Nr. 7	2,5 mm

Daneben gibt es heute auch zahlreiche Zwischengrößen, wie 3,25 oder 3,7 Millimeter. Das Gewicht der Schrotvorlage ist vom Kaliber und der Hülsenlänge abhängig und reicht bei den jagdlich geläufigen Kalibern 20, 16 und 12 von 20 bis über 40 Gramm. Die durchschnittliche Schrotkornzahl ist abhängig vom Gesamtgewicht. Das Kaliber spielt dabei keine Rolle.

Durchschnittliche Anzahl der Schrotkörner je nach Gewicht der Schrotvorlage:

Gewicht (g)	Durchmesser (mm)					
	2,00	2,41	2,50	3,00	3,50	4,00
26,5	568	333	280	167	105	70
27,0	579	339	293	170	107	72
29,5	632	371	320	186	117	77
31,0	664	390	337	195	123	82
32,0	685	402	352	201	127	85
34,0	729	427	369	214	135	98
36,0	771	453	391	226	143	96
40,0	857	503	434	251	158	106

Für Weicheisenschrote größer als 3,25 Millimeter muss die Flinte einen Stahlschrotbeschuss haben. Die Lilie ist das Zeichen dafür.

ZWECKMÄSSIGE VORLAGEN

Bezüglich des Vorlage-Gewichtes und Schrotkorndurchmessers herrscht auch bei gestandenen Jägern vielfach Unsicherheit. Eine 12er-Patrone mit über 40 Gramm Vorlage (bis zu 52 Gramm sind möglich) erscheint auf den ersten Blick ein wirkungsvolles Mittel, um die Strecke zu vergrößern. Wenig beachtet werden aber die Nachteile solch schwerer Vorlagen.

Sieht man die Sache von der ballistischen Seite, wird schnell klar, dass eine überschwere Schrotladung kaum die Mündungsgeschwindigkeit der Normalladung erreichen kann, zumindest nicht unterhalb des vorgeschriebenen Höchstgasdruckes. Entweder wird also der Gasdruck überschritten, wodurch diese Patronen dann mit dem Aufdruck „Magnum" gekennzeichnet werden müssen und nur aus verstärkt beschossenen Waffen verschossen werden dürfen, oder aber die Mündungsgeschwindigkeit ist deutlich geringer. Damit sinken natürlich auch Durchschlagskraft und wirksame Reichweite. Der Schuss geht also quasi nach hinten los: Durch die schwere Ladung erhöht sich nicht die Reichweite, sondern sie sinkt sogar durch die geringere Mündungsgeschwindigkeit. Die jagdlich meist verwendeten Schrotvorlagen von 32 bis 36 Gramm haben auf 35 Meter etwa folgende Geschwindigkeit:

Schrot (mm)	V35 in m/s
2,5	190
3,0	215
2,3	225
4,0	240

Diese Zielgeschwindigkeiten sind für eine sichere Tötungswirkung erforderlich. Wer mit schweren Ladungen weit schießen will, braucht also eine stabile Flinte mit verstärktem Beschuss und sollte Magnum-Laborierungen verschießen, die entsprechend schnell sind, um die notwendige Zielgeschwindigkeit zu erreichen.

Ob sich die Trefferquote damit aber steigert, ist eine ganz andere Sache. Eine Flinte, die schwere Ladungen mit hoher Geschwindigkeit verschießt, ist entweder fürchterlich schwer oder sie hat einen horrenden Rückstoß, wenn sie lediglich Normalgewicht aufweist. Beides ist nicht gerade optimal, um schnell und flüssig zu schießen. Solche Flinten lassen sich allenfalls zu Spezialzwecken, wie dem Ansitz auf Gänse einsetzen. US-Jäger benutzen etwa Flinten im Kaliber 12/89 oder sogar Kaliber 10 für die Jagd auf den Truthahn.

Steuern lässt sich die Anzahl der Schrote leicht über die Korngröße. Eine schwere 40-Gramm-Vorlage aus Blei etwa enthält 158 Schrote der Größe 3,5 Millimeter. Gehen wir nur eine Schrotgröße herunter, also auf 3,2 Millimeter, was bezüglich der Reichweite kaum ins Gewicht fällt, so reichen jetzt 32 Gramm, um auf 158 Schrote zu kommen. Wird eine leichte Flinte geschossen und werden weich schießende 28-Gramm-Patronen bevorzugt, so stehen sogar 176 Schrote zur Verfügung, wenn die nächst geringere Schrotgröße 3 Millimeter gewählt wird. Es genügt also die Reduzierung der Schrotgröße um eine Nummer, um die gleiche Deckung mit einer erheblich geringeren Vorlage zu genießen. Die Vorteile liegen auf der Hand: geringerer Rückstoß und eine hohe Mündungsgeschwindigkeit.

Dass Vorlagen von 28 Gramm eigentlich völlig ausreichend sind, zeigt ein Blick ins Flintenland England, wo die sogenannte Ein-Unzen-Ladung traditionell meist verwendet wird. Und englische Fasane fliegen bestimmt nicht niedriger und sind nicht weniger schusshart als ihre deutschen Kollegen.

XIX. FLINTENLAUFGESCHOSSE

Bei einer Patrone mit Flintenlaufgeschoss wird anstelle der Schrotladung ein einziges, massives Geschoss geladen. Damit soll dem Jäger die Möglichkeit gegeben werden, auch mit der Flinte Schalenwild zu erlegen.

Flintenlaufgeschosse sind eigentlich ein Notbehelf und sollen dann eingesetzt werden, wenn keine Büchse zur Verfügung steht oder nicht eingesetzt werden darf. Klassisches Beispiel ist hier wohl die Treibjagd, auf der plötzlich Sauen vorkommen. In der heutigen Zeit, wo die Niederwildbesätze stetig sinken und das Schwarzwild zunimmt, ein durchaus öfter vorkommendes Szenario. Es hat schon einige Treibjagden gegeben, wo mehr Sauen als Hasen auf der Strecke lagen. Viele Jäger haben daher für diesen Fall immer einige Patronen mit Flintenlaufgeschossen in der Tasche.

Es gibt jedoch auch Länder, wo Waffen mit gezogenen Läufen nicht erlaubt sind und die Flinte mit Slugs die einzige Möglichkeit ist, Schalenwild zu erlegen. Der deutsche Jäger braucht da auch gar nicht weit über den Tellerrand zu schauen. Ein Blick in die eigene jüngere Vergangenheit reicht, denn in der ehemaligen DDR waren viele Jäger auf die Brenneke angewiesen, wenn sie Sauen erlegen wollten. Waffen mit Kugellauf waren einem Großteil der dortigen Jagdausübungsberechtigten verwehrt. Aus dieser Zeit finden sich daher noch viele Flinten, die mit einem Zielfernrohr bestückt sind oder zumindest noch die Montageunterteile tragen.

Flinten, die speziell für das Verschießen von Flintenlaufgeschossen eingerichtet sind, haben eine vollständige offene Visierung und häufig auch einen gezogenen Lauf

Der Gedanke, anstelle einer Schrotladung ein einziges, großkalibriges Geschoss aus dem glatten Flintenlauf zu verfeuern, kam schon sehr früh auf. Zunächst wurde eine kalibergroße Bleirundkugel benutzt, mit der aus einem glatten Flintenlauf keine große Präzision zu erzielen war. Dann begann man mit Langgeschossen zu experimentieren, bei denen der Schwerpunkt nach vorn verlegt wurde, um so eine Massestabilisierung zu erreichen. Die Konstruktionen von Kettner und Witzleben hatten einen schweren Geschosskopf mit daran befestigtem leichten Bolzen, um den Schwerpunkt nach vorn zu verlegen und dem Geschoss einen pfeilähnlichen Flug zu ermöglichen. Witzleben

Die Entwicklung der Flintenlaufgeschosse ging vom einfachen Bleibatzen zum modernen Treibkäfiggeschoss

verwendete einen Geschosskopf aus Blei mit Holzschaft, Kettner eine Papphülse anstelle des Holzschaftes. Das Stendebach-Geschoss dagegen war eine Ganzmetallkonstruktion, die der Länge nach durchbohrt und innen mit vier schräg gestellten Rippen versehen war. Dadurch sollte das Geschoss in Rotation versetzt werden. Das funktionierte nicht gerade gut, aber trotzdem waren die Stendebach-Geschosse bei der Jägerschaft sehr beliebt.

In den USA entwickelte Foster ein wie ein Fingerhut aussehendes Geschoss mit Hohlboden, in Deutschland Brenneke ein zylindrisches Geschoss mit schräg gestellten Rippen und angeschraubtem Filzheck. Während sich das aus weichem Blei bestehende Foster im Ziel erheblich vergrößert, ist das Brenneke härter und besitzt eine höhere Durchschlagskraft.

Diese beiden Konstruktionen waren lange Zeit richtungsweisend. Für geraume Zeit war das Flintenlaufgeschoss ein Notbehelf für Entfernungen bis etwa 35 Meter. Firmen wie Brenneke gelang es zwar, die Präzision zu verbessern, sodass in Verbindung mit der fortschreitenden Waffentechnik auch Treffer bis 50 Meter möglich waren, aber an die Präzision eines Büchsengeschosses reichten die Flintenlaufgeschosse lange nicht heran.

Das änderte sich erst in den 1980er-Jahren, als damit begonnen wurde, unterkalibrige Geschosse in mehrteilige Treibkäfige zu stecken. Der Kunststofftreibkäfig wird nach Verlassen der Laufmündung durch den Luftstrom abgestreift, wonach das Geschoss alleine weiterfliegt. Diese unterkalibrigen Geschosse aus Kupfer oder Tombak, Sabbots genannt, waren erheblich leichter als die alten Bleibatzen und hatten eine wesentlich gestrecktere Flugbahn. Damit stieg zwar die Treffgenauigkeit, aber von Büchsenpräzision konnte immer noch keine Rede sein.

Die zweite Generation der Sabbot-Slugs besitzt einen hinter dem Längsachsenmittelpunkt angeordneten Schwerpunkt. Damit ein solches Geschoss präzise fliegt, ist aber eine Drallstabilisierung notwendig. Es wurden daher spezielle Flinten mit gezogenen Läufen zum präzisen Schießen mit Flintenlaufgeschossen gebaut. Mit solchen Waffen kann auch auf 100 Meter auf Schalenwild geschossen werden. Dadurch wird der Flintenlauf allerdings zu einem Büchsenlauf und ist zum Verschießen von Schrotpatronen nur noch bedingt geeignet.

Diese speziellen Flintenlaufgeschosse, wie etwa das Brenneke Super Sabbot, sollten nicht aus normalen glatten Flintenläufen mit Chokebohrung verschossen werden. Hier dürfen nur Bleigeschosse oder spezielle Sabbots, wie etwa das Brenneke Rubin, verschossen werden.

Wer eine Waffe will, die mit Flintenlaufgeschossen wirklich gut schießt, sollte beim Kauf darauf achten, beim Hersteller die sogenannte Langenhagener Norm zu ordern. Diese besagt, dass bei fünf Schuss mit Brenneke ein Streukreisdurchmesser auf 50 Meter von 10 Zentimeter nicht

Auch bei den Flintenlaufgeschossen geht es ohne Blei

überschritten wird. Bei Drillingen darf die Gesamtstreuung aller drei Läufe maximal 15 Zentimeter betragen. Bei deutschen Herstellern kann dieses Kriterium gegen Aufpreis bei Neuwaffen bestellt werden.

Schrotpatronen und Flintenlaufgeschosse sollten aus Sicherheitsgründen immer getrennt voneinander verwahrt werden, denn eine Verwechslung kann fatale Folgen haben, erst Recht wenn mit einem Flintenlaufgeschoss in die Luft geschossen wird. Das auf den Erdboden herabfallende schwere Bleigeschoss richtet erheblichen Schaden an und kann einen Menschen ohne Weiteres töten. Die Höchstreichweite eines Flintenlaufgeschosses ist mit 1200 Meter erheblich höher als bei einer Schrotvorlage.

Analog zu den bleifreien Büchsengeschossen sind auch Flintenlaufgeschosse ohne Blei entwickelt worden. Die lettische Firma Dupleks produziert Flintenlaufgeschosse aus Stahl. Klingt zunächst etwas unorthodox, funktioniert aber. Die Geschosse sind verzinkte Stahldrehteile. Hinten endet das Stahlgeschoss in einem Zapfen, auf den ein aus Spritzguss hergestellter Kunststoffschuh formschlüssig aufgepresst ist. Das Kunststoffteil übernimmt die Führung im Lauf, die Abdichtung gegenüber den Treibgasen und wirkt beim Flug als Stabilisator. Der Durchmesser des Stahlgeschosses ist für jedes Waffenkaliber so bemessen, dass ein völlig sicherer Durchgang auch durch die engsten Standard-Chokes gesichert ist. Damit das Geschoss sich im Lauf nicht schräg stellen kann, ist vorn ein Kunststoffring zur Führung eingepresst. Er garantiert eine perfekte Zentrierung des Geschosses sowie sicheren Durchgang durch den Lauf. Das Duplex kann aus jedem normalen Flintenlauf verschossen werden. Auch das Rubin Sabot Nature des Flintenlaufgeschoss-Pioniers Brenneke ist ein bleifreies unterkalibriges Treibspiegelgeschoss, das aus normalen Flintenläufen verschossen werden kann. Es entspricht dem normalen Brenneke Rubin Sabot, nur ist das Geschoss anstatt aus Blei aus Zinn gefertigt. Brenneke setzt beim Rubin Sabot auf bewährte Technik und verlädt in den Kunststoff-Treibkäfig ein Brenneke-Flintenlaufgeschoss Kaliber 20, das 19 Gramm wiegt. Das hat gleich mehrere Vorteile. Das leichte Geschoss erreicht eine hohe Geschwindigkeit und bedarf weniger Vorhalt beim Schuss auf bewegliche Ziele als herkömmliche, langsamere Flintenlaufgeschosse. Das Rubin Sabot Nature hat 12 schräggestellte Führungsrippen sowie einen fest mit dem Geschoss verbundenen Kunststoffpropfen.

Flintenlaufgeschosse sind sehr wirkungsvoll, denn sie haben ein hohes Gewicht und einen großen Durchmesser. Dafür ist ihre Präzision nicht besonders hoch, zumindest wenn sie aus normalen glatten Flintenläufen verschossen werden. Wichtig ist, Präzision und Treffpunktlage aus der eigenen Waffe zu überprüfen und zu testen, wie weit sich das Flintenlaufgeschoss mit jagdlich ausreichender Präzision verschießen lässt. Für den Fangschuss auf Kurzdistanz wird es meist locker reichen, ob es auch auf Drückjagdentfernung noch langt, wenn bei der Treibjagd plötzlich eine Sau aufsteht, muss vor dem Schuss auf Wild unbedingt überprüft werden.

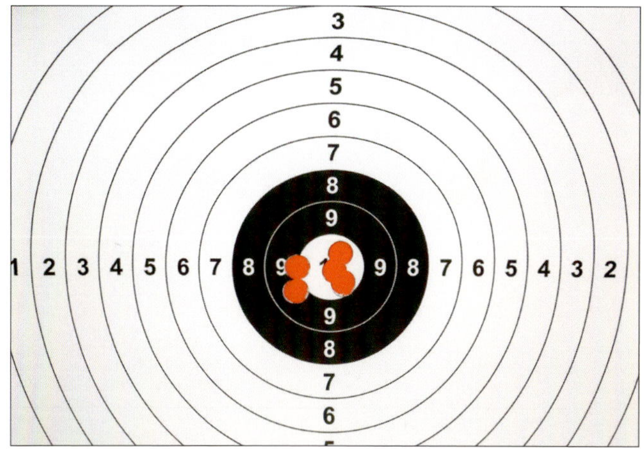

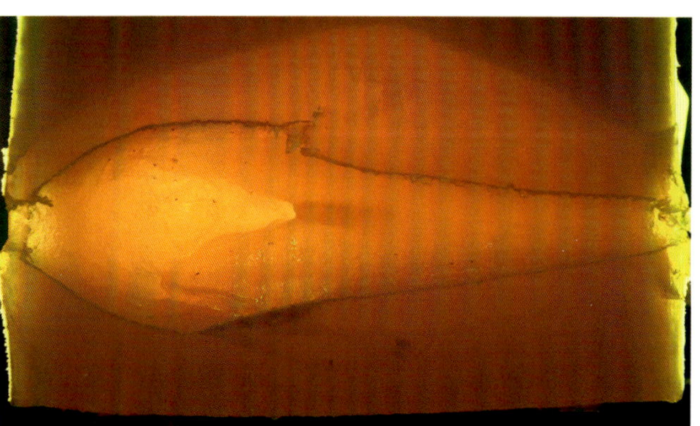

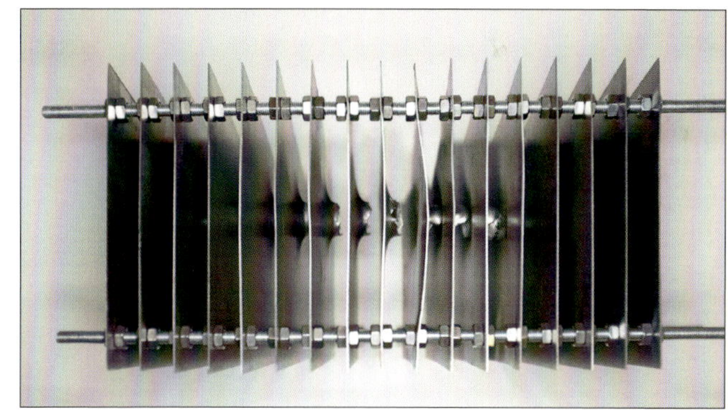

Oben: Aus modernen Waffen ist heute eine sehr gute Präzision möglich

Mitte: Die Kaverne, die ein Flintenlaufgeschoss in einem Seifenblock hinterlässt, ist beachtlich

Unten: Ein Slug hat eine hohe Durchschlagskraft, wie man an diesem Stahlregister sieht

XX. PFLEGE DER FLINTE

Mit dem englischen Schaftöl von CCL werden Schäfte hochglänzend

ie glatten Läufe einer Flinte sind einfacher zu reinigen als ein Büchsenlauf. Handelt es sich gar um hartverchromte Läufe, wie sie sich heute bei modernen Flinten oft finden, geht es sogar ziemlich mühelos. Zunächst wird loser Dreck aus den Läufen entfernt. Das geht am einfachsten, indem ein Stück Papier von der Küchenrolle mit dem Putzstock durch die Läufe geschoben wird. Zeitung tut es natürlich auch. Dann wird das Laufinnere mit einem bleilösenden Laufreiniger eingesprüht. Hier ist darauf zu achten, dass auch Bleirückstände gelöst werden. Die meisten Waffenreiniger lösen aber Blei und Tombak, sodass man hier mit einem Reiniger für Büchse und Flinte auskommt. Nach der Einwirkzeit mit einem Filzpfropfen oder einer Kunststoffbürste durchziehen, und zum Schluss noch ein Stück Papier zum Endreinigen durchdrücken. Schon ist der Lauf sauber. Bei ganz hartnäckigen Ablagerungen, hauptsächlich im Choke und direkt hinter dem Patronenlager, kann es notwendig sein, zu einer Bronzebürste zu greifen, doch in der Regel kann man darauf verzichten. Auch Kunststoffrückstände von Schrotbechern lassen sich auf die gleiche Weise entfernen. Ist das Laufinnere matt und unansehnlich geworden oder hat sich leichter Flugrost gebildet, kann ganz feine Stahlwolle der Größe 000 oder *superfine* eingesetzt werden. Sie wird um einen Werkhalter gewickelt, bis sie stramm durch den Lauf geht, und dann mit einem reinigenden Waffenöl, etwa WD-40 besprüht. Damit wird der Lauf schnell wieder spiegelblank.

Der Flintenputzstock sollte stabil sein und eine glatte Oberfläche haben, auf der sich kein Dreck festsetzen kann. Zu weiche Holzstöcke entwickeln sich nach einigem Gebrauch regelrecht zur Feile und so kommen schnell Kratzer in die glatten Innenwände der Flintenläufe. Einteilige Stöcke sind den zerlegbaren vorzuziehen. Für die Patronenlager gibt es spezielle Reinigungsbürsten, mit denen sich leicht Ablagerungen entfernen lassen.

Für ganz Eilige gibt es das Quick-Clean-Reinigungssystem. Hier ist praktisch alles „an einem Stück“ angeordnet. In einem Rutsch wird vorgereinigt, gebürstet und sauber gewischt. Das Quick-Clean-System kommt dazu ohne Putzstock aus und kann zusammengerollt platzsparend aufbewahrt oder mitgeführt werden. Ein Messinggewicht, hier ist auch die Kaliberangabe eingraviert, wird an einer reißfesten Schnur von der Patronenlagerseite her durch den Lauf geführt, bis es an der Mündung herauskommt. Dann muss nur noch mit kräftigem Zug das ganze System durch den Lauf gezogen werden. Zunächst tritt ein Spezialgewebe in den Lauf ein, das lose Schmutzpartikel entfernt. Nach diesem etwa 70 Millimeter langen Teil ist eine Bronzebürste angeordnet, die die eigentliche Reinigungsarbeit übernimmt. Bronze ist härter als Kupfer, aber

Rechts oben: Die Quick-Clean-Reinigungsschnur ist gut für eine schnelle Zwischenreinigung

Rechts unten: Glatte Schrotläufe sind leicht zu reinigen, viel Werkzeug braucht es dazu nicht

weicher als Messing und die wohl beste Legierung für die Laufreinigung überhaupt. Einerseits hart genug, um auch festsitzende Ablagerungen zu entfernen, aber nicht zu hart, um dem Laufprofil zu schaden. Nach der Bürste kommt ein sehr langes Stück Gewebe, das den Lauf durchwischt und poliert. Dieses Gewebeteil hat eine etwa 150 Mal größere Oberfläche als ein Reinigungsfilz. Ist das weiße Spezialgewebe zu stark verschmutzt, kann es einfach gewaschen werden, auch in der Waschmaschine. Um häuslichen Ärger zu vermeiden, sollte man hier aber besser einen Wäschesack benutzen.

DIE MECHANIK

Bei Modellen mit von Hand herausnehmbaren Seitenschlossen oder Modellen mit *Drop-Lock* ist die Pflege sehr einfach. Von Zeit zu Zeit werden die Schlosse entnommen, Staub und Rückstände mit einem weichen Pinsel entfernt und alles wieder geölt. So geht man auch bei Flinten vor, bei denen sich das Abzugssystem nach unten herausnehmen lässt. Sind hartnäckige Verschmutzungen vorhanden, die sich nicht so einfach entfernen lassen, hilft Bremsenreiniger. Aufsprühen, einwirken lassen und alles mit heißem Wasser abwaschen. Danach alles wieder gut ölen.

Bei Flintenmodellen, bei denen man ohne Werkzeug nicht an die Schlosse und Abzüge herankommt, also die meisten Waffen mit Blitzschloss oder Kastenschloss, sollte man die Waffe lieber von Zeit zu Zeit einem Büchsenmacher übergeben, damit er das Innenleben pflegt und reinigt. Hier ist Spezialwerkzeug und Erfahrung notwendig, da sonst leicht etwas beschädigt werden kann. Flinten, deren feine Schraubenschlitze mit ungeeignetem Werkzeug vermurkst wurden, sehen nicht mehr schön aus. Selbstladeflinten und Pumpflinten sind in diesem Fall natürlich im Vorteil. Sie lassen sich in der Regel sehr leicht und einfach in ihre Hauptteile zerlegen. Meist müssen dazu nur einige Steckbolzen entfernt werden.

SCHAFTPFLEGE

Kipplaufflinten haben fast ausschließlich einen Schaft aus Nussbaumholz. Kunststoffschäfte sind bei dieser Waffengattung die absolute Ausnahme. Sie sind in der Regel lediglich bei Selbstladeflinten und Pumpflinten zu finden. Bei der Auslegung des Schaftes unterscheiden wir den Ölschaft und den Lackschaft. Während ein Großteil der in den USA hergestellten und verkauften Flinten einen pflegeleichten Lackschaft besitzt, haben über 90 Prozent der in Europa verkauften Waffen einen Ölschaft. Um die Holzmaserung richtig zur Geltung zu bringen, ist er immer noch das Beste. Aber auch im praktischen Jagdbetrieb hat er viele Vorteile. Macken und kleine Kratzer lassen sich leicht wieder beseitigen. Oft reicht es, mit feinem Schmirgelpapier oder Stahlwolle die entsprechende Stelle vorsichtig zu bearbei-

Die Demontage, um die Schlossteile zu reinigen, sollte man besser dem Büchsenmacher überlassen

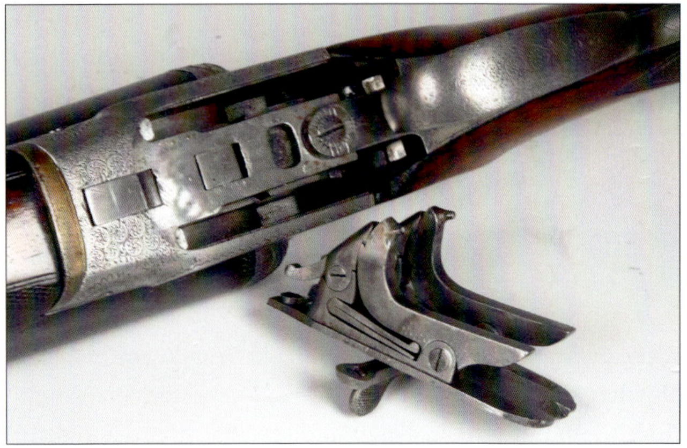

Einfacher geht es, wenn die Schlosse einfach von Hand entnommen werden können

ten, um das kleine Missgeschick verschwinden zu lassen. Druckstellen, die etwa beim Anschlagen an die Autotür oder den Holm der Hochsitzleiter entstehen, lassen sich mit Wasserdampf wieder entfernen. Dazu wird ein feuchtes Tuch auf die Stelle gelegt und dann ein Bügeleisen aufgedrückt. Das im Tuch enthaltene Wasser verdampft dadurch, dringt ins Holz ein und richtet die Fasern wieder auf. Etwas nachschleifen und der Schaden ist behoben. Bei einem Lackschaft geht das nicht. Hier muss nachlackiert werden. Und das ist kaum so hinzubekommen, dass es nicht auffällt.

Für diese Vorteile muss beim Ölschaft jedoch ein gravierender Nachteil in Kauf genommen werden: Der Schaft ist nicht wasserfest und bedarf der ständigen und vor allem fachgerechten Pflege. Das ist aber weder schwierig noch aufwendig.

So leicht, wie der Wasserdampf in den Schaft eindringt, wenn wir eine Delle mit feuchtem Tuch und Bügeleisen entfernen, so leicht kann auch normale Feuchtigkeit eindringen, was üble Folgen haben kann. Nimmt der Schaft zu viel Wasser auf, verzieht er sich beim Trocknen. Wichtig ist, dem Schaft die Möglichkeit zu geben, langsam zu trocknen. Keinesfalls darf er neben den Heizkörper gestellt werden.

Das Holz muss davor geschützt werden, zu viel Feuchtigkeit aufzunehmen. Dies geschieht durch die Behandlung mit geeigneten Ölen, Schaftwachsen sowie speziellen Härtern, die die Poren auffüllen.

Eigentlich ist ein Ölschaft im heutigen Sinne allerdings ein Firnisschaft. Früher wurden Gewehrschäfte als Ölschäfte bezeichnet, die mit Schellack behandelt waren. Wer heute eine neue Waffe mit Ölschaft erwirbt, bekommt die Waffe mit Schaftöl behandelt ausgeliefert. Dieser Schutz ist aber nicht beständig, sondern muss von Zeit zu Zeit erneuert werden. Auch die Holzqualität ist von Bedeutung. Damit ist jetzt nicht die Maserung gemeint, sondern die richtige und vollständige Trocknung. Ein Ölschaft bedarf

Mit *Tru-Oil* behandelte Schäfte sind sehr wetterbeständig

der ständigen Pflege. Der Hersteller kann nur eine Grundbehandlung durchführen.

Zunächst ist es aber wichtig zu verhindern, dass an den Übergängen von Holz zu Metall Feuchtigkeit eindringen kann, die nicht nur das Holz aufquellen lässt, sondern auch die Mechanik der Waffe angreifen kann. Dazu werden die Spalten mit sogenanntem Verstreichwachs ausgefüllt. Das Wachs ist zunächst sehr dünnflüssig und lässt sich mit einem Lappen leicht in alle Ritzen und Spalten einbringen. Es härtet dann aus und dichtet die behandelten Stellen zuverlässig gegen eindringende Nässe ab. Die Flinte sollte einmal im Jahr überprüft und Stellen, die nicht mehr dicht wirken, nachgewachst werden. Damit sind die innenliegenden Teile unseres Schaftes sowie Schlosswerk und Abzugssystem gut geschützt.

Verabschieden sollten Waffenbesitzer sich vom Gedanken, dass eine Behandlung des Flintenschaftes mit Schaftöl diesen vollkommen wasserabweisend macht. Holz ist hygroskopisch, nimmt also Wasser auf, wenn die Poren nicht völlig verschlossen sind. Das kann aber nur eine völlig dichte Lackschicht. Ein Ölschaft wird immer Feuchtigkeit aufnehmen, die Frage ist nur, wie schnell und wie viel. Wunder dürfen von einem Schaftöl daher nicht erwartet werden. Ein gut gepflegter Schaft übersteht aber auch einen mehrstündigen Regenschauer ohne Probleme und das reicht in der Regel völlig aus.

Schaftöl wird sparsam aufgetragen und mit dem Handballen in das Holz gerieben, wobei die Fischhaut ausgenommen wird. Dieser Vorgang wird bei einem neuen Schaft oder einem, der überarbeitet wurde, alle drei bis vier Tage wiederholt, bis sichtbar wird, dass das Holz das Öl nicht mehr schnell aufnimmt. Das ist je nach Holzqualität und Vorbehandlung verschieden. Ist dieser Punkt erreicht, reicht es, so alle vier bis sechs Wochen einige Tropfen Schaftöl mit dem Handballen einzumassieren, um einen bestens vor Nässe geschützten Ölschaft zu erhalten.

Wird eine Hochglanzoberfläche gewünscht, kann entweder mit *Tru-Oil* oder mit der englischen Hochglanzpolitur von CCL gearbeitet werden. *Tru-Oil* besteht aus einer Mischung von Leinsamen- sowie anderen natürlichen Ölen und ergibt nach dem Trocknen eine schöne gleichmäßige Oberfläche. Das Öl wird aufgetragen und härtet dann aus. Die ausgehärtete Schicht wird mit einem nicht zu weichen Lappen poliert. Dieser Vorgang wird einige Male wiederholt, bis der Schaft richtig glänzt. Mit dem Öl behandelte Schäfte glänzen wunderschön und Regen perlt ab. Die Hochglanzpolitur von CCL besteht aus einem Härter und einem Öl. Zunächst wird der Härter zwei bis drei Mal aufgetragen. Dieser versiegelt die Poren. Danach kommt eine Mischung aus Härter und Öl, die für den Hochglanz sorgt. Auch diese Oberfläche glänzt und bietet guten Schutz bei Regen.

Auch Schaftwachs bringt eine schöne glänzende Oberfläche und guten Wetterschutz. Die Handhabung ist recht einfach und mit der Lackpflege beim Auto zu vergleichen. Das Wachs wird aufgetragen und auspoliert, sobald es trocken ist. Wichtig ist, die Pflege von Zeit zu Zeit zu wiederholen und nicht zu warten, bis sich nach einem Regenschauer Wasserflecken bilden. Die Pflege eines Ölschaftes ist nicht sehr aufwendig, wenn sie kontinuierlich stattfindet.

XXI. GEBRAUCHTWAFFENKAUF

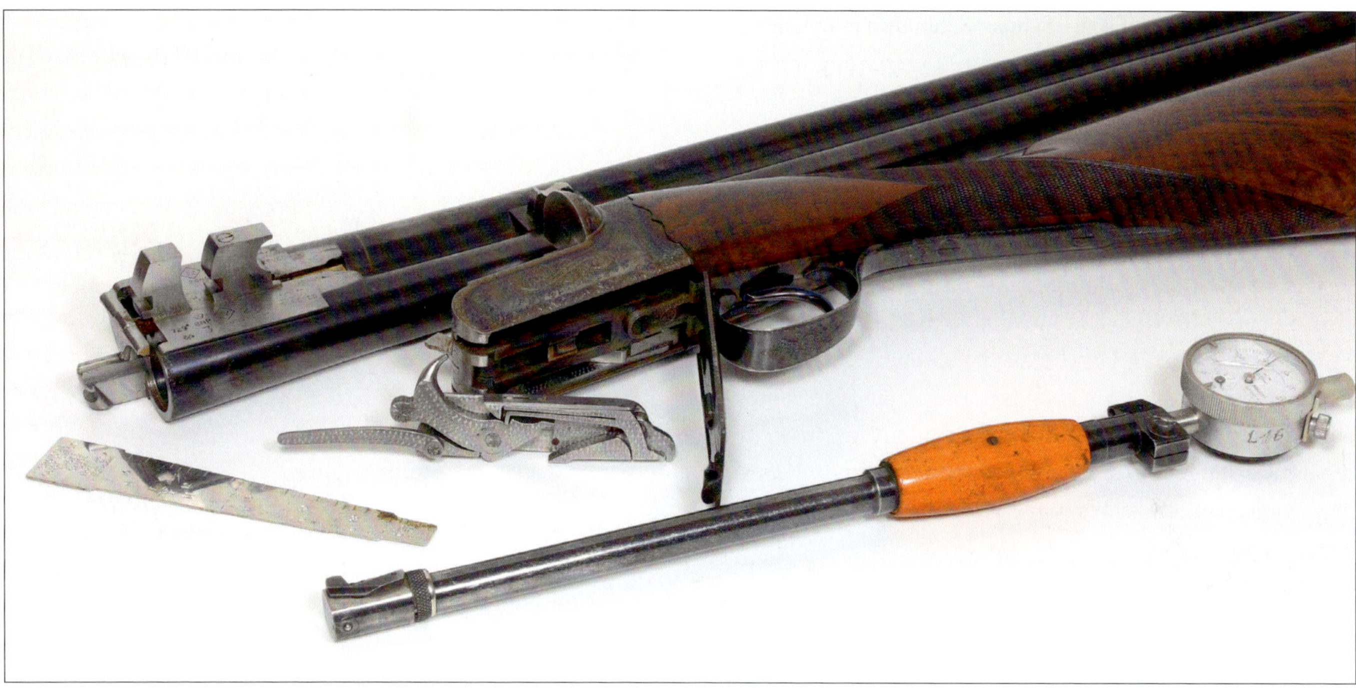

erade bei Flinten findet sich auf dem Gebrauchtwaffenmarkt eine sehr große Auswahl in allen Preisklassen. Ob man sich allerdings eine Billigflinte aus Massenproduktion gebraucht kauft, sollte man sich gut überlegen. Solche Waffen sind nicht auf wirklich hohe Schusszahlen ausgelegt. Wenn man nicht weiß, wie hoch die Waffe in der Vergangenheit belastet wurde, kann es passieren, dass der Verschluss nach kurzer Zeit Spiel zeigt. Eine Reparatur übersteigt dann oft den Kaufpreis der günstigen Flinte. Da ist es sinnvoller und unterm Strich auch günstiger, eine neue Flinte der unteren Preisklasse zu kaufen. Und diese beginnt bereits bei 500 Euro. Auch in dieser Preisklasse darf der Käufer sich darauf verlassen, dass mit solch einer Waffe einige Tausend Patronen problemlos verschossen werden können.

Wer eine gebrauchte Flinte kauft, muss sie genau prüfen, sonst kann es teuer werden

Wirklich interessant ist der Gebrauchtwaffenmarkt bei Flinten der oberen Preisklasse. Diese sind häufig zu einem verhältnismäßig günstigen Preis zu bekommen. Aber auch ausgesprochene Luxusflinten aus englischer oder belgischer Produktion, von italienischen oder spanischen Manufakturen, wie etwa Piotti oder Abbiatico Savinelli, sind auf dem Gebrauchtwaffenmarkt zu haben und mitunter sogar als Wertanlage interessant. Bei den Oberklasseflinten sind Modelle wie die legendäre FN **B25** oder die Krieghoff **K-80** beliebt, aber auch die Top-Modelle von Beretta oder

Browning. Sie sind auf hohe Schusszahlen und eine lange Lebensdauer ausgelegt und werden mitunter sehr günstig angeboten.

WORAUF IST BEIM KAUF EINER GEBRAUCHTEN FLINTE ZU ACHTEN?

Einen ersten Überblick bringt eine genaue Prüfung des äußeren Zustandes. Dabei fällt schnell auf, ob der Vorbesitzer mit seiner Waffe sorgsam und pfleglich umgegangen ist oder sie eher als Werkzeug benutzt hat. Normale jagdliche Gebrauchsspuren lassen sich natürlich nicht verhindern, wenn die Flinte jagdlich genutzt und nicht nur auf dem Schießstand eingesetzt wurde. Sie sind aber nicht problematisch und lassen sich meist einfach entfernen. Einen Ölschaft abzuziehen und neu zu ölen kostet nicht viel und auch das Brünieren eines Laufbündels ist preisgünstig. Sportflinten dagegen sehen häufig aus wie neu, weshalb hier genau hingeschaut werden muss.

Allein die Tatsache, dass der Verschluss kein fühlbares Spiel aufweist und die Läufe blank sind, ist noch kein Beweis für den einwandfreien Zustand. Wichtig bei Flinten ist die Passung von Holz- und Metallteilen. Die Rückstoßkräfte werden von sehr kleinen Flächen aufgenommen. Die Seitenteile des Schaftes vorn an der Basküle sind besonders bei Blitzschloss-Modellen nur drei bis vier Millimeter stark. Hat der Schaft schon ursprünglich eine schlechte Passung oder hat er sich im Laufe der Zeit durch Witterungseinflüsse verzogen, werden die Rückstoßkräfte den Schaft über kurz oder lang zerstören. Typische Zeichen sind Haarrisse, die hinter dem Kastenende sichtbar werden oder kleine

Oben: Der Blick durch den Lauf zeigt, ob das Innenleben in Ordnung ist

Unten: Abklopfen des Laufbündels

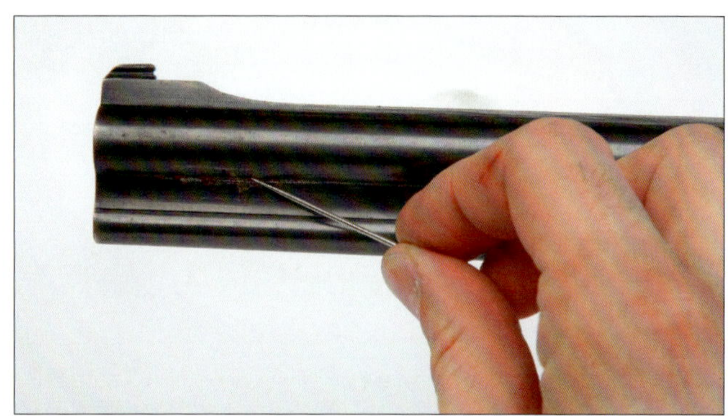

Oben: Die Stahlnadel zeigt, ob die Verlötung in Ordnung ist

Unten: Der Öltest bringt feine Risse im Schaft zum Vorschein

Absplitterungen, die durch den Oberflächendruck besonders belasteter Stellen entstehen. Die ersten Anzeichen sind kleine Holzsplitter, die an diesen kritischen Stellen losreißen. Dünne, sonst kaum sichtbare Haarrisse hinter dem Kasten lassen sich mit Hilfe des „Öltests" feststellen. Einfach eine dünne Schicht Öl auf die besonders gefährdeten Stellen hinter dem Kasten streichen und die Waffe danach öffnen und wieder schließen. Beim Öffnen dringt das Öl durch die nachlassende Belastung in den Schaft ein, beim Schließen wird es wieder herausgepresst. Dünne Risse in der Holzstruktur sind so gut zu erkennen. Der empfindlichste Teil ist der Schafthals. Um dünne Risse in der Fischhaut zu erkennen, ist ein gutes Auge erforderlich. Hier ist eine Lupe sehr hilfreich. Sind Schaftschäden vorhanden, muss überlegt werden, ob sich eine Reparatur noch lohnt. Einen senkrechten Riss, der bis in den Schafthals reicht, kann man nicht mehr beheben, sodass eine komplette Neuschäftung erforderlich ist.

Ein defekter Schaft kann auch die Sicherheitsfunktionen beeinträchtigen. Ist er nach vielen Jahren Gebrauch geschrumpft und werden einfach die Schrauben nachgezogen, so ändert sich der Abstand zwischen den Abzügen und den Abzugsstangen. Dadurch besteht das Risiko, dass die Schlagstücke nicht sicher aufgefangen werden oder die Sicherung versagt. Sind äußerlich die kleinsten Spuren am Schaft sichtbar, die auf eine Beschädigung hindeuten, sollte die Waffe von einem Fachmann zerlegt und genau untersucht werden. Welche Auswirkungen eine Beschädigung hat und ob sie sich beheben lässt, ist oft nur von innen und mit viel Sachkenntnis zu sehen. Kipplaufflinten sind komplizierte Konstruktionen. Verschiebungen zwischen Basküle und Schlossblech dürfen nicht auftreten, ansonsten kommt es bei den hier notwendigen minimalen Toleranzen unweigerlich zu Funktionsstörungen.

Wenn der Verdacht besteht, dass das Schloss nicht in Ordnung ist, ist das eine Sache für den Büchsenmacher

LÄUFE UND VERRIEGELUNG

Zunächst sollte die einwandfreie Verlötung der Läufe kontrolliert werden, denn fehlerhafte Lötstellen verursachen bei der Reparatur sehr hohe Kosten. Die Läufe werden mit dem Griff eines Schraubenziehers abgeklopft, und zwar entlang der Schienen auf der ganzen Länge. Dabei werden die Läufe zwischen den Fingerkuppen festgehalten und wird darauf geachtet, dass die Riemenbügel nicht an den Läufen anliegen. Bei intakter Lötung reagieren die Läufe wie eine Stimmgabel, der Ton klingt eine Weile nach. Hört sich der Ton dumpf oder rau an, muss die Stelle ganz genau untersucht werden, denn meist stimmt dann etwas nicht. Das geht mit einer gewöhnlichen Nadel aus Stahl, deren Spitze innen in der Fuge zwischen Lauf und Schiene entlanggezogen wird. Dadurch ist sogleich fühlbar, wenn Zinn fehlt. Die Nadel bleibt dann hängen. Ein neues Verlöten ist nicht gerade billig, zumal anschließend das Laufbündel wieder neu brüniert werden muss. Besteht bei einer teuren Waffe der Verdacht, dass die Verlötung nicht dicht ist, sollte ein Fachmann die Waffe überprüfen.

Besonders die Läufe von eleganten Querflinten haben häufig sehr dünne Wandungen und sind recht empfindlich gegenüber mechanischen Belastungen – sowohl von innen als auch von außen. Die Läufe müssen sorgfältig auf Laufaufbauchungen kontrolliert werden. Das hört sich einfach an, ist aber in der Praxis gar nicht so einfach. Eine flache und symmetrische Aufbauchung ist für den ungeübten Beobachter nur sehr schwierig zu entdecken. Die beste Methode ist, entlang der Außenseite der Läufe zu sehen, wobei sich das Auge etwa zehn Zentimeter hinter dem Patronenlager befindet. Der Lauf muss gut beleuchtet sein. Dann wird die Mündung langsam einige Zentimeter angehoben und abgesenkt. Die kleinste Unebenheit wird so sichtbar. Das Laufbündel wird gedreht und sorgfältig untersucht. Um die Innenseite zu prüfen, muss Licht von vorn in den Lauf fallen, wenn hindurchgesehen wird. Ideal ist eine kleine Laufprüflampe. Eine Laufaufbauchung wird als schwarzer Ring sichtbar. Auch wenn es nur ein paar Zehntel Millimeter sind, wird sich ein markanter Schatten abzeichnen. Auch die Mündung muss sorgfältig kontrolliert werden. Von Waffen mit Laufaufbauchungen sollte man die Finger lassen, auch wenn eine weit genug vorn sitzende Aufbauchung die Schussleistung nur unwesentlich beeinflusst. Das Material ist an der Stelle der Aufbauchung dünner. Wie sich das auf Dauer auswirkt, ist nur sehr schwer zu beurteilen. Laufaufbauchungen können auch nicht repariert werden. Von der Außenseite wieder zurückhämmern geht nicht, auch wenn dies mitunter versucht wird!

Besitzt die Flinte Wechselchokes, muss überprüft werden, ob die Innengewinde an den Läufen nicht beschädigt sind. Ein Chokeeinsatz lässt sich preisgünstig ersetzen, wenn er einen Defekt am Gewinde hat, bei den Laufgewinden wird es dagegen teuer. Der Chokeeinsatz muss sich mit bloßen Fingern leicht eindrehen lassen, bis kurz vor Ende des Gewindes. Erst zum Schluss kommt der Chokeschlüssel zum Einsatz. Dazu müssen die Gewinde vom Lauf und vom Wechselchoke natürlich makellos sauber sowie leicht geölt sein. Wenn es nach einigen Umdrehungen plötzlich hakt und klemmt, der Choke sich nur mit hoher Kraft weiter eindrehen lässt, muss das Gewinde genau begutachtet werden.

Ein etwas lockerer Verschluss an einer hochwertigen Flinte ist im Prinzip noch keine Katastrophe und lässt sich in bestimmten Fällen leicht wieder richten. Es kann aber auch eine sehr teure Angelegenheit werden, sodass sich der Kauf einer solchen Waffe nicht lohnt. Hier muss zunächst genaue Ursachenforschung betrieben werden. Häufigste Ursache ist ein abgenutzter Scharnierstift, der sich leicht ersetzen lässt. Geringes Spiel im Verschlusskeil verschwindet, wenn der Scharnierstift ausgetauscht wird. Liegt das Problem aber bei der Passung der Laufhaken in der Basküle, wird es schon schwieriger. Hier müsste zumindest der komplette Schlossriegel ausgetauscht werden, wenn nicht noch andere „Operationen“ notwendig sind. Um festzustellen, ob der Verschluss locker ist, wird der Vorderschaft entfernt, der Schaft unter den Arm geklemmt und die Waffe kräftig geschüttelt. Wenn es jetzt in der Waffe „klopft“, ist der Verschluss nicht dicht.

Der Verschlussstift hält Läufe und Basküle zusammen. Liegt die Ursache hier, ist stets Vertikalspiel vorhanden, die Läufe wackeln also nach oben und unten. Wackelt das Laufbündel auch seitlich, ist die Sache schon komplizierter und meistens auch kostenträchtiger. Die Laufhaken sollten sorgfältig auf Hammerspuren untersucht werden, um festzustellen, ob hier schon einmal jemand probiert hat, den Schaden zu beheben. Es wird oft versucht, Spiel auf unsachgemäße Weise zu vertuschen, indem der hintere Laufhaken gestaucht wird. Auch die vordere Kante am hinteren Laufhaken wird manchmal gestaucht, um den Verschluss wieder festzubekommen. Das hält aber nur einige Schuss, danach ist das Spiel wieder da. Feststellen lässt sich eine solche „Pfuschdichtung“, indem die Laufhaken mit einem Filzschreiber geschwärzt werden. Wird die Waffe jetzt geschlossen, kratzt der Verschlusskeil die Markierung nur auf den kleinen Anlagestellen und nicht auf den ganzen Flächen weg. Zeigt die Waffe seitliches Spiel, bleibt nur der Weg zum Büchsenmacher, um zu erfahren, was eine fachgerechte Reparatur kosten würde.

Sieht der Hülsenboden so aus, ist wahrscheinlich der Schlagbolzen verbogen oder verharzt

DAS SCHLOSS

Außer dem äußeren Ende der Schlagbolzen, ist bei Kipplaufflinten vom Schloss nicht viel zu sehen, wenn die Waffe nicht zerlegt ist oder es sich um eine Seitenschlossflinte mit von Hand herausnehmbaren Schlossen handelt. Eine Kastenschlossflinte wird ein Laie bei einem Waffenkauf jedoch nur selten zerlegen wollen, ebenso wird es kaum der Wunsch des Verkäufers sein. Schrauben sind schnell vermurkst, wenn der Schraubendreher nicht genau passt. Doch auch ohne Demontage ist einiges feststellbar. Der Schlagbolzen sollte etwa 1,2 bis 1,5 Millimeter aus dem Stoßboden herausstehen und muss in der Bohrung sauber geführt werden. Ist die Schlagbolzenbohrung deutlich zu groß, können bei einem Zündhütchendurchbläser so viel Pulvergase in die Waffe eindringen, dass der Schaft bricht.

Rückschlüsse auf den Zustand der Schlagfedern und der Schlagbolzen lassen sich aus den Schlagbolzeneindrücken abgefeuerter Hülsen ziehen. Sind die Eindrücke auf dem Zündhütchen schwach oder asymmetrisch, können die Schlagbolzen deformiert, das Schloss verschmutzt oder die Schlagfedern zu schwach sein. Ein untrügliches Zeichen für schwergängige oder verbogene Schlagbolzen ist, wenn beim Öffnen der Waffe am Zündhütchen ein Kratzer nach unten entsteht. Zeigt sich an den Schlagbolzeneindrücken, dass etwas nicht in Ordnung ist, muss die Waffe zerlegt und weitere Ursachenforschung betrieben werden. Das ist jedoch Arbeit für den Fachmann. Auch der Abzug und die Sicherung werden genau untersucht. Die Abzugscharakteristik sollte den eigenen Vorstellungen entsprechen. Natürlich lässt sich ein Abzug regulieren, doch gerade bei Kipplaufflinten ist das aufwendig und entsprechend teuer. Bei Blitzschlossen sind wirklich leichte Abzüge zudem kaum zu realisieren.

Bei Flinten mit Ejektoren wird zusätzlich noch deren einwandfreie Funktion überprüft. Das Ejektor-System muss so arbeiten, dass die Schlosse der Waffe gespannt sind, bevor die Hülsen aus der Waffe ausgeworfen werden. Werden die Hülsen vorher ausgeworfen, besteht die Gefahr, dass die Waffe nicht weit genug geöffnet wird und der nächste Schuss nicht abgegeben werden kann.

Die Sicherung wird überprüft, indem die ungeladene Flinte gespannt und entsichert wird. Dann muss geprüft werden, ob der Abzug etwas Spiel hat. Danach wird der Abzug vorsichtig belastet, bis ein Widerstand fühlbar ist und alles Spiel verschwunden ist. Beim Prüfen wird der Abzug nun festgehalten und die Waffe gesichert. Jetzt sollte spürbar sein, dass sich der Abzug etwas nach vorn bewegt. Bei hochwertigen und sehr genau gearbeiteten Waffen kann das kaum merkbar sein und es gehört etwas Gefühl dazu. Die Waffe wird dann entsichert und der Abzugswiderstand mit einer Federwaage gemessen. Nach erneutem Sichern wird der Abzug hart gedrückt, die Waffe wieder entsichert und der Abzugswiderstand erneut mit der Federwaage gemessen. Ist der Abzugswiderstand jetzt geringer geworden, sollte die Waffe zerlegt und näher untersucht werden.

PRÜFUNG DER SCHUSSLEISTUNG

Bei doppelläufigen Flinten ist im Gegensatz zu einläufigen Selbstlade- oder Pumpflinten besonders die Treffpunktlage zueinander wichtig. Die Prüfung erfolgt auf 35 Meter Schussentfernung, wobei die Waffe zweckmäßigerweise aufgelegt wird. Visiert wird so, dass das Korn auf dem Kastenrücken aufsitzt. Bei derartigen Visieren sollte die Waffe Strich und Fleck schießen. Doppelflinten hier mit beiden

Pump- und Selbstladeflinten lassen sich viel leichter zerlegen als Kipplaufflinten. Ihr Innenleben sollte man sich genau ansehen.

Läufen. Je nach Schaftform, gerader oder stark gesenkter Schaft, kann ein Tiefschuss von bis zu 15 Zentimetern toleriert werden. Zur Überprüfung der Deckung eignet sich die 16-Felder-Hasenscheibe bestens, die im Fachhandel zu bekommen ist und guten Überblick über das Deckungsbild und die Kerngarbe bietet. Unbedingt sollte mit verschiedenen Schrotgrößen geschossen werden. Es gibt Flinten, die hervorragend mit feinen Schroten schießen, wohingegen das Deckungsbild mit groben Schroten fürchterlich aussieht. Umgekehrt natürlich genauso. Je nach dem angestrebten Verwendungszweck sollten auch die Schrotgrößen geschossen werden, die später im Revier benutzt werden.

SELBSTLADE- UND REPETIERFLINTEN

Halbautomatische Flinten müssen neben den bereits besprochenen Prüfungen von Lauf, Abzug und Sicherheitseinrichtungen hauptsächlich auf ihre einwandfreie Funktion getestet werden. Ihr Verschluss-System ist sehr langlebig und auch hohe Schusszahlen machen dem meist verwendeten Drehkopfverschluss kaum etwas aus. Ältere Typen sind oft munitionsabhängig und vertragen nicht jede Patronensorte. Auch das Zerlegen zum Reinigen einer solchen Waffe sollte sich ein Käufer vom Verkäufer genau erklären lassen. Auf dem Schießstand sollten schnelle Schussserien abgegeben werden, um zu sehen, ob die Waffe auch jetzt einwandfrei funktioniert. Zuführungsstörungen sind häufig auf beschädigte Zubringer oder eine erlahmte Magazinfeder zurückzuführen. Häufig kann es aber auch daran liegen, dass die Waffe nicht ordentlich gereinigt wurde. Ist bei einem Gasdrucklader die Gasbohrung verschmutzt und verschmaucht, wird sie kaum störungsfrei funktionieren. Schießt eine halbautomatische Flinte auch nach gründlicher Reinigung nicht störungsfrei, ist das ein Fall für den Büchsenmacher oder noch besser den Hersteller der Waffe. Der Mechanismus eines Selbstladers muss sehr genau justiert und abgestimmt sein, damit alles reibungslos läuft.

Die meisten Selbstlader und auch Pumpflinten haben Druckknopf-Sicherungen im Abzugsbügel, die den Abzug blockieren. Nicht gerade sehr sicher bei der Jagd, aber dafür geht hier auch selten etwas kaputt. Mehr als bei der gesicherten Waffe den Abzug zu ziehen, ist hierbei kaum möglich, um die Sicherung zu testen.

Eine Vorderschaft-Repetierflinte ist deutlich weniger störanfällig als eine halbautomatische Flinte. Lässt sie sich ohne zu hakeln repetieren, führt die Patrone aus dem Röhrenmagazin sauber zu und wirft die abgefeuerte Hülse sicher aus, ist alles in Ordnung.

Der Kauf einer gebrauchten Flinte sollte mit der nötigen Sorgfalt geschehen. Nur wer genau prüft, ist vor späteren Überraschungen sicher. Kommen auch nur leise Zweifel über den einwandfreien Zustand auf, sollte immer ein Fachmann hinzugezogen werden. Nur so lässt sich späterer Ärger oder sogar eine Gefährdung der eigenen Gesundheit oder der von Mitjägern vermeiden. Wer hierzu nicht in der Lage ist, sollte die Waffe vor dem Kauf von einem Büchsenmacher durchsehen lassen oder ein Gutachten von einer entsprechenden Stelle, etwa der DEVA, anfertigen lassen. Besonders bei teuren Waffen ist dies unbedingt zu empfehlen. Dies gilt auch für den Verkäufer, der so späteren Ärger vermeiden kann.

Eine Gebrauchtwaffe kann sowohl ein Schnäppchen, aber auch die Ursache einer Menge Ärger sein.

CHECKLISTE FÜR DIE PRÜFUNG GEBRAUCHTER FLINTEN

Laufbündel:

☑ Kontrolle außen auf Beulen, lose Schienen und undichte Lötstellen
☑ Kontrolle des Laufinneren und der Mündung
☑ Überprüfung der Chokebohrungen
☑ Prüfung des Vorderschaftes auf festen Sitz
☑ Funktionstest der Ejektoren mit Pufferpatronen

Verschluss:

☑ „Rütteltest" bei abgenommenem Vorderschaft
☑ Untersuchung der Laufhaken auf Bearbeitungsspuren

Schloss und Sicherheitseinrichtungen:

☑ Schlagbolzenvorstand prüfen (1,2–1,5 mm)
☑ Größe der Schlagbolzenlöcher in Ordnung?
☑ Zündhütchenbild abgefeuerter Hülsen ansehen
☑ Sicherung bei belastetem Abzug betätigen. Bewegt sich der Abzug nach vorn?
☑ Abzugswiderstand mit Federwaage messen – vor und nach Sichern mit zwischenzeitlicher Belastung des Abzuges. Widerstand muss gleich bleiben.

Schaft:

☑ Passung von Holz- und Metallteilen, sind Spalten vorhanden?
☑ Hinterschaft, besonders zum Anschluss an das Baskül, auf Risse und kleine Absplitterungen überprüfen – evtl. Öltest vornehmen.
☑ Ist die Fischhaut noch scharf und griffig?
☑ Sitzt der Hinterschaft fest?
☑ Passt der Schaft in Länge, Schränkung und Senkung?
☑ Gleitet die Schaftkappe gut?

Schussleistungsprüfung und Funktionsprüfung auf dem Schießstand:

☑ Schrotläufe auf 35 Meter mit 16-Felder-Scheibe auf Treffpunktlage und Deckung überprüfen. Bei zwei Schrotläufen das Zusammenschießen der Läufe beachten.
☑ Ist die Präzision mit Flintenlaufgeschossen brauchbar und stimmt die Treffpunktlage?
☑ Lässt sich die Waffe nach dem Schuss problemlos öffnen?
☑ Funktionsprüfung bei Selbstladeflinten.

Am Ende des Flintenkaufes sollte immer ein ausgiebiges Testschießen stehen